U0431742

[美] 约翰 · C. 哈索克　著
John C. Hartsock
李梅　译

美国文学新闻史

一种现代叙事形式的兴起

A History of American Literary Journalism

The Emergence of a Modern Narrative Form

復旦大學出版社

献给我妻子琳达、儿子彼得及我的父母约翰和莉迪亚

目录

中文版序

在研究美国文学新闻史的过程中，我一直保持着对其隐含内容的一种非常本质性的反思。我注意到，每个人对于理解那些被描述为“日常经验美学”的事物有着共通之处。那些共通的看法和理解以语言的形式表现出来，我相信，可以断定的是，最强大有力的形式就是美国文学新闻。

因为这样的一种新闻形式确实对表达我们都能感知的事物有着语言叙事上的吸引力，它洞察人类生活状况的内幕，这一点主流新闻形式却做不到，因为它经常陷入世俗话语之中，并任其编排。当然，我们每个人在理解这些观点时，总是带着我们自己独特文化的看法。尽管如此，日常经验美学还是为产生新观念的、具有“貌似狂欢”性质的生活理解提供了机会，它会出现在文化建构形成的边界和条框之外。在诠释交流的过程中，就是对我们世俗话语的一种颠覆[①]。我认为，如果我们想要抛弃那些阻碍理解社会真相的陈词滥调、老生常谈和庸俗化，并找到新的诠释和更新方式——社会、文化、个人、哲学等，这种颠覆是必须的。我认为，这便是以下文章中讨论的文学新闻的核心，关于文学与新闻的论述。

我不认为我的研究能解答所有疑问，这当然不能。原因之一就是新闻

① 我在最新出版的《文学新闻和经验美学》一书中全面探讨了文学新闻中日常审美经验的角色及其颠覆性。

与文学之关系的学术研究仍然处于相对初期，还有太多研究有待进行。但我希望这本书能够促进我的中国同仁关注并提出有关两者关系的问题，以及这两个学科的研究如何从跨学科研究中受益，我一直认为这两个学科不应该长期处于不幸的学科分离状态。之所以说它不幸，是因为我相信这里所探讨的文学新闻能提供一些最为引人入胜的，甚至是意义深刻的文化研究。我希望我的读者会赞成我的观点。

此书是我亲爱的同事——华南理工大学新闻与传播学院李梅教授努力的成果。至此，中国相关领域的学者可以关注到几年来在此领域的努力。我必须感谢华南理工大学和纽约州立大学科特兰分校对这个项目的支持。我还要特别感谢我的院长布鲁斯·马廷林，正是他努力从“科特兰学院基金”中为我争取到资金以帮助部分版权费用。感谢复旦大学出版社的编辑出版。

但我最感谢的还是李梅教授。没有她对此研究领域的关注与努力，这本书的汉译是没有可能的。她认为文学新闻研究是中国新闻研究领域一个非常有学术价值、实践意义且尚待开拓的学术领域，并认为本书会在中国读者中产生反响。

我衷心希望这本书将有助于促进我与中国同仁的进一步交流。

美国纽约州立大学科特兰分校传播学院教授

约翰·C. 哈索克博士

2017年1月

译者导言：文学新闻，介于新闻和文学之间的叙事形式

2006 年，我从奋战了近十年的珠三角报社采编一线回到高校。2010 年，受国家教育部高校教师访学基金支持，我终于踏上走出国门的第一步。

或许因为看了太多外国文学作品，或许有英语学习的优势，也或许天生有对外面世界的向往之心，想出国长见识一直是我自上大学以来的梦想。但在 20 世纪 80 年代中期，整个国家向外的门才刚刚开启了一点点。记得那时，我们几个文学爱好者每周结伴去书店，用省吃俭用的钱奢侈地购买最新的西方文论译著，黑格尔、康德、尼采、萨特、博尔赫斯、伊格尔顿、卡希尔、房龙等等，然后饿着肚子回来，囫囵吞枣地阅读和讨论，无论能否完全看懂，我们每天都把这些遥远又闪光的名字，如同老人念叨儿辈子的邻居一样挂在嘴边。在当时，国家对大学生就业政策正处于统一分配与自由就业之间的过渡阶段，“哪里来，哪里去”，所以我们系大部分毕业都做了家乡大小城市的中学语文教师。

想走出去的另外一个原因还在于面临的新问题。我本科学的是中文，硕士阶段专攻先秦两汉文学，博士阶段则师从饶芃子先生研究文艺学，就是说所受教育都是文学专业。而就职业经验来说，我供职最长时间的领域却是新闻媒体，如报社或杂志社。进入新闻高等教育职业后，我面临的两大职业使命就是讲课和科研。做了十年媒体，讲课自游刃有余，但我必须

解决自己今后学术科研方向的问题。我内心的矛盾在于，新闻是一个特别强调应用性、实践性的学科，而我始终固执地认为，渗入我灵魂深处的文学是我的毕生追求，然而新闻学院毕竟还是要围绕新闻和传播来展开研究。那么，适合我的道路在哪里？

2010年10月初的近午夜时分，我一个人到达位于美国中西部的著名城市圣路易斯。圣路易斯机场空荡得瘆人。直至后半夜，我终于拼到车离开圣路易斯机场，并在两小时后到达密苏里大学所在地：小城哥伦比亚。哥伦比亚市堪称美国中西部如星星般分布的、以一所大学为中心而形成的典型小城。不到10万的人口，居住着黑白美国人，亚裔稀少；四季分明的大自然，每个季节的景色都美到你想哭。自中学开始就打下的英文基础大大帮助了我的异国学习生活。跟课程、听讲座、参加各种讨论组，参与教授项目，包括去圣路易斯开全美AEJMC（美国新闻与大众传播教育协会）第94届年会，赴纽约调研媒介巨头如《纽约时报》、《华尔街日报》、道琼斯公司、彭博社等，满满的学术日程表。这些活动极大地增进了我对国际一流新闻教育的认识，大大地开拓了我的学术视野。直至第二学期，我终于找到我愿为之持续努力的学术方向：文学新闻。

第二学期，我选修了由伯克利（Hudson Berkeley）教授开设的一门研究生课，并任他的助教。伯克利教授早年毕业于芝加哥大学。每每出现在课堂，无论西装革履还是一身便装，永远衬衣雪白、领袖平整，从头到脚精致优雅，已然松弛的下巴也难掩他年轻时的帅气和如今的绅士派头。这门课的名称是：美国文学新闻。一个班共有17人，包括三名博士和十几名硕士。整整一个学期，几乎没有一个同学无故缺席。其中有一个叫威廉的大胡子博士生最令我印象深刻。虽然他需要借助轮椅和单拐杖才能出行，但每当我们进教室都会发现，威廉早已笑眯眯地稳坐大圆桌旁。我一直想问他是怎么到教室的，尤其风雪弥漫的大冷天。要知道密苏里的雪天那是转眼就可以把各种款式的汽车变成大小白馒头的。后来终于见到他女朋友，估计是来陪读的。我们每堂课都设有snack time，snack time不仅能增添课间能量，还是大家交流某个记者或作家的写作轶事的机会。一个学期中，单是经我手进入课堂的资料就包括近50本文学新闻代表作，近10部纪录片，还有各种打印资料，我还组织大家参加了哥伦比亚市的纪录片电影节（“Festival of False or Truth”）。电影节展示的电影内容皆是对美国社会影响力巨大的纪实新闻故事，如《头版头条》《海外特派员》《公民凯恩》《总统班底》《王牌在手》《寂静的春天》《这里再也没有孩子》等等。最后，我以对埃德加·斯诺《红星照耀中国》的叙事分析而结束了这门课。可以这么说，这一学期的课程向我打开了一个历久弥新的学术世界，令我脑洞大开：这不正是我苦苦寻觅的学术方向嘛！

所谓文学新闻（Literary Journalism），就是指以文学艺术的形式完成的纪实性新闻叙事，而不是字面上的有关于文学的新闻，所以精准的说法应该是“文学性新闻”。概念包括两层意思：一、所写必须是建立在事实之上而非主观（个人或集体的）虚构；二、叙事方式从框架到文字、句式表达都带有一定的个性化的文学艺术色彩。于是，新闻客观主义者认为它太多主观性表达，所以不属于正宗新闻研究家族成员；而那些精英批评家则认为它是写事实的，高贵的文学殿堂不愿给它安置一个位子。所以，这种文体从出现开始就命中注定带有边缘和交叉学科的色彩。纽约州立大学科特兰分校传播学院的约翰·C. 哈索克教授则称之为“一种现代叙事形式的出现”。当时伯克利教授为我们选取的主导教材就正是哈索克教授的《美国文学新闻史——一种现代叙事形式的出现》。在这本译著中，哈索克教授提及历史学之父希罗多德，认为他的九卷本叙事体《历史》其实就是最早的文学新闻。

希罗多德的所谓叙事体《历史》其实就是以讲故事的方式记录历史，最初的名字应该是“希罗多德的调查报告”。从写作方法和结构来看，《历史》最突出的特色就是在一个贯穿始终的故事中，再嵌入一个又一个插话故事，甚至插话之中再插话，环环相扣，形成引人入胜的“故事链”。而这正是东方文学的传统特色。每卷可能以某个王为中心，也可能是以历史长河中的某个精彩片段的某个细节、某段对话开始，整体叙事没有一个固定模式，就是怎么讲得好看怎么讲。希罗多德《历史》最伟大的成就之一就是真实性和艺术性的完美结合。吉尔伯特·默雷的《古希腊文学史》认为《历史》是用散文写成的巨著，开欧洲散文文学的先河。苏联学者卢里叶在《希罗多德论》中认为“严肃的科学内容跟具有高度艺术性的表述方法结合在一起，他的历史也正是用散文写成的史诗”。

从这个角度来说，我认为比希罗多德晚出生300多年的西汉史学家司马迁完全可与前者媲美。《史记》以130篇、50多万字的巨制，全面展示了自黄帝时代至汉武帝太初四年期间3000多年的社会状况，首创纪传体编史方法。它如同一个历史场景与人物的绵长画卷，其中描绘的人物栩栩如生，堪称中国文学人物画廊中的瑰宝。鲁迅赞美《史记》乃“史家之绝唱，无韵之离骚”。西汉大学者刘向评《史记》“善序事理，辩而不华，质而不俚”。

无论是希罗多德的《历史》还是司马迁的《史记》，其写作成就的本质在于用文学的方式记叙历史及当代故事，是典型的文学性新闻。也就是说，这种文体并不是人类进入现代社会后才有的，而是现代社会后这种文体开始兴盛。至今，这类兼具纪实功能和文学手法的写作依然是人类精神文明中的重要部分。“世界上最伟大的图书馆”纽约公共图书馆评选出的“世纪之书：20世纪最重要的175本书”中，此类著作几乎占到三分之一还多。在全美主流新闻传播类学院开设的课程中，文学新闻是本、硕学生的必选课。课程基本教学用书就是哈索克教授的这本《美国文学新闻史——一种现代叙事形式的出现》。从国际范围看，文学新闻研究有真正全球性的IALJS（国际文学新闻研究学会）组织，每年一次的学术年会吸引了来自欧州及南北美洲近20多个国家的学者积极参与，至今年会已举办到12届。2016年5月，第11届国际文学新闻研究学会年会在巴西南大河州天主教大学新闻传播学院举行，150位来自世界各地的学院研究者，包括两名博士生参加了会议，笔者应邀以“阿列克谢耶维奇‘新现实’和中国报告文学的新趋势”为题做了主题发言。

2014年3月，笔者在《新闻大学》发表题为《作为文学新闻的“我们的”报告文学》一文，文章主要论述了我国报告文学和国际学界的“文学新闻”之间的文体关系，以呼应哈索克教授之前题为《报告文学：“他者”的文学新闻》(Literature Reportage：The“Other” Literature Journalism，见 *Genre：Formes of Discourse and Culture*，XL，Spring/Summer 2009)、就社会主义国家如苏联，以及南美洲一些国家有关报告文学的研究。在这之前，上海外国语大学新闻传播学院的陈沛芹教授将美国“文学新闻”的概念引介到国内学界。2015年9月，本人以“中美文学新闻叙事比较”为题的课题获国家教育部一般社科项目立项（项目编号：x2xcY)，为进一步展开此领域的研究取得有力支持。那么，为何我们早在司马迁时代就有此类写作而至今没有“文学新闻”而只有“报告文学”的理论概念呢？正如我在上文中阐述的：

> 捷克犹太作家基希是中国人熟悉的与中国报告文学起源紧密相关的名字。事实上，中国最早使用“报告文学”一词来源于1930年从日本翻译的一篇文章，文章认为这是“德国的一种新兴文体”。1932年，基希访问中国并写作《秘密中国》一书。对此，记者萧乾曾回忆说：“我不能准确预言我们的‘特写’最终会发展成怎样的形式。我只是记得在三十年代期间，捷克作家基希来到中国，他将他的‘特写’这一文学形式带到我们国家来。”显然，热衷周游世界的基希随着国际共产主义运动的兴起，将这一新兴的自己也乐于实践的新闻写作文体推广到全世界。随着国际共运的蓬勃发展来到中国的“报告文学”如同在德国、中欧国家及苏联的情况一样，旨在反映无产阶级的斗争生活，赞美轰轰烈烈的社会主义建设，预言共产主义最后必将胜利的主题。

显然，我国的报告文学之所以呈现出今天的写作面貌，是对具有极大文体弹性、内容包容性的叙事性新闻写作，也就是文学新闻写作的“窄化”，而且这种“窄化”是由我们国家特殊的发展历史决定的。这种“窄化”写作在相当长的历史时期，尤其是革命年代以及中华人民共和国成立后，都发挥过不可低估的历史推动作用。改革开放和随之而来的互联网技术使中国社会进入巨大转型期。从各大报刊到自媒体，基于原有单向传播模式而建立起来的报告文学“人民性、真实性、艺术性”等写作原则面临着严峻的挑战。有学者提出，报告文学应该从原来的“人民性”向“人类性”转变。它意味着，一个生活在当下中国的普通人，只要你的故事具有非同一般的趣味或意义，你的故事就可以以报告文学的写作方式得以流传。而所谓“真实性”也因为互联网技术带来的海量信息构成挑战。今天的读者会从一个和原来迥然不同的视角看报告文学中曾追求的高大全模范人物。“艺术性”建立在前两者之上，若对前两者有怀疑，艺术更无从谈及。所以，正确认识报告文学的前世今生从而做出改变，才可能让这一文体在当下和未来继续充满生命力。

事实上，多年来，有文学“轻骑兵”之美誉的中国报告文学其实一直“存在轻视和忽略文学性的现象，有些报告文学作品在重视思想深度、批判力度和作品信息量的同时，走上了过分学术化、综合化、史料化的歧途。一些报告文学作品，语言粗糙，形象干瘪，结构失当，成了人物事迹、史料、文献、数据的简单堆砌，迷失了独立的文体创造价值，弱化了报告文学作为‘文学’的基本特征。一些报告文学作品，写作难度越降越低，离艺术与美的距离越行越远，其‘文学’身份不可避免地招来质疑”[①]。由于多年关注美国文学新闻写作，我发现报告文学要想遵循真实性、思想性、文学性的原则，完全可以借鉴美国文学新闻，并结合我国自身的写作传统加以探索。值得欣慰的是，近些年来优秀的中国报告文学创作者也不乏其人。尤利西斯国际报告文学奖是全球唯一有关报告文学的大奖，其评委之一杨小滨评价2003年获奖者江浩的获奖作品《盗猎揭秘》时说：“在最基本

① 李冰：《关于报告文学的卮言散议》，《光明日报》2014年11月24日第013版。

的层面上打动人的，我以为是作者的敏锐而透彻的观察力、叙事中的传奇和戏剧因素以及文体的丰富张力。”与“文体张力”并存的问题就是对语言的掌控能力以及由此而来的风格问题。近年较为活跃的写作者李春雷的《朋友》《赶考》《党参沟纪事》等是报告文学从新闻回到文学的成功范例。作者善于以文学的思维、文学的方式、文学的语言，富有表现力地再现对象，使作品尽显非虚构叙事之美。

近年致力于纪录片研究的著名学者艾晓明有句话说，文学系推开一扇门就是新闻系。这不仅是以前多数大学的新闻专业都设置在文学系里面，后来简单剥离，成为独立新闻系，这句话更是形象地描述了新闻和文学之间的天然密切关系。从认识论的角度，无论是文学还是新闻，皆为人类认识世界的一种方式。新闻之本体论在于真实，而文学，尤其是叙事性文学，则以故事的叙事之美和读者产生审美共鸣，从而认知世界。百多年来，所谓主流新闻理论和实践原则证明，仅仅“信息模式”（美国新闻社会学家迈克尔·舒德森语）的新闻形式无法完全实现新闻向人们揭示真相的神圣使命，也无法满足读者对于真相的永恒诉求。舒德森将新闻归纳为两种模式或类型：一是“信息”模式的，二是“故事”模式的。他指出，所谓“信息”模式的新闻，其实早在所谓客观新闻主义大行其道的100年前，就显示出对接近世界真相的无力感。那时候，记者在某种程度上视自己为科学家，实际上将新闻与社会学研究混为一谈；如今，互联网技术加剧了新闻的碎片化过程，“信息”模式的新闻正面临完全失去新闻本体意义的危险。那么，何谓舒德森的“故事”模式新闻呢？那就是叙事性新闻。这正是笔者向国内学界译介哈索克教授此书的原因所在：力图通过哈索克教授对美国文学新闻文体发展的历史研究，让我们从域外的视角深刻地认识这个文体，并阐明文学性新闻的存在不是美国或欧洲才有的，我们本来就有类似司马迁的《史记》或《徐霞客游记》这样伟大的文学性纪实写作传统！

本书还在唤醒中国作家，中国报告文学历经半个多世纪的发展，至今无论从故事模式还是叙事方式都已面临巨大困境。急速转型的中国社会需要深度纪录来回馈历史，1990年代的文学写作者们以强调个人的、身体的、物质的、日常的、破碎的经验来抵抗对公共记忆的简单图解。而近十多年来，如何将个体经验与集体经验进行有效的转化，如何将文学重新唤回到社会公共空间，已成为中国文学面临的内在困境。一方面是中国社会现实形态因巨大转型而呈现多样、快变和复杂，另一方面是作家难以接近现实的艺术象牙塔，两者之间巨大的隔膜导致文学几乎淡出了中国人的精神世界。文学新闻文体本身的开放性、包容性为当代文学如何摆脱内化式的“个人写作”提供了一个全新的维度，它扩大了文学的写作场域和表达边界，挑战并且丰富了对文学本体的认识。而近年来的报告文学中的优秀作品其实越来越呈现明显的文学新闻特质。课题研究将从创作现实出发，给予这种既秉持内心的敏锐又不沉溺于主观自我、既有现实关注的真实质感又不乏审美创造的艺术质感、将故事真实与叙事艺术完美结合的写作给予明确的文体确认。理论上“有根”的归属感不仅会深化这种创作未来的理论研究，而且会大大克服创作者的迷茫，增加其创作本身的文体意识，从而产生更优秀的作品。

有关美国文学新闻的研究还在实践上有助于中国新闻写作走向更高的平台。相比一系列获得普利策新闻奖的美国文学新闻作品，中国写作者面临的客观世界及题材选择的丰富性、震撼性理应产生大量优秀的纪实新闻作品。其中的原因之一就是，至今相当的业内人士依然没有认识到，时至今日“人民性、真实性、艺术性”依然是报告文学的叙事原则，但创作者必须认识到，社会变革和人类以互联网技术为代表的技术潮流，已经全方位地改变了文化的传播方式。它迫使我们重新认识和定义原有的报告文学的叙事原则，重建中国报告文学的文体艺术、语言艺术、叙事艺术，学会讲故事，学会讲中国故事，给真实故事一个艺术化的表达。而欧美文学新闻正是可资借鉴的“他山之石”。

新闻在不断加剧的互联网技术时代越来越碎片化，也越来越让人感到无从真正地认识所谓的“真实世界”。所谓文学新闻，所谓对事实的叙事化再现固然是出于写作者之笔，注定带有写作者本人的主观意识烙印，但当读者的主观意识，能通过写作者的主观意识，尽可能地接近世界真相，尽可能地缩小了主客观之间的距离，尽可能地对认知事实世界产生共鸣的时候，谁说文学新闻没有实现“新闻”再现真相的伟大使命呢？文学新闻就是艾晓明教授说的，连接在文学系和新闻系之间的那扇门，是连接写作者和读者主观意识的那扇门，是连接人类主观意识和客观现象世界之间的那扇门。

这扇门可以是无比精美的，那因为它是基于事实之上的叙事之美，是人类精神交汇处的一种伟大审美形式。

这正是本研究所致力的意义所在。

李 梅

2017 年 3 月中国 • 广州

前 言

几年前，当我着手文学新闻学术研究的时候，我采取了一种对我来说较合理的探寻文体的历史路径。为了使研究课题获得一个广阔的视野，无论这种历史是怀有偏见还是不完整的，它都能成为从文学史角度研究文学新闻的理由。即使任何有缺陷的历史也能为过去的批评语境提供一个良好的开始。但是，当我发现事实上并不存在“一种形式的历史”的时候，你可想象我有多吃惊。当时，看似有两个路径来接近这一困境。首先就是舍弃这一研究项目，转向其他已经被充分研究的学术主题，那样的话，我此后的研究工作量将不会太过繁琐费力。第二就是将这个文体的历史研究的空缺看成填补学术空白的机会。我承认我最初是选择舍弃项目的，我担心写出一本缺乏历史观的有关文体历史的书，被这个担心吓得退缩了。但过段时间后，也许更像是赫克·芬恩（Huck Finn）发现俄克拉荷马领土是个机会，我开始将此视为机会。自此，我相对感觉到了研究的自由，我发现我实际上拥有一个随意驰骋的宽广的奢侈研究领域。后来证明这个认识成为完成此书的最关键因素。

当我接触到这些材料的时候，我还是扎根于“过时的”“新批评主义”土壤中的文学爱好者之一。因此，我还是很感激这个“界定准则”的。但我的另一面却显然追随于更新的后结构主义及后现代批评潮流。结果就是，我的研究比一些纯文学史的研究更理论化，因为，我也的确是属于那类相信历史是高度理论化和主观化的人。还有个结果就是，全书使用第一人称，这也有意识地回避了所谓史学的全客观态度。我之所以这样做，可以在《让我们赞美名人》中找到原因。当詹姆斯·艾吉（James Agee 239）观察那些他所描写的佃农时，他写道："乔治·格杰（George Gudger）是一个人。但是，显然，要我尽可能完全真实地讲述他，也是有限的。我只掌握那些我尽可能知道的，而且也就是在这个意义上，我算是了解他的；这一切都还依赖于我是怎样的人及他是怎样的人。"这个道理也同样适用于史学家和历史的关系。我很容易领会其中固有的局限性。但这并不意味着我不遵循历史学的研究规范和方法论。但我认识到，它确实意味着，我的这本美国文学新闻史研究正如同所有历史研究一样，是一种时间的阐释，就是说，不仅努力反映（不管有多不完美）过去时代，同时也毫无疑问地反映我们当下的时代。

本书的读者应有三个部分。首先，虽然我的研究还有诸多不完美，我在意那些期待拓展他们文体背景知识的有关英语文学、新闻、大众传播及美国研究的学者和教师，本书定能使他们有所收获。如此广泛的读者将使我必须不时沉湎于那些文学或新闻业看似老生常谈式的历史：对学院的专业研究者来说那些也许并非陈旧。我也在意那些想完全探索文体演变过程的研究生或高年级的本科生。其次，这也导致研究不得不时时陷入历史的诸多材料中。我只能希望他们从我们学生的趣味出发，谅解我对于历史文献的采用。再次，我在意那些此类文体写作的实践者和职业记者们，但愿他们能原谅文中那些在他们看来也许过于温柔敦厚的批评语言，这正是学院派之所以因脱离"现实"世界而备受诟病的原因。出于自我辩护，我要说的都在此，只需简单理解就是。的确，"言简意赅"式的研究最大的冒险就在于难以抵达认识论和本体论所要求的矛盾的复杂性。但是，我认为，如果第三组读者群给予耐心，我希望他们能发现，文学新闻实质上是和古代的诗歌和戏剧一样庄重的事情。文学新闻之根源确实可至少追溯到西方传统上的古典时期。

我也许还应该解释一下在我研究层面的意识形态倾向问题。一方面，在我的研究之下有一个永远不可能规避的批评假设，那就是意识形态。另一方面，则是一种隐含的观点，即总存在某种程度的对意识形态的抵抗，语言上的，有意识的，文化上的或者某些以上三种的综合，去反抗社会意识形态。著名哲学教授威廉·巴雷特（William Barrett 241）曾指出："自由的本质，人之不可能被拿走的首要和终极的自由，是说'不'。"巴雷特是对让·保罗·萨特的法国抵抗运动回忆录的一个反思，他说："我们从来就没有比德国占领时期更自由过。"巴雷特接着写道："自由在本质上是消极的，但这个消极也是具有创造性的。也许，在某个时刻，药物或折磨带来的疼痛可以使牺牲者失去知觉，他会忏悔。但是一旦他能清醒意识，哪怕一丁点行动空间的可能给他，他依然遵从自己的思想说：不。意识和自由就是如此紧密相连。"此情此境下（意识沉寂，无论是否有清晰的语言表达），巴雷特还说："赋予人最后尊严。"由此，我明白社会意识形态和自由最后总是达到某种妥协。自由总是被社会意识形态染色，但它也总是竭力抵制。我并不否认，类似动作有时是被指派的，否则就强制使之反映社会意识形态。但同时，我们也要清楚，抵制的行动也依然是有可能的，"哪怕一丁点行动的空间"。希望我的解释，能有助于说明那些认为社会意识形态无所不在的不满。这种自由是表象与存在之间永不停歇的滑动。

这种"滑动"之处，正如琳达·奥尔（Linda Orr 13）所表达的，正是历史发生之地，是一种对存在和表象消失的挖掘。也就是说，我的写作是被诸多批评思想所指引着的。首先，我意识到，某些历史中的人和事是必须剔除或保持缄默的，所以我也不可能写一部"完全的"历史。一旦明晰了这点，我就从那种我必须穿着的批评家"全知全能"的紧身衣中解脱了。如此，我就有更大的空间致力于文体的理论建构。我必须强调的是，这个历史几乎不可能是关于美国文学新闻发展的定论。它只是美国文学新闻文体历史之一种，而非唯一和特定的。然而，从我的批评位置来看，我认为不可能有一种可以用定冠词来指定的历史。取而代之，我的历史也不过是关于美国文学新闻的一种解释，而且我满怀兴奋地期待未来有其他阐释。最终，文学新闻的“历史”故事将是一个未了事，别无他因，正如我在第二章所写，批评家米哈尔·巴赫金所谓的“不确定的当下”。我渴望那些未来新观点的发现，新的批评视点的持续建设，甚至形式边界的重新思考。借用约翰·济慈的诗句：永远“取笑我们的想法”。

第六章中的部分内容来自我的论文《美国文学新闻的批评边缘化》，此文刊登在《大众传播的批评研究》第15卷第1期（1998年3月），第61—68页；感谢全国传播学协会允许我在这里使用这个材料。

约翰·C. 哈索克

致谢

关于本书的写作，我必须向很多人致以谢忱。首先，没有前辈学者们在这个领域的拓荒性研究，我是不可能完成这本书的。《美国文学新闻史：一种现代叙事形式的出现》是一个学术上的发现，同时，正如任何历史研究都必须证明的，本书也是一种学术上的综合：借用欧内斯特·L. 布瓦耶（Ernest L. Boyer）的话来说，那必须是和前研究者的一次协商。我要特别提到那些引导我注意文体并进行文体研究的学者们。其中一个就是诺曼·西姆斯（Norman Sims），他对我也如他对许多致力于文学新闻研究的教师、学者及爱好者们一样，指引我们在他的杂志《文学新闻》中认识这一文体，并在他编撰的《20世纪文学新闻》一书中对文体进行学术研究。此外，还要感谢学者如托马斯·伯纳（Thomas Berner），托马斯·B. 康纳里（Thomas B. Connery），戴维德·伊森（David Eason），巴巴拉·劳斯恩伯里（Barbara Lounsberry），约翰·J. 保利（John J. Pauly），萨姆·G. 赖利（Sam G. Riley）以及罗纳德·韦伯（Ronald Weber）等人。既然我的书终于完成了，我就很想知道他们认为著作到底在多大程度上填补了学术空白。这是需要勇气的。我视他们（我必须强调这个名单远未列尽他们的名字）为对文学新闻进行持续文体研究的第一代学者。

其次，与那些和我志同道合的同仁开的电话会议也激发了我对文学新闻的热情。我对此的热情是如此强烈，尤其是在我致力于本书写作的头五年里，又正值我结婚、生子及调换工作，我如三明治被夹在这些人生大事中间（而我妻子也许会认为她的人生大事被我的书如三明治夹在中间了），兴趣和精力都达到满负荷运转。我还要感谢汤姆·康纳里（Tom Connery）、萨姆·G. 赖利（Sam G. Riley）、迈克尔·罗伯森（Michael Robertson）和简·惠特（Jane Whitt），感谢他们帮助我重燃对文学新闻文体研究的兴趣。

我还要感谢威廉·赛本斯库（William Seibenschuh），是他在假期中以最快的时间帮助我解决鲍斯威尔奖学金的困难。

如果没有马萨诸塞大学出版社编辑卡罗尔·贝奇（Carol Betsch）和克拉克·杜根（Clark Dougan），还有校对编辑安妮·R. 吉布斯（Anne R. Gibbons）等人的不懈努力，这本书也是不可能出版的。每当我对最后的修订无限拖延的时候，他们总是对我满怀耐心和鼓励。

我还要对三个人表达我的歉疚之情：他们是杰夫·伯曼（Jeff Berman）、罗·博斯科（Ron Bosco）和斯蒂夫·罗斯（Steve North）。当我在纽约州立大学阿尔巴尼分校攻读博士学位期间展开有关本书的一些基础性工作时，他们总是毫不犹豫地鼓励我“挑战极限”。他们的判断始于未知，如同我着手此研究时一样未知，我只是希望这本书能报答他们对我冒险性的鼓励。

最后，我要感谢妻子琳达及家庭给我的恒久支持。他们的爱对我至关重要。

约翰·C. 哈索克

绪论

在一个受到自己创作生涯的激励并对其满怀憧憬的瞬间，记者哈钦斯·哈普古德（Hutchins Hapgood）在其1939年出版的自传中回想起自己在原《纽约商业广告》做新闻报道的岁月。那时他已经成了今日学者所谓的“文学新闻”的实践者：“这并非是过分沉溺于一种自然倾向，即夸大经验在记忆中的重要性和愉悦程度，也就是说，不同人的鲜活书写可以被未来的历史学家在报纸堆中那些未署名的文章中找到，那些文章有的是简短的新闻、有的是周六副刊的补白、有的是丰富多彩的各种小故事”（*Victorian* 146）。哈普古德认为，这种发生在19世纪末的新闻实践，是应该被文学发展史记住的。尽管哈普古德的希望如此美好，但致力于上世纪美国文学新闻——或更明确地被描述成“叙事性”文学新闻——的历史研究还是十分匮乏，因为这一文体是以一种叙事模式作为基本运作模式的。

此研究缺失的后果可以预见。对于看到这种文体的价值，并急于在书房或课堂上探究其定义的学者或老师来说，巨大的学术空白使得他们很难将一个读起来像小说或短故事的文体，视为真实事件，或宣称是对表面经验之下之真相的写作来进行文本分析，从而给出一个基本定义。这样的文学性新闻，已经成为文学的“一部分”：一方面，它承认了自身和虚构——正如我们惯常对“虚构”的理解——的关系；另一方面，它又宣称自身是对世界“事实”的反映。

另一个后果对于当代美国文学也许更为不妙。正如芭芭拉·劳恩斯伯里（Barbara Lounsberry）在《事实的艺术》（*The Art of Fact*）里指出的，美国发行量最大的《纽约时报书评》中，关于非虚构作品的评论是虚构作品的两倍。（xi）这并不是说，所有这类作品都是所谓叙事性的“文学新闻”，因为这里的非虚构还包括传记、历史、社会学考察等等。当然也包括如乔纳森·哈尔（Jonathan Harr）的《法网边缘》（*Civil Action*）这种书，书评家认为该书对马萨诸塞州沃本居民受到毒气污染事件的影响进行了“高妙处理”。书评者写到哈尔“采取了一种虚构化的温和的叙述方式，你—在—那里的形式……这就使读者被合情合理使用在了那富有争议的小说技巧里，因为哈尔先生显然是没有重建评估事件的权力”（Easterbrook 13）。在另一个例子中，当出版商在最新出版的《黑鹰坠落》（*Black Hawk Down*）封面上把作家博登（Mark Bowden）描述为“一流的文学记者马克·博登”的时候，学者或教师如何对此作品进行文本分析？

于是，悖论出现了：大量的当代文本并没有得到学院的研究。然而，任何一种想介入此并进行史学研究的努力，都注定遇到因之前在此方面学术积累极其有限而带来的挫败感，历史性地将此文体界定为一种文学形式的就更少。假如史学研究可以为任何材料批评提供一个重要文本，其他批评就可借此区别。我们对这样的探究期待已久。而这一探究所需要的时间跨度就是以哈普古德的1939年和劳恩斯伯里的1990年为标志的半个世纪。

我旨在探究几个相关历史议题，来帮助于我们在具体语境中研究这一文体。这些议题是：

1. 内战后，“现代”美国文学新闻及叙事性新闻出现的证据；
2. 这种文体出现的原因以及认识论后果；
3. 此文体的前身；
4. 如何将此文体与诸如随笔、黑幕揭秘写作及煽情新闻写作等其他非虚构写作区分开来；

5. 19世纪末后至1960年代所谓新新闻时代，文学新闻文体出现的证据以及最初出现的原因，史学研究方式的建立；

6. 史学性的文本研究对文学新闻的批评界定，以及不赞成其拥有“文学”外表的原因分析。

也许，批评方法最终会将这些文本视作暂时的风格，我采用了更保守的词语“文体”（form），这个概念由学者托马斯·B. 康纳里（Thomas B. Connery）提出，说明我们的理解也处于不断思考之中（“Third Way”6）。在写作这本关于文体的历史的著作中，我主要采取了主题研究法以取代那种也许更为传统的编年研究法，我相信重大批评研究都是通过这种历史来编织其批评路径的。之所以选择不同方法，是因为它有助于我对历史话题提供一个鲜明的批评定义。此外，书的附录还将为对此领域不甚熟悉的读者提供一个最新的非历史性的学术研究资料。

然而，并不是说本书会是全景式的历史书，无疑我会漏掉一些读者“钟爱”的作家。可以说，这是一部动态的批评史，我的研究是基于认识论和本体论选出的作品，作品本身的语言和意识是一方面，另一方面则是其外在的文化环境。这些文本历史已被充分挖掘，同时，也得到足够多的学术研究积累，这就使得我们能从一个开阔的批评视野展开启被忽视的文学史研究。

在开始我所定义的历史问题研究之前，仍存在三个问题。第一是命名这种写作形式的争议性。第二是这种文体中游记、体育叙事及犯罪叙事之间的关系。第三是如何针对此文体历史做出有限的学术评价。

“文学新闻”绝不是一个全球统称的概念。只要对MLA书目（即Modern Language Association，是指美国现代语言协会制定的论文指导格式，在一般书写英语论文时应当使用MLA格式来保证学术著作的完整——译注）做个网上搜索就可说明这个问题。从1963年到20世纪末，列入“文学新闻”名下的此类学术研究只有25次，还是一些边缘性研究。最接近的一个相互竞争的词语是“文学非虚构”，列有38次应用。如果将使用的频繁程度看作为此文体定义的一个尺度，显然后一个更受欢迎。但这个结论依然是值得怀疑的。原因有二：一是列为“文学非虚构”应用名中只有15个是关于我们这里所讨论的叙事性文本的；第二，也许更有可能，MLA目录只是从英语语言学术研究角度优先选择，而不是从源自新闻、大众传播及美国研究的标准去界定这个名词的运用。例如，MLA目录里就没有提到1992年康纳里主编的《美国文学新闻资料：新风格概述》，或者由诺曼·西姆斯（Norman Sims）1990年主编的《20世纪文学新闻》。康纳里在明尼苏达州圣保罗的圣托马斯大学教新闻，西姆斯在位于阿姆赫斯特的马萨诸塞大学教新闻，二者都是美国新闻与大众传播教育协会（AEJMC）的资深成员，都没有出现在MLA目录里（McGill 140，278）。

还应该指出的是，在MLA目录列出的38项所谓“文学非虚构”名目中，有17项属于克里斯·安德森（Chris Anderson）于1989年主编的《文学非虚构：理论·批评·教育》。此外，这本书并没有在基本是随笔的文本和真正的叙事文本之间给予区别。如果康纳里和西姆斯的集子都被纳入MLA目录的话，那么“文学新闻”一词的使用次数定会比“文学非虚构”的使用次数多很多：康纳里的书里包括36篇批评文章；西姆斯的书里有12篇。

然而，这样的考察其实比数豆子好不了多少，或许也没什么功用，不过是揭示出鉴别这类文体性质时存在的问题罢了。当人们认为“文学新闻”和“文学非虚构”不过是对于一个文体不同的术语称呼时，事情变得更难以厘清。这两个似乎是被广泛使用过的，其他的还包括“艺术新闻、非虚构小说、散文虚构、事实虚构、文学新闻（journalit）、新闻的非虚构……非虚构报道……以及新新闻”（Weber，*Literature of Fact* 1）。1993年，《创造性非虚构》一书出版。最初，该杂志每半年由匹兹堡大学出版一次，后来就由创造性非虚构基金每三季出版一次。杂志定位正如其名，旨在推动叙事性文学新闻及其他非虚构文体的发展（1：ii，13：iv）。同时，美联社书评也引用了“叙事性非虚构”一词（Anthony 16）。还有的诸如“抒情散文”“忏悔录”“沉思录”“事实文学”以及“非想象文学”。W. 罗斯·温特罗德（W. Ross Winterowd）指出：“也许，最大的问题是找到一个合适的词语涵盖我选编的文本。”最后，基于一种批评的挫败感，他说，“我决定放弃了”，他直接就把自己研究的文本称作“其他的”文学（ix）。如果将其分类，这些文本确实可被称为某种文学性“事实”。还有，当人们想到学者们所引用文学新闻或非虚构的例子，这种文体也可能包括传统文体分类或次分类里所说的“私人随笔”“游记”“回忆录”“传记”及“自传”，事情也许会变得再次复杂（Paterson）。

在捍卫“文学新闻”概念方面，康纳里一马当先。在《美国文学新闻参考资料》（xiv）一书里，为正确判断这一名称，他指出了辨别文体的困难性，他说：“用‘新闻’一词要好过‘非虚构’，因为列入其中的文学作品既不是散文也不是评论。从内容来源上说也应该被称为新闻性的，因为这些作品原材料基本来自传统意义上的新闻搜集和报道。”（15）但是，康纳里必须得找出足够的理由来对付所有有关这一文体认证出现的苛刻问题。“文学非虚构”的称呼同样不妥当。例如，劳恩斯伯里说，“我们尽管研究这些作品而不用理睬那些它应怎么命名的说法”（xiii），但是此言既出，她继而又说，“我将称之为有技巧的文学非虚构”（xi）。劳恩斯伯里和温特罗德皆与英语有关，当然，她所谓的“有技巧的文学非虚构”和温特罗德的“非想象文学”形成鲜明对照。“有技巧的”能是“非想象的”吗？“非想象的”可否是“有技巧的”？

是什么导致围绕着这种文体的鉴定出现如此多不确定因素？这也许还得追溯到1960年代有关新新闻主义出现时的批评热潮，它包括以杜鲁门·卡波特（Truman Capote）的《冷血》和汤姆·沃尔夫（Tom Wolfe）的《电力冷酸实验》为代表的文本。批评家不久就指出这类主观性新闻并无“新”意。虽然如此，新新闻也好，文学新闻也罢，或者称之为文学性非虚构写作——这种文体还是大大吸引了批评界的关注——学者发现，无论怎样称呼这种文本，都是界定不清的。比如罗纳德·韦伯（Ronald Weber）在他1980年出版的《事实的文学》（早期试图阐释新新闻的著作——译注）中写道："毫无疑问，这种严肃写作的类别并没有被详细地定义下来，许多过去经常来描述它（新新闻）的专业术语……无法用于解释这种存在的事物。"（1）大约17年后，情况也并没有改变，正如本·雅格达（Ben Yagoda）在《事实的艺术》中界定文学新闻概念时指出的：这是一个非常含糊的短语。（13）

关于这一写作形式的身份鉴定也是个有点政治含义的问题，比如它确实被新闻和英语文学研究粗糙却明确地界定开来。比如安德森和劳恩斯伯里是从事英语文学研究的，所以倾向于用"文学性非虚构"。而康纳里和西姆斯则从事新闻研究，他们则乐于用"文学新闻"这个概念。但是，在学术角度，围绕着"新闻"这一含义厚重的词语有所分歧也不意外。简言之，英语文学研究界长期以来就存在着对新闻研究的某种偏见，这也将是我在本书最后一章有关批评边缘化问题的研究中要论述的。当温特罗德把这种写作叫做"其他文学"，他实际上已经勘定了这种写作的边缘地位，他在尝试为这个地位寻找一个合适的术语，但他从没尝试将之命名为与"新闻"相关的概念（ix）。然而，一种类似于对边缘化甚至歧视的颠覆性研究也开始出现在新闻及大众传播学院，研究指出新闻可以有"文学"的特质，这个我后面会继续探究。

证据表明，这个学院研究的分歧早在1997年雅格达和凯文·克拉里（Kevin Kerrane）编辑出版史料选集《事实的艺术》的时候就有了。二位都是特拉华大学的英文教授，都用了"文学新闻"这个术语。（他们的《事实的艺术》不同于1990年劳恩斯伯里的同名选集。）值得注意的是他们的选集被很主流的斯克利布纳出版社出版的时候，出版社也是采用了"文学新闻"之名，这无疑给了这个命名主流性的认可。之后，由西姆斯编辑、巴兰坦（Ballantine）1984年出版的《新闻记者》，1995年西姆斯和马克·克莱默

(Mark Kramer) 合编的新版《新闻记者》都用了“文学新闻”一词。受此影响，《大西洋月刊》1999年刊发马克·博登的《黑鹰坠落》时也将作者介绍为“文学性记者”。

但在图书馆学方面还存在一个问题就是，此类被认为是叙事性的文学新闻书籍总是无家可归的流浪儿。在国会图书馆的目录系统里，经典的虚构小说以及诗歌等，都有属于各自的经典位置，被视为叙事性文学新闻的作品总是被较随意地归置。国会图书馆的编目系统确实是按文体分类的，对此类书籍的编目为“报告文学”(reportage literature):“摆放在此的作品属于叙事风格的文学，其中人物参与并见证历史”(Library 4944)。“报告文学”作为专有名词用于叙事性文学新闻始于1930年代(North 121; Kazin, *Native Grounds* 491)。但此后，正如任何一部当代标准词典所示，“reportage”被用于所有新闻。其后果就是文学新闻被散落于图书馆的各个书架。于是，约翰·麦克菲(John McPhee)写篮球明星比尔·布拉德利故事的书《认识你自己》被放在体育运动类，他的《盆地和疆域》则被归置在地理类。1870年代早期拉夫卡迪奥·赫恩(Lafcadio Hearn)描写辛辛那提河堤一带人们生活的散文集《堤坝的孩子》被编入人种学研究类，汤姆·沃尔夫的《糖果色橘片样流线型宝贝车》被归于美国社会与文化，《太空英雄》则被放在宇航类。同时，杜鲁门·卡波特(Truman Capote)的《冷血》被编入犯罪类书籍，约翰·赫西(John Hersey)的《广岛》被认为是物理和原子能类书。结果就是，真正的文学新闻类书籍在图书馆无法找到一个合适自己的编目。如阿尔伯托·曼谷格尔(Alberto Manguel)所认为的:“每座图书馆都有各自的喜好，其所选择之编目系统都反映各自对书的选择倾向。”(198)他们对文学新闻的态度就表现在这里。于是，曼谷格尔还说:“无论选择哪种分类学，图书馆都掌控者读者的阅读选择，这就迫使那些充满好奇和警觉心的读者去探寻那些被置之高阁的书籍。”(199)

如果命名仍是问题，那么看看《美国非虚构，1900—1950》的编辑们的看法就会让我们冷静下来。他们对此问题的研究总结是:“尽管如何定义这类写作有种种困难，诗歌、虚构小说、批评以及戏剧等，都至少被肯定为文学的形式之一，都可在文学的范畴内被讨论。而非虚构，尤其是当下时代的非虚构写作是另外一回事。此类写作数量巨大。其中绝大多数很少或几乎没有被看作是一种文学的创作。其中绝大多数也是转瞬即逝的。”（O'Connor and Hoffman v）形式主义和新批评对此的偏见显而易见。简言之，他们认为，此类写作缺乏一个“形式的模板”，在那注定短命的写作形式中，一点都不存在类似来自古希腊的、可预示自身持续或永恒的经典性。（他们也不会想到，愤怒的后现代主义者可能把古希腊的经典模板也在石头上摔个粉碎！）

可见，“非虚构”文本极其广泛的叙事范围从以往到目前都是个问题。几乎是半世纪后的新批评学派在1952年的研究中也遮盖了这一棘手的学术问题，与今日之研究形成对比。其中，克里斯·安德森试图证明“文学非虚构”是最早首选的定义。他引用《事实的艺术》中的话，并注意到是韦伯“创造”了这个专有名字（ix）。然而，当安德森细化这个词语的时候，他其实批评性地令这个生造的术语合法化了。韦氏用“文学性非虚构”给予这种写作一个暂时性的概念设计而已，他说：“这里，我应该简单解释下这个术语：文学性的非虚构。”于是，他劝告读者（想必也包括安德森），“不用说，这种严肃写作不易归类，那些用于描述这种写作的诸多术语……对于真正澄清问题也于事无补”（1）。

如果问题的根源在于如何命名这种写作的偏见，“文学新闻”则有自己的血缘追溯。西姆斯在1984年编撰的《文学记者》里提出“文学新闻”的概念，他并没有深入论证，只是在前言的综述评论中指出：“不同于标准化新闻，文学新闻要求写作者沉浸于更为复杂和艰难的主题中。”（3）然而，将“文学新闻”看作合适的术语，西姆斯其实是复活了一种最古老的叫法。早在1907年，杰出的文学评论刊物《书商》（*Bookman*）刊发过一篇题为《关于文学记者的反思》的匿名文章，文章说作者就专门写一些和新闻本身相反的故事，或者“只是讲述吸引自己的新闻故事”（371），显然，一方面他是如何“接近生活”，另一方面又有自己的“主观想象”（376）。本章开始对哈钦斯·哈普古德的引用，也支持了《书商》1905年刊发文章中对文学新闻术语的基础性意义。哈普古德那时还没有适应这个叫法，到1939年写个人传记的时候，他说他被编辑“林肯·斯蒂芬（Lincoln Steffens）1890年关于文学新闻的想法”所吸引（*Victorian* 140）。斯蒂芬曾是《纽约商业广告》的编辑，也是世纪之交文学新闻的一个重要支持者。这个术语经过1937年埃德温·H. 福德编撰出版《美国文学新闻文献》后变得更加流行，正吻合了对此写作最初的学术性探讨“文学新闻”。

至于温特罗德将之称为“其他文学”的问题是容易解决的，如果有什么文体被归入“其他”，那文学新闻无疑是宽泛的文学性非虚构的衍生形式。出于我的研究角度，我愿意采取一个批评性的态度。但两个名称并存，对于思考者描述这一写作形式依然会带来诸多问题，或许在他们看来，二者可能确实不是一回事。学者们就此文体归为两派，以康纳里为代表的持比较狭义的观点，特指那些专门从事这方面写作的实践；而其他如安德森和朱迪斯·帕特森（Judith Paterson），持广义的将所有文学性的“非虚构”文本都纳入其中的观点。在康纳里关于文学新闻的《资料大全》里，他考察的主要对象还是那些以报纸或杂志为职业的专业新闻写作者，即凡纳入“文学新闻”叙事形式的前提条件必须是专业的新闻从业者。但当帕特森将安妮·狄勒泰（Annie Dillard）的《听客溪的朝圣》也列入“十二部最佳文学新闻”时，这个分类似乎又变得复杂起来。那么，个人化散文和对大自然的冥想之作是不是文学新闻的衍生呢，这有争议的说法显然要困扰文学性非虚构的支持者了。帕特森使问题复杂化的还有诸如她把M. F. K. 费舍尔（Fisher M. F. K.）的饮食文学《如何煮狼》、安德森·李的回忆录《俄罗斯日志》、阿特·斯皮尔伯格曼的绘本《病房：一个幸存者的故事》都纳入她的编选目录。帕特森供职于卓有声望的马里兰大学新闻学院。

很显然，到底怎样的文本会被认为是“文学新闻”或“文学非虚构”，学者们各有看法。那些杂乱无章或大量叙事的文本是否也属其中，并没有清楚的界定。菲利斯·弗拉斯（Phyllis Frus）在其《新闻叙事的政治与诗学》一书中，采取了康纳里剔除散文和评论的观点来解释文学新闻。同时，她进而质疑并拒绝认为存在什么文学新闻："我并不接受那些把个别新闻叙事的例子与对当前事件和问题的基本概括分离开来而产生的文体评判。假设叙事是'文学的'，然后将他们置于一个客观主义和本质主义的框架中……倾向于把文本从历史与政治的分析中移除出去。"（x）根据定义，这样的新闻应该能包括安德森选集中那些描写"当前事件和问题"的文学性非虚构作家。我们就困惑了，问题不是先有鸡还是先有蛋，问题是哪个是鸡和哪个是蛋？甚至当康纳里试图去定义这个文体的时候，最后也在他狭义的批评观点中遇到困难："文学新闻可简单概括为散文化的非虚构，其足以求证的内容，被运用与虚构相关的基本技巧和修辞，以故事或速写的形式表现出来。"（*Sourcebook* xiv）如此定义就可包括了诸如李（Lee）的回忆录《俄罗斯日志》，也许还有亨利·亚当（Henry Adams）的自传《教育亨利·亚当》。

处于如此不确定的批评环境中，也难怪此类写作在我国的学院教学中并不被当作主要课程来重视，在此这很显然是由学术研究的失败导致的。然而，这样对于那些大量存在的叙事类文学新闻文本却有失公正，或者，无论他们最终被命名为什么，这类作品都正在被不断创作出来并得到评论，他们给读者带来引人入胜的当下思考，也促使其命名问题最终得到关键的认识飞跃。我确实偏向于"文学新闻"的命名，它是关于这一叙事形式虽非唯一但却最被广泛理解的名词。如果再无其他，这些关于不同术语的讨论应该能看到关键之所在，文本本身就是证明。

理解此类作品大都采用叙事模式是很重要的，因为还没有理由不把随笔或新闻评论等看成是文学新闻。另外，将"文学"一词附着于新闻，至多是带来诸多问题，与文学之真正构成并无关系。因此，我更喜欢简单明了的"叙事性新闻"用法，或者"叙事性文学新闻"，因为正是叙事的而非议论性文本是其主体构成。鉴于第一种说法当下并没有获得决定性的认可，鉴于第二种中堆砌的形容词被认为是一种坏风格，我决定还是选取“文学新闻”，在一种叙事模式中理解文本。如果这一术语能被认可，那未来学者们的讨论将会是关于这一术语的进一步文化建构。

再者，还有理由可继续将此看作一种“文学的”的形式，尽管弗拉斯对此有所评判。第一，是因为此类写作常常借用现实主义小说和短篇小说的写作技巧，这就使诸多学者如福德、西姆斯、康纳里及雅格达等，都将此类文本置于一个文学的语境中。第二，后现代时代，即使“文学”的构成一再多变且富于争论性，这类写作仍然被固有的批评意识认为是潜在的文学。问题的核心在于学者、批评家和作家关于作品的观念，那就是它是“文学性”的，而不是某种被确定为典范的“文学”。第三，此类文本如同文学意义上的社会寓言，它没有过分文学性的类似比喻、共鸣等修辞手法，但却在阐明社会在伦理、存在主义、哲学以及文化方面的种种可能性，又广泛地与传统虚构小说的技巧、人物塑造等密切相关。所以说，此类文本本身的含义甚至比评论还要丰富得多，我们努力去做的，无非是撇开那些当下困扰在文学与文化面前的所谓政治正确带来的先入之见，进一步理解它。

但也许更重要的是，正是这样的文学共鸣应验了马克·安德姆森对文学的定义，即文学就应该是一种回避各种批评理论的文本，它“拒绝阐释”(31)。也如我们熟知的诗人约翰·济慈所言，文学永远都会“嘲笑人们的思想”或运用各种批评模式做出的解释（295）。无疑，线性思维的经验主义者就不满意如此做法，如同文学家们试图用一个面目模糊的感觉，超越文学的本质。我的目的只在于加深理解，并不设想得到终极真理，也没有一定要以哪个理由为准。

最后，我喜欢选取“新闻”作为最后一个元素的理由有三。第一，“非虚构”的定义有把此类写作的地位安置到“零”的感觉，然后有文学的精英概念，那么这类写作只能是“非”“精英”的。第二，我所研究的作家曾经或现在都是职业记者。第三，从词源学上看，新闻作为一种速生速逝的文字，对文学所谓的想象和共鸣形成挑战。我想说的是，在与现象主义的关系中，文学的幻想特质并不是天生优越的。当然了，始终存在着一种强大的拉力将此与更传统和经典的文学区别开来。

但是我现在采用叙事性“文学新闻”的用法并非有意要解决那些根本无法解决的问题。我的目的更多的是想建立一个批评的视点，说明这个命名问题的争议性，然后把研究推向探究历史证据的方向，也就是说，我接近叙事性文学新闻的用法也是想避开关于此命名的诸多说法，即我采用了康纳里在《资料大全》里所意指的定义。该书资料显示，从此文体出现的19世纪晚期到1960年代至1970年代早期的新新闻主义，这里所说的叙事性文学新闻的文本大部分出自专业记者，或者从事以报纸和杂志为基础的工作者，事实上也是从事于记者工作。比如，我就纳入了舍尔伍德·安德森（Sherwood Anderson），也许他主要被认为是一位小说家，但是他1935年写的随笔集《迷惑不解的美国》（*Puzzled America*）最初就是为一个新闻周刊写的专栏文章。如此做的原因也就是为了突出说明文学新闻创作主体的文学专业性，这个也是被以往英语文学研究史边缘化的部分。

出现的另一个问题是，所谓叙事性的文学新闻与某些更加突出的主题刻画文体，如旅游、犯罪或体育类的叙事性文字有何异同。例如，雅格达已经为如何将游记区别于叙事性文学新闻做出努力，认为此乃两种不同形式和风格的文字（Yagoda 14）。然而，此类努力未必全都见效，根本来说，问题在于努力将二者都纳入正规的林奈分类体系中，当二者各属不同形式和风格成为事实，彼此也都不会存在相互排斥的问题。表面看去，游记类文字属于主题类，相对而言，这里讨论的文学新闻则属于情态类，是叙事的。但游记当然也可以是叙事的：二者的边界有时会消失，这取决于文本本身更接近于主题叙事还是情态叙事。也有可能就是因为其偌大数量的文本本身而将游记专归一类。由于文学新闻多是对社会现实的写照，所以某些时候也难以和所谓主题叙事完全区别开来。同样道理也适用于分析犯罪和体育类的叙事。比如杜鲁门·卡波特的《冷血》，尽管其中有被人诟病的虚构细节，但它还是达到叙事性文学新闻的巅峰。无论如何，当考察 20 世纪前 30 年的文体，直到 1960、1970 年代的新新闻主义，我们会意识到这种重叠部分是尤其重要的。当文学新闻创作进入相对平和的时期，它在青少年以及四五十岁的中年读者中，以描写充满活力的旅游、犯罪或体育类故事而继续存在。关于一个世纪来美国现代叙事性文学新闻的历史研究并无多少，大约只有六个新而简短的研究方面。第一个就是康纳里从历史角度对此文体发展做的三个主要阶段的划分：一是在世纪之交，二是 1930—1940 年代，三是 1960—1970 年代的新新闻主义的时代（preface xii - xiii）。康纳里的编年史划分之所以将 1890 年代看作是以情态叙事为主的美国文学新闻的开始，就是因为那个时代“充满了从文化角度认识并理解急剧变化世界的渴望，而且人们深信可以透过书面文字理解现实”（“Third Way” 4）。但正如康纳里的建议，进一步的考察也是必需的，那就是为什么“急剧变化的世界”和“深信可以透过书面文字理解现实”都是培植了文学新闻的土壤（preface xv）？显然，急剧变化的时段充满了人类历史，但它未必一定培植了文学新闻。还有，作家们经常表达他们透过书面文字理解真相的信任，至少比如古罗马的西塞罗，他就一直用书信的方式和他的朋友凯利乌斯沟通发生在罗马的事件（Stephens 51，61—62）。

康纳里无愧于他的观点。一个原因就是我的研究直接搬用了他关于三个时期划分的历史分析法，还有一些曾经模糊的主要文献，他挖掘出来这些早期学者们的先驱性意义。也就是说，我试图重整材料，将形式的历史概念化，建设并超越保罗·曼尼（Paul Many）所说的“从惯常的传记方式靠近新闻史”（561）。这是康纳里在“惯常的传记方式”部分讨论斯蒂芬·克莱恩、林肯·斯蒂芬斯和《商业广告》以及哈钦斯·哈普古德，探究 1890 年代叙事性文学新闻出现的时候采取的一个基本的出发点（“Third Way” 3—20）。

康纳里不负其名的第二个原因是，他的《美国文学新闻资料大全》收录了对 35 位作家作品的批评文章，堪称先驱之研究。此外，和今天任何一位学者一样，他要求从不同的批判角度来对这种写作形式给予研究，并且欢迎多学科的交叉研究，例如大众传播、英语文学及美国研究等学科的研究。这些研究多接受并采用了他的史学分析法。我采用的历史研究方法最终得出结论：叙事性文学新闻至少是对认识论危机的回应。因此我与康纳里的研究方法有所区别，他主张“叙事性文学新闻是可以辨别的，就凭借它传递了什么内容，而不仅仅是通过它是怎么传递的”（preface xiii - xiv）；我考察的不仅是我们所相信的，我们所能知道的表象世界，而且还有它是怎么呈现的，它又是如何被认识论的危机所促进的。那么最终，我们可以更好地理解，为何记者们会无视新闻实践的主流形式，转而投入这种叙事性文学写作。一旦弄清楚这个，我们就可以明白叙事性文学新闻的价值，不会想当然地设想叙事性文学新闻记者和他们的读者仅仅是在关注世界表面的史前文物。如果有什么区别的话，叙事性文学新闻其实正是一直在坚持发声，挑战人们对其想当然的设想，包括各种批评性的假设。最终，我认为某些深刻而庄重的事情，就发生在如哈普古德所认定的“生动的写作”中。

再次努力为这种写作形式做历史定位的是保罗·曼尼的著作《文学新闻史》。曼尼从传统的新闻史学的方向接近这一文体，或者是用惯常研究文学新闻的传记方法去研究这种新闻形式。他特别将叙述文学新闻的出现与五个历史时期（殖民时代、便士报纸时代、民粹主义时代、现代以及当代）以及美国新闻的实践详细地联系在一起（561）。然而曼尼的观点存在两个问题。第一，当他说“按照时间顺序，从五个历史时期去研究文学新闻，就有可能得到美国文学新闻史的大概轮廓”时，他认为文学新闻存在于每一个历史时期，但是当他进一步陈述自己的观点时他改变了立场，排除了前两个时期，而这两个时期正是全面形成的文学新闻文体被记者们使用的时候。在与康纳里保持信件联系的过程中，曼尼提出：民粹主义时期（1870—1914）预示着“‘文学新闻’的真正开始”（565）。

曼尼观点的第二个、也许也是最大的问题在于通过将文学新闻与新闻史学联系在一起，他希望可以用既定的历史模式去讨论文学新闻。正如同维尔纳·海森伯格（Werner Heisenberg）深刻理解的那样：用任何批评理论研究问题都如同给原材料穿上了紧身衣，影响并决定我们对世界的看法，它排斥其他观点，致使某些证据由于缺乏认识而被完全忽略（55）。曼尼紧身衣式的研究带来的不幸结果是，他忽略了在1930年代到1940年代初期异常活跃的叙事性文学新闻的实践。的确，曼尼指出1915—1960年这一时期（他称之为现代时期）的叙事性文学新闻创作是非常规的新闻写作，并援引了欧内斯特·海明威（Ernest Hemingway）的作品作为例证。曼尼没能阐述的是，虽然海明威的确在1920年代叙事性文学新闻创作趋于平缓的时候有些许创作，但他依然是1930—1940年代被称为后民粹主义时代的参与者。这个时期涌现了很多诸如舍尔伍德·安德森，艾斯肯尼·卡德维尔（Erskine Caldwell），艾德穆德·威尔逊（Edmund Wilson），詹姆斯·艾吉及约翰·赫西等杰出人物。康纳里提醒曼尼别掉进思考的陷阱，康纳里认为“叙事性文学新闻既不应该用传统的新闻标准来评判，也不适合以现实主义的小说的原则去衡量”（preface xv）。最终，曼尼也没能明白的是，叙事性文学新闻之所以一直被常规的新闻史研究排斥，同时又被正统文学研究不当回事，是有政治原因的；同样的原因，学界一直把“现代”一词冠于这一时期的专业新闻以及纯文学的实践，以此将叙事性文学新闻彻底边缘化。

然而，曼尼认为美国文学新闻的出现，源于文学与新闻开始朝不同方向发展后的裂缝地带（562—565）。我的意思不仅是认为文学与新闻开始分裂，而是说，这个分裂出现在新闻**之中**，叙事性的文学新闻试图重写新闻的所谓的客观性。

新闻“客观性”是叙事性文学新闻要面对的新闻之核心。我的意思是正因为一般状态的新闻的客观性，客观化的世界才在充满主观的读者和作者面前是如此的不同和陌生。到19世纪后期发展成所谓事实新闻，在20世纪后被叫做新闻客观主义，至于煽情的黄色新闻其实也是以各自的方式呈现出来的客观化的世界经验。的确，当客观主义新闻与煽情的黄色新闻经常自以为是的时候，二者其实共同存在着一个认识论的问题。

诸多研究都暗示但并未具体论证这样一个观点：叙事性文学新闻（不仅限于此）经常被指与民粹主义政治或意识形态有关，这不仅在世纪转折时期的文本中有所反映，在1930、1940、1960及1970年代的文本中也有所反映。这点可追溯到认识危机出现的时候，叙事性文学新闻的意图就是对危机做出补救。

另外，雅格达区分了三种历史性文学新闻："叙事性文学新闻"、参与式新闻（记者的主观感受存在于文章最显著的位置）和艺术性写作的文学新闻（"风格"即"主旨"）（15—16）。但是我提出与他相异的观点：上述所有文本都应基本是叙事性文学新闻，甚至包括像约翰·赫西这样的作家在内，其写作都是某种程度上的主观性写作；所谓"文学性"的和"非文学性"的界线，其实无法从那些除非它本身就不是文学新闻的文本中去检测。最后，雅格达采取了现代派的立场，坚持传统的分类方法。毫无疑问，他提出的是关于文学新闻分类的形式问题。但是我认为，这个问题实质上是影响力而非分类学的形式问题，这个形式类似关于叙事的一个谱系，而且这个谱系足以使得所谓现代派的编目清晰化。实话说，我视之为这种写作的优势。

然后，我们来关注叙事性文学新闻的作品集，它有助于从历史角度定义这种写作形式。但是因为是作品集，也就缺少一种概念化的综合的历史延续性。还有，他们真正缺乏的，也就是在这个缺口中扮演的，是企图完成这历史延续性问题的先驱角色。这其中的优秀作品就是诺曼·西姆斯编选的《20世纪的文学新闻》，它收录了12篇关于文学新闻的学术评论文章，这些文章分别评论了类似如哈钦斯·哈普古德（Connery，"Third Way" 15）和格洛莉娅·安扎尔朵（Gloria Anzaldua）（Fishkin 160）等不同风格的作家，对比分析了他们的写作与平实写作主题的不同（Kenner 183—190），以及把新新闻看作是"文化政治"和"象征性对抗"的一种形式（Pauly，

“Politics” 111）。正如西姆斯指出的，这本选集“强调文学新闻的历史和围绕文学新闻理论的诸多话题”（preface vi）。它是进入文学新闻历史研究的重要入门读物。

艾德·阿普尔盖特（Edd Applegate）于1996年出版的《文学新闻》包括了180位作者的人物传记。但阿普尔盖特并没有将他的研究局限于类似1960和1970年代那样的新新闻当中。阿普尔盖特这本书最大的优点在于：它尽力想做到全面。但面面俱到同样有它的缺点：例如，这本著作里包含了理查德·斯蒂尔（Richard Steele）和约瑟夫·爱迪生（Joseph Addison）的人物传记。斯蒂尔和爱迪生出现在这个作品集里是有问题的，因为他们是散文作家而非虚构作家。类似，阿普尔盖特在著作中也提到了厄普顿·辛克莱（Upton Sinclair），并且援引了他的作品《丛林记》作为文学新闻的示例。但是从严格意义上来说《丛林记》是小说。此外，阿普尔盖特的这部著作偶有遗漏，例如弗兰克·诺里斯（Frank Norris）的作品。但是这些问题，也许就如同我们对文学新闻的理解，需要改善。最好，阿普尔盖特的作品有助于探究文学新闻的组成部分。

最近，有一个叫阿瑟·J. 科尔（Arthur J. Kaul）的人出版《美国文学新闻记者，1945—1995》，此书对文学传记系列有所贡献。在拟定的系列计划中，第一部分包括了36位“二战”后作家的人物传记。但是这部作品同样在表述这么一个观点：那就是叙事性文学新闻是“二战”后的创作现象，是与新新闻紧密相连的一种创作。正如同科尔提到的：“当文学新闻首次出现在杂志上，批评家、学者，以及文学新闻的实践者都争相以此命名来振兴战后的美国文学创作局面”（xvi）。何况“二战后文学新闻创作出现繁荣……”（xvi）因此这个文学观点至今留存于世。科尔的研究是一个跨越50年（1945—1995）的重要综述。

学者从文体历史的角度去研究文学新闻的更早尝试首先反映在1970年代针对新新闻主义的辩论而引发的一系列文章中。1975年，乔治·A. 霍夫（George A. Hough）通过对七位作家简短的传记式描述（117/19—119/

21)，大概论述过此类写作的历史。1974 年，杰伊·詹森（Jay Jensen）论述了“新新闻”并不算是个新术语，因为新闻实践的多种形式而产生，并不同于我们现在称之为叙事性文学新闻的写作（37）。除此之外，他指出，新新闻的写作技巧有其先例。1975 年约瑟夫·韦布（Joseph Webb）撰文声称：1960 年代的“新新闻”源自一种有历史可追溯的“罗曼蒂克”冲动（38）。他的解释回应了哈姆林·加兰（Hamlin Garland）在 1890 年代的观点。也许加兰是作为一个小说家被人们所熟知，但是他同时也写了一些文学新闻并且是文学新闻的忠实支持者。然而，韦布却忽略了 1890 年代和 1930 年代文学新闻的兴盛，这也许说明了批评的局限性，它试图将文学新闻解释为 1960 年代新新闻的余波。强调一个“新”，只能将那些实为先驱写作的早期文本淡化。另一位早期的努力者是沃伦·T. 弗朗基（Warren T. Francke），其作《W. T. 斯特德：第一位新新闻记者》正如书名所示，试图确定文学新闻的起源。就其本身而论，他忽略了这一形式的演变。他的研究是对以往任意一个试图确定文学新闻起源的说法的挑战。

埃德温·H. 福特（Edwin H. Ford）也是早期尝试从历史溯源研究文学新闻的人之一。他于 1937 年出版的《美国文学新闻参考书目》借助原始文献和评论文章梳理了文学新闻作家及其作品的历史，其中援引的材料可追溯到本杰明·富兰克林（Benjamin Franklin）。除此之外，作者还援引了部分批评性文章，隐晦地概括了文体历史，以此回应文学新闻发生于 20 世纪初前十年的说法。这个回应，对于文学新闻的现代性在 19 世纪末 20 世纪初的出现是很重要的。此外，福特在《文学新闻记者的艺术和技巧》中也涉及文体历史，他简要地介绍了七位作家，把他们称为“文学新闻中的伟大的名字”（307）。

最后，还有一些定期的简短研究，散落于不同研究领域的资料里。例如，拉泽尔·齐夫（Larzar Ziff）关于 1890 年代的讨论，麦克尔·舒德逊（Michael Schudson）关于美国新闻实践的研究等。读者还能够从萨姆·G. 莱利（Sam G. Riley）的文学传记词典系列《美国杂志记者》里得到关于文学新闻研究的片断资料。但是总的来说，对于从历史的角度来研究文学新闻的尝试微乎其微，因为对于如何命名这种形式始终没有达成共识。而且，从 20 世纪主流的英语文学研究和大众传播学学术研究的角度来看，文学新闻一直被纯文学和主流新闻实践边缘化。此外，那些已有的历史性研究，如曼尼的研究，大部分是传统传记式的方法，结果就是忽略了我们要解决的最终是一个由于现代文学新闻实践而引发的认识论危机问题。

如此，客观所需与我之所愿不谋而合，那就是跨越这些传统的传记研究，为文学新闻的文体发展历史探寻证据。我希望此项研究能让我们进入一个新的批评领域，并开始引领我们更好地理解这种在我们的时代大量呈现，却未曾引起学院研究重视的、引人入胜的叙事话语。然后，也许我们就可开始更全面地理解哈普古德深情回忆并有感于此的、被他称为“充满活力的写作”。

第一章　定位现代叙事性文学新闻

许多年后，当回望1890年代自己的新闻编辑职业生涯之时，林肯·斯蒂芬斯（Lincoln Steffens）想起他曾经给集记者、小说家、编辑等职业于一身的亚伯拉罕·卡恩（Abraham Cahan）的一个建议："卡恩，这里有一篇报道，讲述了一位丈夫用一种十分血腥的犯罪方式杀死了他的妻子，他肢解了妻子的尸体……这个案子里有一个故事：这个男人曾经爱这个女人爱到要和她结婚的程度，然而他现在却恨这个女人恨到要把她碎尸万段。如果你能从结婚与谋杀的转变背后找到些什么，那么你的发现能让你写出一篇小说，而我也可以写出一个短故事。现在就去做吧，让这个现实中的惨案变为一个悲剧故事吧。"（*Autobiography* 317）斯蒂芬斯这个建议的非凡之处就在于：他希望调查真相主要是出于文学的意图，他想根据这件事写一篇短故事，而让卡恩写一篇小说。作为《纽约商业广告》的主编，斯蒂芬斯倡导叙事性文学新闻。他的做法反映了对叙事性文学新闻这种介于文学与新闻之间的文体的批评性认识。这个重要的认识是帮助确定美国现代叙事性文学新闻（本质上是叙事性新闻写作，直到1890年代才初露端倪）起源的因素之一。这个问题不可小觑，尤其考虑到托马斯·B. 康纳里（Thomas B. Connery）等人曾提到过，这种文体（叙事性文学新闻）"如今不是被忽略、被贴错标签就是被误读"（"Third Way" 6）。正如巴巴拉·劳恩斯伯里（Barbara Lounsberry）所说，这种文学形式是"当代批评界尚未踏足的广阔疆域”（xi）。

作为对19世纪末的新闻与写实性小说发展的回应，康纳里认为，“用于描绘已知社会的散文有两种分类，但这并不充分，而第三种分类——叙事性文学新闻是可能并且必要的……尽管将散文（prose）分为创意与非创意两种类别要承受巨大的文化压力，但是在世纪更替之时，对于二者界限的抵抗则更为突出”（“Third Way”5）。保罗·曼尼（Paul Many）简单地认为后内战时期“标志着‘文学新闻’的真正开始”（565）。尽管这两种努力都试图强调文学新闻的广泛性，最终却主要是通过传记与分类来实现这一目的的。例如，康纳里通过了解斯蒂芬·克莱恩（Stephen Crane）、哈钦斯·哈普古德（Hutchins Hapgood）、斯蒂芬斯作为《商业广告》的本土新闻编辑的特定贡献来审视这种文体存在的证据。曼尼真诚地呼吁运用“新闻史的传记-学院法”来研究叙事性文学新闻（561）。这里我探究了三种特定因素——修辞、专业性、文学批评——在1890年代的融合情况以及在战后的大致融合状况，这一时期，传记派与学院派的界限被打破，从而建立了一个批评界点，来确定叙事性文学新闻的起源。我并不是说这个点是关于叙事性文学新闻探讨的终点。当然，其他常见的因素也可以并且将会被探讨深化，最终为历史研究拓展批评深度，扩大批评范围。也就是说，我只是稍微修改了康纳里和曼尼的观点，并且主张战后时期与其说标志着美国文学新闻的起步阶段，不如说标志着现代叙事性文学新闻的起步阶段。因此有理由认为，叙事性文学新闻的某种形式已经由来已久。

在对叙事性文学新闻进行初步定义的时候，我提到那些读起来像小说或是短故事的真实生活中发生的事，很多像是斯蒂芬斯给卡恩的建议。这样的定义当然是有问题的，我讨论这些问题是因为它们出现了。不过，应该深入描述并且探究这一长期被忽视的文学形式。在阅读小说或是短故事时，这种文本不仅仅是文本包含的修辞技巧的集合，还经常是社会或是文化寓言，在最广泛的寓言解读下隐藏着超越文本的潜在意义。多数情况下，寓言融入了对社会或文化“他者”的理解。

三个几乎同时被发现的直接要素，可以在康纳里和曼尼关于叙事性文学新闻出现时间的研究中找到。第一个也是最广泛被承认的要素是对虚构文学技巧的“采用”，这类技巧通常涉及对话、场景构建、具体细节以及活动展示。许多学者已经注意到，这些技巧作为叙事性文学新闻的方法之一已被采用[①]。我觉得这种“采用”仅仅是实验性的，因为这些技巧过去一直运用于叙事新闻的写作中。的确，他们的使用加强了虚构小说的文学真实性。但是有一点是真的，那就是在南北战争之后，虚构文学真实性的优势有助于让大众重新将目光聚焦在专注叙事的新闻记者的努力上，就好像他们那时正在为新发现而努力着一样。第二个要素是专业记者，他们在大多数报纸或杂志媒体中，大篇幅地采取产业化运作和表达方式。最后也许是最重要的一点，一个新颖而有说服力的批评意识就是，这种已经实践的形式可能是“文学”的。这一点在一场 1890—1910 年代的批判性辩论中可以看出。

试图将小说写作技巧运用于新闻的尝试并无新意，在 1890 年代以前就有很多类似的尝试。如拉夫卡迪奥·赫恩（Lafcadio Hearn）对辛辛那提堤坝上的非裔美国人生活场景的描绘，马克·吐温（Mark Twain）的《密西西比河上的生涯》以及《傻子旅行》，查尔斯·杜德利·华纳（Charles Dudley Warner）的游记以及吐温与一位被人遗忘的作者合写的《镀金时代》。还有更早的先驱者包括亨利·戴维·梭罗（Henry David Thoreau）的《科德角》初稿，1855 年部分章节在《普特南月刊》连载，在作者死后的 1865 年，这部作品以书的形式出版。另一部先驱作品是 1830 年代奥古斯都·鲍德温·朗斯特里特的，最初发表在报纸上。18 世纪，反映真实生活的文本，或者那些声称是现实作品里面使用了小说写作技巧的文本，出现

---

① Connery, “Third Way” 6 - 7; Weber, “Some Sort” 20; Lounsberry xiv - xv; Wolfe, “Newjournalism” 31; Berner, “Literary Notions” 3.

在塞缪尔·约翰逊（Samuel Johnson）与詹姆斯·鲍斯威尔（James Boswell）的文学交友资料中。在一封约翰逊写给密友海斯特·斯雷尔夫人的信件中，约翰逊说到鲍斯威尔有“收集［这个时代的显赫人物的资料］以及根据自己的人生经历创造一部小说的想法”（*Letters of Johnson* 290）。还有在别的地方，鲍斯威尔在接近临终之际发表的一篇回忆录中引用了约翰逊发表于1768年的一封信，这封信是关于鲍斯威尔写的科西嘉岛的报告。信中写道：“你描写的这些人物形象投射出你自己的人生经历与主观情感，你让他们在你的读者心目中留下难以磨灭的印象。我不知道我能否说出任何关于‘好奇心是更兴奋还是更欣慰’的叙述。”（“Memoirs” 326）在现实生活中充满“人物形象”的叙事存在于叙事性文学新闻中。当他因为作品《伦敦日志》被否定而倍感沮丧的时候，鲍斯威尔承认自己试图以小说的方式来写真实生活中的新闻报道，“在我看来，一个浪漫故事或者是一部小说中的英雄，必须不能老套地沿着喜乐之路走下去，故事应该充满了不幸的曲折”（“Memoirs” 206）。在搜寻美国现代叙事性文学新闻前身的过程中，鲍斯威尔和约翰逊因为遇到的问题而试图重新解释现象世界。在关于他和约翰逊在苏格兰徒步旅行的报道中，鲍斯威尔满怀歉意地承认了自己的修辞学意图（也是哲学家和早期经济学家亚当斯·史密斯的修辞学意图），他描述起自己的同伴的时候使用了小说写作技巧：

> 他平时穿着一套浅棕色服装，衣服上是相同颜色的双盘衣扣，头上戴着一顶浓密的灰色假发，里面穿着简单的衬衫，脚上穿的是一双黑色毛线袜，鞋扣是银色的。在这场旅行中，他穿了一双靴子和一件宽松的棕色外套，外套的口袋估计能装两本字典，他的手里拿着一根英国橡树的大树枝。希望我不要因为提到这些微不足道的细节而被责怪。一切与这个极好的人（约翰逊——译注）有关的事情都值得被注意。我记得亚当·史密斯博士在格拉斯哥举办的一场修辞学的演讲中告诉我们，他因为知道弥尔顿用鞋带系鞋而不是鞋扣而非常高兴。当

我提到橡树树枝，我是在说这情景就好像只是让赫居里士拿着他的棍棒。(165)

在如此详细的特别描述中，他的读者“将会非常熟悉约翰逊”。鲍斯威尔补充道（165）。鲍斯威尔的意图在于超越修辞的抽象概念，能够向读者提供康纳里提到的事实的“感觉”（“Third Way” 6）。

值得一提的是在这个世纪末之前的战后时期，有多少小说的写作技巧初步地在主流媒体中得以使用。正如康纳里在提到斯蒂芬·克莱恩的纽约城市速写时说：“克莱恩使用了一系列文学技巧，包括对比、对话、细致的描写及详细的情景设置、精心选择重复的词语，用以构建人物形象，营造讽刺效果。”（“Third Way” 7）小说家克莱恩从1892年开始就是一名叙事性文学新闻的实践者。1892年他的第一篇“纽约城市速写”——发生在蓬勃发展的大都市日常生活中的人性故事，出现在大众面前，这本书在他给兄长的一封信中被称为“我最好的作品”（“To William H. Crane”）。关于城市日常生活的看法千变万化。例如，在一篇名为《一辆拥挤汽车里的有趣狂欢》的文章中，克莱恩记录了一群醉酒的乘客对他的态度。在众多小说写作技巧之中，克莱恩青睐的是场景描述：“这个醉酒的男人把手放在膝盖上，他因身处纯粹的幸福中而灿烂地笑着……他沉思的时候有些焦急，数着自己的手指头，然后他趾高气扬地点了一份啤酒和九杯曼哈顿鸡尾酒。”（126—127）这种类似的描述以及对话的例子可以在《暴雨中的男人》里面找到，它描写了一个在暴雨中无家可归的男人等待公共避难所开放（91—96），《聚众》描写了纽约街头一个突然发作的癫痫病人，这幅人物速写是报道聚集在一起的大众自私自利行为的绝佳机会（102—111）。

不只是克莱恩，为新闻染上小说艺术色彩的其他实践者们——简言之，其他派系——中的一位，既是作家也是记者的弗兰克·诺里斯（Frank Norris）在一篇作品中重新创造了一个空间，生活在旧金山码头的侦探们在等待一艘搭载着澳大利亚通缉谋杀犯的船：“有四张用房间里的地板做成的床，康罗伊躺在一张床上打盹，假装读起了《皮耶腓尼基人的奇妙冒险》，其他的侦探抽着烟闲坐在一个燃气炉旁边，他们中大多数是健硕的男人，有着通红的脸颊，天性活泼，和想象中的侦探完全不一样。”（Frank Norris 120）

另一位进行叙事性文学新闻写作的多产作家（现在被很多人忘记）是拉夫卡迪奥·赫恩，他在1879年就曾预料到1890年代叙事性文学新闻的兴起。但他不是一个失败的主流新闻记者，像其他叙事性文学新闻记者一样，他对主流新闻消息的写作也非常熟练，例如1877年对俄亥俄河洪水的报道《上升的河水》，这篇报道带有他惯常的公式化刻板的写作特点。这篇文章言之无物的原因是缺乏了细节特性的刻画，细节刻画是叙事性文学新闻中小说式场景构建的关键。此外这篇文章主体是一般性的场景总结。还有一例可以展现他讣告式的文风，他曾经在1885年在《哈泼斯周刊》上写过关于新奥尔良的伏都大主教的文章《伏都教的最后》。此外，赫恩在小说、民俗研究、人类学以及一些反叛传统的散文写作方面非常成功，最特殊奇异的部分是被他称之为“怪谈”（fantastics）的作品。在1880年赫恩给朋友亨利·E.克雷比尔的一封信中，他把这些既充满浪漫色彩又富有神秘感的作品称之为“我对于新奥尔良神秘生活的印象”。但是他同样将这些作品描述为“一座热带城市的梦”（“To H. E. Krehbiel” 220）。例如，《一袭白衣》是一篇叙事性的对白，讲述了在他去往哈瓦那途中遇到的最漂亮的女人是如何坐在窗边死去的（217）。另一个例子是《为什么?》，是关于一个被问到“为什么不回墨西哥城”的年轻人的故事，他没有回答但是赫恩给出了猜测性的答案。尚不清楚的是怪谈作品里哪部分是“新奥尔良神秘生活的印象”，哪部分是他关于“一座热带城市的梦”。同样不清楚的是，给他留下了奇幻印象以及梦幻般推测或是幻想的又是何事。赫恩惯用的一个煽动技巧就是在排版上，他会在可能存在印象状态的地方（如在《为什么?》中无意听到的对话）和显而易见的内心独白、他自己的主观幻想之间留出一个空间上的隔断。此外，那时他是《新奥尔良简报》的助理编辑，这也是怪谈小说第一次出现的地方，从1878年供职到1881年间，他创作了大部分的怪谈故事（Stevenson 88、102—106）。其间，他指导工人如何给文章排版，但是问题依然没有解决。

在任何情况下，赫恩如此丰富与充满幻想的创作（大约一个世纪后，拉丁美洲的魔幻现实主义作家加西亚·马尔克斯［Gabriel Garcia Marquez］的作品与赫恩的作品如出一辙）也许只能表明他只是顺便做一名叙事性文学新闻记者，但是怪谈文学的创作与其他创作是平衡的，因为事实上他的文学新闻创作有时和民俗学、人类学的研究相重叠。例如，他的《堤坝生活》和其他速写"反映了南北战争后一座边境城市中黑人生活的唯一画面。它们记录了珍贵的生活，城市里的黑人的习俗、风俗以及家庭组织结构的情况；它们还做了关于美国黑人历史上文化融合进程的关键时期的案例研究"（Ball 8）。类似的例子还有《黎明之声》，捕捉了在新奥尔良黎明之时，那群挨家挨户卖水果和其他供应品的街头小贩中的法国移民后裔的语调（266—268）。

赫恩作为一名作家的多才多艺无非反映在他对于叙事性文学新闻与其他文学形式的贯通及转换的游刃有余上。赫恩在20世纪的声名大不如从前，但是在成名之初他被人比作坡（Poe）、拜伦（Byron）、德昆西（De Quincey）（Pattee，*History* 424，426，428）。作为一位神秘的作家，他早期的辛辛那提故事绝大部分是真实的新闻报道，而他后期的作品变得充满浪漫色彩且神秘（Pattee 423—426）。但是尽管增添了浪漫主义和神秘主义的色彩，赫恩还是继续按照习惯来写可以被认作是叙事性文学新闻的真实故事。例如，《提卡诺蒂》（Ti Canotie）讲述了两个男孩潜水寻找马克尼提岛旁边的硬币，在1887—1889年间赫恩生活在这里。另一个例子是《在一个车站》（347—350），一篇1890年代发生在日本的新闻报道，主要介绍了一个被控谋杀小孩的男人被警方捉拿归案，在警方押送下回到了谋杀案发生地。他遇到了这位无辜男孩的父母，并且按照日本传统以自己的生命来乞求他们的原谅（285—297）。

赫恩早期更传统的写实性文学新闻中，还有一个代表性的例子就是《多莉：一个堤坝的叙事诗》，1876年刊登在《辛辛那提商报》上。这篇文章讲述了非裔美国人多莉是如何死于绝望的。它超越于惯常报道之处在于使用了丰富的叙事性技巧，如以下描写：

> 多莉是堤坝上的一个黑人女孩，肩膀宽厚，结实的身体有着豹子般的力量，拥有独一无二的面容，从某个角度看时，特别是侧脸，竟是异常清秀。要不是因浓眉而投射出的阴影，她的脸庞柔软而年轻耀人，永恒地闪耀着美杜莎式的智慧，好像经受了无尽的苦难。她有一双热情但平和的眼睛，瞳孔漆黑。这也许是一张希腊人的脸而不是别的地方的人脸，稚嫩圆润，因为时常撅着嘴而更显动人。(2)

这段描写的动人之处不仅在于描述的严密性，而且还因为它摆脱新闻模板，以及那一时期特有的、上层社会式的、多愁善感的人物画像的方式，这是文学现实主义者如威廉·迪安·豪威尔斯（William Dean Howells）当时正在挑战的事情（*Criticism and Fiction* 10—12，27—28）。例如，“黑而浓密的眉毛，永恒地闪耀着美杜莎式的智慧，好像经受了无尽的苦难”，这句话中和了她面容里可完善的特质，由此否认了她的面容“柔软而年轻耀人”的可能性。与此同时，可完善的特质补偿了这位美杜莎——“稚嫩圆润的脸庞因为时常撅着嘴而更显动人”——以此来完成一幅展现矛盾的人性复杂的画像，或者是完成一幅更习以为常地被称之为现实的画像。这段描述的虚构力量在于所描述矛盾性的暗示中。赫恩身体力行地阐释了豪威尔斯关于“一个年轻的作家尝试每天报道生活琐事，试着仅仅去讲述自己听到人们如何去说并且观察他们如何去做”的要求（*Criticism and Fiction* 10）。赫恩的文学新闻预示了未来的虚构现实主义者如安东·契诃夫（Anton Chekhov）的作品。契诃夫在1886年写下了如下文字：

> 至于这条狗瑞格斯，一身黑色的毛，颀长的身体就像鼬鼠。跟在他后面摇着头……瑞格斯非常温顺，对主人和陌生人都报以同等友好的目光，但是他却没有一个好名声。他的温顺柔和隐藏着最阴险的恶意。没有人比他更了解如何悄悄地跟在你的脚边然后突然朝你腿上咬一口，或如何溜进冷库，如何从农夫家偷只母鸡。不止一次，他的后腿几乎被打断，两次被悬挂着，每一周他都会被鞭打到半死，但是他总是成功地恢复如初。(35)

瑞格斯像多莉一样，有着让人不认同的一面，即使他因为驯从温顺得到人们的宽恕，正如多莉因为“稚嫩圆润的脸庞”而得到补偿。

因为康纳里还提到了内战后其他实践者的叙事性文学新闻作品，“包含对话或是拓展性谈话和场景设置的文章都很有特色……在1890年代让一个人说出自己的故事是十分常见的，因此许多文章由大段的引用对话组成”（“Third Way” 11）。一个例子就是赫恩的《为什么螃蟹要活着下沸水》，1879年发表在《新奥尔良系列》。这个短篇故事完全是由对话组成，没有描写：“你为什么不吃螃蟹？就因为它们要活着下沸水？最为野蛮的说法是：没有在沸水里怎么走向死亡呢？你不能把它们的头砍下，因为它们没有头；你不能敲下它们的背，因为它们全都是背；你不能把它们放血直到它们死亡，因为它们没有血；你不能去破坏他们的大脑，因为它们或许跟你一样没有大脑。”(266)

小说技巧适用于新闻的程度已经被菲利斯·弗拉斯（Phyllis Frus）在她对克莱恩的两篇沉船获救的新闻报道的对比中得到仔细研究，这两篇新闻报道了在1897年的元旦，轮船“康默德”号在去古巴进行军火走私交易的途中发生事故并最终获救的事情。菲利斯认为两篇报道并无差异，尽管一篇是传统意义上的虚构故事，而另一篇是新闻。最后，她举了一个关于叙事性文学新闻如何被误贴标签的例子。这两篇报道截取自克莱恩的著名短篇小说《海上扁舟》（首次发表在伯纳出版社的杂志上）以及新闻作品集

《斯蒂芬·克莱恩自己的故事》（1897年1月6日由纽约出版社出版，出版时间仅在事件发生5天后）。正如弗拉斯提到的："两篇叙事性文章都遵循围绕'康默德号'灾难事件发生（被当时的新闻报道所证实）的时间顺序，符合船的航行记录以及其他的行船记录。尽管两篇叙事文章都不可避免地运用虚构的修辞和语气行文，事件似乎是取材于实际事件，但会让人觉得是依照之前的文学模式来编撰主题与事件，而实际情况是两篇故事都没有编造事实和人物。"（"Two Tales" 128）那么《海上扁舟》不仅是真实的故事（尽管英语学派将它归类为虚构的短篇故事），而且改变了自我意识，公认的真实故事《斯蒂芬·克莱恩自己的故事》则采用了一种在小说或是虚构写作中运用的修辞创新。

也许弗拉斯需要重新修改自己的观点，因为克莱恩的两个故事在语气上的确有所不同。弗拉斯对于这一观点只承认了一部分，她提到："每篇叙事文章有关多种比喻的用法的确可以刻画出不同的人物形象。例如，单是明喻的数量就远远超出了新闻特稿中出现的隐喻。虽然这些只是平均分布于《海上扁舟》中。"（"Two Tales" 130）弗拉斯声称，也许完成稿子的最后期限是出现更多明喻的原因。可是事实是，克莱恩有6周时间来完成《海上扁舟》。越强调文章中的隐喻就越印证了批评的观点：这是一个虚构的短篇故事，《斯蒂芬·克莱恩自己的故事》依然只是一种低级的新闻形式。但是《海上扁舟》在斯克莱布诺出版社得到正式承认。当《海上扁舟》于1897年6月出版的时候，书的前言中有这么一句话："一个写在事实之后的故事：四个来自沉船'康默德号'获救人员的经历。"（277）尽管这篇文章经常被收录到虚构的短篇故事选集里，但是它自称是叙事性文学新闻作品，因为它遵循了典型的文学叙事策略——通过假装不存在而省略了叙事的起源[1]。

---

① 例如，贝姆和阿尔在《海上扁舟》中的脚注中，把这个故事归为虚构性叙述（2：722）。克莱恩学者詹姆斯·B. 科沃特（James B. Colve）在他的《斯蒂芬·克莱恩短故事巨作》的介绍中有着相似立场（x-xii）。

此外，正如弗拉斯所言，“尽管两篇叙事文章都不可避免地运用了虚构修辞和语气行文，事件似乎是取材于真实事件，但是会让人觉得是依照之前的文学模式来编造主题与事件”，但实际情况是两篇故事都没有编造事实和人物。从修辞的创新角度来看，两种形式并非不可以运用同样的比喻技巧，虚构小说和短故事可以单独地使用明喻避免暗喻，反之叙事性文学新闻亦然。

基于下述理由，作为生产方式后果的专业写作是促进现代叙事性文学新闻植入美国经验的一个重要因素。其中一个原因是记者的稿子被当做文学作品而摒弃，并不是因为文章本身的缘故而是因为记者用以谋生的工具影响了自己的创作方式。正如弗拉斯所说：“20 世纪的批评家认为新闻是次等形式。”（“Two Tales” 126）这证实在当下大环境中就应该清除障碍，并在新闻背景下更广泛地思考新闻这一体裁。作为这件事情的推论，如果叙事性文学新闻被专门从事此项写作的专业人士所摒弃，那么叙事性文学新闻就可以被宽泛地归类为一种非虚构文学。如果叙事性文学新闻处于这样的地位，那么专业性叙事性文学新闻的写作者的合集也可以一并取消，因为他的作品与一般意义上的非虚构文学并无两样。结果就是叙事性文学会继续被看轻和忽略。事实上，一个人很难在森林中去分辨树的种类。这件事情（明确叙事性文学新闻的地位）的危险之处在于因为传统文学学院派的精英政治，它可能会继续在“批评的森林”中迷失。

另一个区分叙事性文学新闻的特点，依照康纳里的观点：“叙事性文学新闻的内容来源于传统新闻采集与报道的方法。”（“Discovering” 15）虽然这句话在某种程度上是对的，但是我建议修改这一论断，以定义专业记者的实际工作来作为进一步定义这种形式的方法。其他类型的作家也会使用“采集与报道新闻的传统方法”，例如散文家或是人类学家，甚至是一些学者。认为新闻采集、分析以及生成是记者的私人禁区，这一观点是专横无理的。鲍斯威尔在为《赫布里底群岛的旅行》撰文时却是这样做了。他写道:“在每一篇叙事文章中，无论是史实性的还是传记性质的文章，真实性是最重要的。”（155）驱动着“传统采集报道新闻手段”的同样是主观欲望，然而作为主观的及镜子反射式的行为，对“真实性”有着多大的不确定性？今天也许我们认定鲍斯威尔是一名早期的新闻写作者，但他同样是，并且他自己也认为自己是一名历史学家和传记作家，也许有人还要补充他是一位随笔作家。相反，19世纪工业生产的方式使得新闻写作被归类为一个职业阶层。迈克尔·舒德森（Michael Schudson）提到:“只有在内战十年后，新闻写作才成为一个被更多人认可和收入更高的职业。”（68）直到1898年，他提到，纽约所有主流报纸的采编部至少有10个工作人员是大学生（69）。《纽约论坛报》主编怀特洛·理德（Whitelaw Reid）在1870年说:“我们最伟大的报纸是带有‘新闻是一种专业’的理念做出来的报纸。”（Mott 405）弗兰克·卢瑟·莫特（Frank Luther Mott）在自己的《美国新闻史》中写出，这种潮流至少可以追溯到中世纪，并且最终使得美国报纸的大量发行成为可能。

此外，记者的专业培训课堂与现在创意写作班培训创意写作者的方法并无差别。这些在一流大学接受教育的创意写作作家被认为是“文学”的创作者，我们也是通过他们的专业化程度来评判他们。唯一不同的是他们的地位优越而记者却被边缘化。评判后者的标准不是依据他们的作品而是他们的职业等级。还可以从其他例子中看到叙事性文学新闻记者的境遇。比如许多像赫恩这样的记者的文风就是主流新闻写作的风格。林肯·斯蒂芬斯在他担任《纽约商业广告》新闻编辑之前，被称作是纽约两个最好的专门采访治安消息的记者之一（Hapgood, *Victorian* 141）。因此斯蒂芬斯主张自己擅长写一种主流的也是最具挑战性的新闻：有关治安和公共安全的新闻。(应该有这样的观点：他是支持叙事性文学新闻的，但他不一定是实践者。然而他对于叙事性文学性的支持，在将大众的关注度吸引到这一新闻形式的重要性上，与那些叙事性文学新闻的实践者相同。）相似地，R. W. 斯托尔曼与E. R. 哈格曼称克莱恩是明星记者，并且认为他并非像那些批评家说的那样“作为记者是失败的”（*War Dispatches* 109）。

另一个反映叙事性文学新闻记者的职业化分流的是，主流媒体大肆宣传给予这种文体（叙事性文学新闻）比常规认知更多的宽容度。有人可能自然地想到《纽约商业广告》就是一个例外。但是也有足够的证据证明，撰写叙事性文学新闻的专业记者比统计的人数多。毫无疑问《纽约商业广告》的例子是特殊的，它对于文学形式的承诺体现在斯蒂芬斯努力去招收追求文学创作的大学毕业生。“我需要这样的人，他们的英语教授相信他们将能够进行写作而他们自己想要成为作家……我们会公开或秘密地任用任何希望成为诗人、小说家、散文家的人……并且我承诺允许他们用多样的新闻形式去阐释生活本来面目的机会。”（*Autobiography* 314）斯蒂芬斯特别钟爱哈佛毕业生，相信他们有出色的敏感度去发现和审视“不为人知却客观存在的‘真善美’”（*Autobiography* 316）。依照维多利亚时代人的识别力，这种修辞（指叙事性文学新闻）是被浪漫化的语言，但是它再次体现了斯蒂芬斯所察觉到的新闻的文学性。他补充道：“我们在论文中探讨这个问题，我们不仅敢在本地新闻编辑室使用‘文学’‘艺术’‘新闻’等词语，还敢在火堆旁或是新闻界人士聚会喝酒的酒吧里说这些词语，老家伙们讨厌这样并且嘲弄我们……但是我们不在乎这些‘老顽固’说了些什么。”（316—317）例如，获得哈佛大学的英语硕士学位的哈钦斯·哈普古德放弃了大学英语讲师的职位而接受了斯蒂芬斯的职位邀请（Hapgood，*Victorian* 137）。哈普古德提到：“斯蒂芬斯特别偏爱描述城市生活的小文章。”（156—157）哈普古德知名的作品就是描写关于纽约市犹太人贫民区生活的文章，这个贫民区是亚伯拉罕·卡恩介绍给他的。这些文章被收集修订并于1902年以《贫民区精神》为题出版。哈普古德在自己的自传中提到，这本书在出版36年后仍然还在出售（143）。他的自夸揭示了来自这一领域的一些叙事性文学新闻的持久生命力。事实上这本书直到1967年才被著名的哈佛大学贝尔纳普出版社再版。

然而《纽约商业广告》并非个例。一段关于斯蒂芬斯·克莱恩的出版史概述中就记录了其他出版社对于叙事性文学新闻的开放态度。在不同时期，斯蒂芬斯在纽约的所有主流报纸（包括《先驱报》《论坛报》《泰晤士报》《太阳日报》《世界报》）上发表了富有地域色彩的个人真实生活随笔。纽约也不是非虚构文学新闻的唯一容身之地。斯蒂芬斯的出版史同样记录了发表叙事性文学新闻的国内其他媒体，包括《华盛顿邮报》《丹佛共和党报》《费城公报》和《堪萨斯城星报》。杂志也发表了他的随笔，如知名的《哈泼斯》《大都会》《麦克卢汉》。其他叙事性文学新闻的文章出现在已经被人遗忘的出版物，如《竞技场》《菲力士人》《罗依科罗斯特季报》《小镇话题》《口袋杂志》和《真相》中[①]。

斯蒂芬斯并不是唯一受益于一个乐意接纳叙事性文学新闻的开放市场的记者。其他的实践者如旧金山周报《波浪》（O. Lewis 6）的主编诺里斯，以及赫恩（他的作品主要出现在辛辛那提和新奥尔良的报纸上），其他被提到的活跃于这一时期的作家包括马克·吐温（Mark Twain）、安布罗斯·贝尔士（Ambrose Bierce）、杜波依斯（W. E. B. Du Bois）、理查德·哈丁·戴维斯（Richard Harding Davis）以及雅克布·里斯（Jacob Riis），还有些已经被遗忘的作家诸如朱利安·拉尔夫（Julian Ralph）、乔治·艾德（George Ade）、哈普古德以及卡恩[②]。另外，那些如今已被人遗忘的实践这一文体的记者出现在1901年《书商》（当时最主要的文学评论杂志之一）的一则评论中。在一篇未发刊文章中，作者注意到《纽约太阳晚报》中卡丽·纳辛（Carrie Nation）访问纽约的新闻报道，并称这篇报道包含了“比现如今典型的小说更加幽默和富有洞见，其描述也更加机智。可惜这类真正令人钦佩的作品的生命如此短暂，但当我们一旦注意它们的时候，就会从中收获极大的乐趣”（“Chronicle and Comment” 111）。

---

① 所有文章都收录在斯蒂芬斯的《城市速写》中。

② 如纳尔逊关于吐温的研究，费胥金关于杜波依斯的研究，布拉德利关于戴维斯的研究，古德关于里斯的研究，康纳里关于拉尔夫的研究（“Discovering a Literary Form” 28—29），康纳里关于哈普古德的研究，保利关于艾德的研究，里斯全关于卡恩的研究，以及埃文森关于卡恩的研究。

但正如斯蒂芬斯和哈普古德所承认，并提供了某些最有力的证据来证明的那样，在1890年代叙事性文学新闻这一形式已被记者们广泛地使用并发表在其他的报纸上，这一情况远比已经承认的事例多。斯蒂芬斯回忆道："说到其他报纸的主笔，我们可以从他们的出版物中看出，他们也在追求讲故事的艺术。"（317）相似地，哈普古德回想起当时的情况："那个时候纽约的报纸允许出现比现在更多的个人主义风格的新闻。这种个人风格并不体现在署名文章的形式上，而是在写作的特征、多样化的主题以及并不死板的新闻创意上。采访文章配有各式各样的形象图片，有歌舞剧演员、街头游荡者，不管主题是否重要，关于采访对象和生活的多张图片都有机会出现在报纸上。"（138）

纽约并非这种活动的中心。芝加哥拥有本地叙事性文学新闻记者培训学校，培养了包括1890年代的乔治·艾德以及某种程度上培养出来芬利·彼得·邓恩（Finley Peter Dunne），后者公开参与将自己的《杜利先生》专栏文章编成小说的工作。（艾德同样也写过专栏，专栏文章中或许有又或者没有虚构的人物，因此他的作品需要被仔细地研究以确定是非虚构作品。）他们也许是20世纪第一个十年里的威廉姆·哈德（William Hard）和林·拉德那（Ring Lardner）的先驱。威廉姆·哈德是写社会新闻的，林·拉德那也许作为短篇故事家和写棒球名人生平概述的体育新闻记者更为出名[①]。的确，这些芝加哥文学记者是长达一个世纪的叙事文学实践的组成部分，就像1920年代的本·赫克特（Ben Hecht）和20世纪末期的麦克·罗伊科（Mike Royko）。

但是，艾德和邓恩的例子阐明了关于叙事性文学新闻的另一点，那就是它在20世纪已经被实践过。在报纸专栏撰写者的身上经常会发现一种写传统硬新闻的记者所没有的自由特征。这些自由中可以探查到学术的问题。报纸专栏撰写者不仅对于自己写什么有着相当大的选择空间，并且还能决

---

① 见马尔马拉利（Marmarelli）论哈德、黑延加（Hettinga）论拉德那。

定用何种形式将自己想要写的东西表达出来。耐德·沃德（Ned Ward）的粗鄙俚语在17世纪末的伦敦也许不被允许，但是专栏作家们可以按照自己的意愿运用散漫的或者是叙事性的结构，或者像E.B.怀特（Elwyn Brooks White）那样在两种结构之间随意切换。然而，即使文章简洁，但就此认为专栏作家们在实践叙事性文学新闻写作形式的想法并没有什么错误。正如学者萨姆·G.赖利（Sam G. Riley）观察到的那样："我反对'文学新闻'（通常将短故事写作者诸如专栏作家排除在外）的通常定义，因为过去是并且现在还是我们一些最受大家喜爱并且被大众记住的专栏作家成功地给他们的读者一份好的叙事副本，按照专栏本来的形式将故事分割成独立的800字的专栏文章"。（Riley，email）此外，就像艾德和邓恩的例子所展现的，虚构人物来表现现实生活并非是特例。事实上，艾迪森和斯蒂尔做过相同的事情。

旧金山是另一个叙事性文学新闻的实践中心，活跃在那里的作家有诺里斯、贝尔士、威尼弗雷德·布莱克（Winifred Black），威尼弗雷德在报刊上的署名"安妮·劳里"（Annie Laurie）更为人熟知。后来纽约出现了一位竞争者，还有报刊署名为内莉·布莱（Nellie Bly）的伊丽莎白·科克伦（Elizabeth Cochrane）。最终，无论他们的工作地点是在纽约、芝加哥还是其他什么地方，这些作家的共同之处是他们是在职的专业记者（很少是专栏记者），从事并且认同"纪实小说"（literary faction）或是认同那些公开利用与虚构小说有关的写作技巧的新闻。

正如刊登于《书商》的《记录与评价》一文所指出的，叙事性文学新闻所产生的批评性关注，加之小说的写作技巧实践，使得叙事性文学新闻在1890年代得以成熟。批评意识出现在实践者和批评家的观点中。例如，斯蒂芬斯在1897年的《纽约商业广告》中将克莱恩的作品《暴风雨中的男人》称为"他描绘过的纽约穷人生活悲剧中最有力量的作品之一"（Stallman and Hagemann，*New York City Sketches* 91）。这篇报道纽约暴风雪中无家可归的人的新闻最初发表于1894年的《阿雷纳》，后来再次在《菲力士》出版（1897年）——持续报道是其时代感染力的证据。虽然不清楚这篇新闻的来源，但是可以确定的是，它出现在斯蒂芬斯的报纸上。正如康纳里认为的那样，斯蒂芬斯、哈普古德以及其他记者“领悟到这种写作形式的可能性，设想了文学新闻的原则或者理论并且尝试去行动”（“Third Way” 9）。

这一点表现在斯蒂芬斯的建议上，卡恩在写一个关于丈夫谋杀妻子的故事时征求过他的建议。斯蒂芬斯又补充道：“谋杀故事规定的范式是谋杀者不会被处死，不能被我们的读者处死。我们从来没有达到理想，但是理想就是存在着。从科学和艺术的角度来看，对于一位艺术家或者是一份报纸，让新闻变得完整并且充满人性地报道出来，使得读者能从新闻中看见自己，这是真实的理想。”（317）作为叙事性文学新闻的实践者，哈普古德做了最广泛的尝试，他试图在1905年《书商》的文章中将这一新闻形式理论化。他发现当他描写主要人物时，“我应该要像跟他们一起生活过一样”，这一点和斯蒂芬斯不谋而合。他补充道：“现在作者们所需的正是随意捡起多余的材料，忘记他们浪漫的、历史的传统，试着理解与自己无关的真实生活剧。唯有这样方能帮助今日贫乏的文学焕发活力。”（“New Form of Literature” 425）

由于那时候文学现实主义者和自然主义者将自己的作品理论化，叙事性文学新闻记者也做了同样的事。事实上豪威尔斯在自己1891年的《批评与小说》中同样呼吁抛弃浪漫的历史传统：“现在仍然有这种观点，为了使读者觉得有趣，角色们必须被老套的浪漫理想感动……这个观念是多么错误：除了观念跟不上变化的批评者，没有几个人现在需要被告知这一点。”（27）相似地，叙事性文学新闻记者后退一步，从创造性的立场转化为批判的立场，这一观点帮助他们为叙事性文学新闻找到存在的位置。

但是对于叙事性文学新闻批判性的认知，超出了实践者们出于方便自己工作目的而设想的程度。1894年哈姆林·加兰（Hamlin Garland）在《坍塌的偶像》中指出，即使美国报纸在描述这个现象世界时普遍“保守”——这标志着不介入性新闻的诞生，不介入性新闻也将世界具象化，为某种不同于观看主体的东西如表象主体所表现的不同。尽管许多新闻都描绘了“充满活力的生活，但为什么真实并且充满想象力的作家们是不被认可和鼓励的”（14）。加兰的称赞非常值得一提，因为他是文学自然主义运动的主导理论家之一。而《坍塌的偶像》是文学自然主义运动的主要论述作品之一（Pizer，*Realism and Naturalism* 55）。此外，在1893年，一场跨大西洋的争论在《纽约先驱报》和英国《蓓尔美街报》之间展开。争论的焦点是新闻是否可以是文学的。《观察家》是一家英国有名的期刊，它试图为本国人士提供道德上的支持，坚持认为新闻不是文学，虽然《纽约先驱报》认为美国报纸已经发表过《朗费罗》（“Borderland of Literature” 513—514）。可以确定的是，这场讨论已经超越了叙事性文学的有限聚焦，但是它揭示了运用于这种文学形式出现的文化战争，并且当《观察家》引用了文学可以用新闻形式表现的例子时，它背离了自己支持的观点。“比如理查德·杰弗里斯（Richard Jefferies）的一些作品第一次以专栏的形式出现在一份晚报上，并且毫无疑问地，它作为散碎的文学作品被收录进一本书里。”杰弗里斯在《蓓尔美街报》开始他的出版生涯，主写关于自然的散文和诗歌。在其他地方，《观察家》专栏把鲍斯威尔的《约翰逊的生活》既当作文学又当作新闻收录进来，这一举动也承认了叙事性新闻这一文体（513）。美国的批评者们注意到叙事性文学新闻，据报道还包括豪威尔斯。根据斯蒂芬斯的说法，那个时代美国文体的文学审美仲裁者豪威尔斯说没有一个艺术家或是作家能够担得起没有读者阅读《纽约商业广告》的责任（*Autobiography* 321）。

到了20世纪初，这场辩论愈演愈烈，时不时地占据了期刊中读者来信的版块。1900年杰拉尔德·斯坦利·李（Gerald Stanley Lee）在《大西洋月刊》的一篇文章中说道：“普通记者的工作是记录从早到晚的一天。诗人记者不断地报道白天，使得白天永远持续以至于没有火红的日出来宣告新的黎明来临。”（232）以英国记者兼作家詹姆斯·马修·巴利（J. M. Barrie）

为例，他写道："如果巴利不是记者的话，就会是一个艺术家，但是他更像一名记者……因为他能将诸如斯拉姆斯的偏僻小镇写得像伦敦一样著名。"（233）李说的是现在被大家遗忘的《斯拉姆斯的窗户》，它主要讲述了1889年苏格兰人在教区的生活，而它的作者也是之后写彼得·潘（Peter Pan）的作家。李呼吁需要"变形"的记者来创作未来的文学艺术：做一名变形的记者，"做一个比艺术家更像艺术家的记者，做一个比记者更像记者的艺术家——这是下一代能够留在公众心中的伟大作家的必然命运"（237）。

李的陈述反映了一个重要的观点，文学对于新闻的可能性确实超出了个体的实践者如哈普古德的追求。在1904年《大西洋月刊》的另一篇文章中，著名批评家亨利·W. 博英顿（Henry W. Boynton）注意到："将新闻作为有趣的、永久使命的优秀作家比我们想要的更多，他们的作品明显带着作者的个性，结构条理清晰，这使作品的品质远在那些文学讲习班成员写出来的作品之上。"（847）他抨击了将新闻排除在外的传统的文学精英主义，将这种报告文学称之为"更高级的新闻"，认为"文学与'更高级的新闻'之间的区分微乎其微"（850）。1906年，兰登·华尔纳（Langdon Warner）发表在《评论》上的书评试图大肆夸张地宣告完全消除这种区分："我们所需要做的就是让文学和新闻重新结合，当然，是神让它们结合在一起而人让它俩分离。"（469）

当然有人攻击这篇支持叙事性文学新闻的文章，他们认为叙事性文学新闻根本就是文学。这点可以从1893年的跨大西洋的辩论（《纽约先驱报》与英国《蓓尔美街报》以及支持它的报纸）中看出来。相似地，华尔纳在《评论》中的文章就是对早期发表在该杂志上的一篇文章——《新闻：文学的摧毁者》的回应。在文章中，批评家兼小说家朱利安·霍桑（Julian Hawthorne）——文学巨匠纳桑尼尔·霍桑（Nathaniel Hawthorne）的唯一儿子持文学精英论的观点，认为新闻的关注点是物质的而文学的关注点是精神的。他的判断具有讽刺意味，因为后来他脱离了对文学的追求转向了"黄色新闻"（Pattee，*History* 408）。

其他人试图引入一个更严谨并且批评性的中间进程，但结果却是揭示出叙事性文学新闻对于文学理论的影响。1906 年一篇发表于《斯克里布纳杂志》的未署名文章《观点》中提到“新闻与虚构文学作品之间微妙的相互作用关系，之前一点都不受关注，而如今得到承认”，并且，在之后的麦克卢汉学说对于“媒体对社会的影响”的预测下，这一点也得到证实，“超越于新闻的故事质量，几乎改变了大部分大众读者的阅读习惯”（122）。

因此除了叙事性文学新闻的实践者，批评者对这一形式也有了普遍认知，尽管一些批评家不承认这一点，并且拒绝对这一点进行争论。有证据表明，现代叙事性文学新闻并不是报道客观“事实”而是提供故事（斯蒂芬斯在给卡恩的意见中称之为故事），它涉及读者与作者的主观性，出现在南北战争后的美国。尽管没有像现在得到那么多的认可，这种文体有其历史轨迹，它来自真实的生活故事和那些至少是声称有着现实经历的表现真实的故事。它采用了小说技巧，并被专业记者实践着，获得了相当多的文学批评。的确，关键的问题仍然存在着。这个问题就是，在 20 世纪初还是不容易理解文学新闻这一术语的界限。例如，1902 年伊迪斯·贝克·布朗（Edith Baker Brown）在《哈泼斯》发表了《为文学新闻请愿》一文，在文章里，文学新闻明显地被用于文学批评和论述性的文学随笔中（“A Plea” 1558）。如果《泰晤士报文学增刊》的参考资料足以证明的话，这个惯例一直保留到现在的英国（Easthope）。

这一章给出了现代叙事性文学新闻出现的证据，但这并不能说明为什么它在那个时候出现了，而这个问题将在下一章中得到进一步探讨。

第二章　叙事性文学新闻对客观性新闻的抵制

1898年，斯蒂芬·克莱恩（Stephan Crane）作为报道美西战争的驻外记者向《纽约世界》发回一份新闻报道，其中他写到，职业士兵往往不会像作为战争志愿者的社会名流那样格外被媒体关注："比如一个或许名叫迈克尔·诺兰（Michael Nolan）的普通士兵，他如真人般大小的肖像不会出现在庆祝他入伍的报纸上……如果战争中被某个好枪法的西班牙人射中，他可能暂时出名，但也不过是作为引人注目的部队阵亡名单中的一分子，偶然地进入读者的视野。"（"Regulars Get No Glory" 171）克莱恩因此有了一个仅凭直觉就得出的认识论后果，那就是19世纪后半期主流新闻实践最终的责任，也就是说，新闻必须致力于对现象世界之下的"事实"描述。在这种情况下，"作为引人注目的战亡名单中的一分子"，新闻并没有做到公平地对待迈克尔·诺兰这个个体。我认为，至少从部分上来看，正是因为克莱恩和其他美国作家对"迈克尔·诺兰"这个客观对象的修辞反应，叙事性文学新闻在19世纪末出现了，它的实践直接挑战了当时主流的"事实化"或"客观化"新闻形式——今天仍然是这样。

职业记者采用小说技巧写报道，这一点得到了世纪之交的批评家的极大关注，这有助于将这类现代写作形式的起源定位在这一时期。但如此现象亦难以解释**为何**此种写作形式会出现在这样一群看似既不是文学亦非新闻主流的记者手中。换句话说，为什么他们乐于参与实践，而批评家也是如此满怀热情关注它呢？我认为其中一个不容忽视的原因就是，克莱恩和其他批评家发现的认识论上的根本危机，此危机正是由恰巧发展到社会和文化转型时期的现代新闻所致。此危机的特征之一，就是那些写叙事性文学新闻的记者们在一定程度上认识到，他们要充分地表达一个不断变化的世界——也就是批评家米哈尔·巴赫金（Mikhail Bakhtin）所说的"不确定的当下"（39）——是不可能的。他们的努力可被看作是巴赫金所谓"小说"的一种变体，也是对流动的现象世界的一个结论性批评的抵制。如此让人不安的对抗或许证明了叙事性文学新闻对现象世界的理解会更诚实可信。对于自以为是的各种批评假设，这依然是个挑战。

危机的第二个特征与现代新闻风格的修辞倾向有关，这种风格从根本上远离主观性，这种情况由重大的社会和文化变革，以及这时期各种危机的加剧所致。在这样一种剧变空间中，对现象世界流动性的批判意识，对包括写作者、被报道对象、读者在内的主观疏离感，都促成了以现代方式出现的叙事性文学新闻的诞生，并使得文学新闻在下一个世纪仍然以一种引人注目的话语方式存活下来。从这个角度看，叙事性文学新闻一直致力于站在客观化新闻观的对立面，为缩小被疏离的主观性与最后的客观性之间的距离而努力。实际上，叙事性文学新闻的夙愿在于客观化的其他方面。实践证明，这种文体是动态而非静止的，一方面它蔓延到传统的客观化新闻中，另一方面则应用到自传或小说中。

这种解释为文学新闻研究提供了一种历史范式，以证明此文体出现在南北战争后，尤其在1890年代，托马斯·B. 康纳里（Thomas B. Connery）描述过这种文体出现的第一个重大时期（preface xii - xiii）。要强调的是，按此方式，此类写作可以追溯的第二个主要时期在1930—1940年代，最终到1960年代的新新闻主义。通过这样的方法研究这种叙事形式所得结果之一是，它让我们从内部视角去思考，为什么人们会时不时地把叙事性文学新闻记者与民粹主义或激进主义者联系起来，或者至少为什么他们因其作品中表现出来的主观性而被政治化。

首先，理性反对叙事性文学新闻的批评语境以当时一些主流思想潮流的对立面出现在1890年代，当时的主流思想包括向新闻实践移植科学方法的尝试，也包括如文学现实主义和自然主义，以及最终在19世纪末产生普遍影响的实证主义。接下来，我研究了巴赫金的那种并不存在一个圆满尾声的“小说”叙事的理论基础。然后，我对源于所谓事实的、客观性的新闻产生越来越强烈的认识论觉醒，以及这种认识论觉醒是如何反应在主流的专业新闻当中做了研究。我接着对这样的认识论鸿沟是如何恰如其分地发生于社会转型和文化危机的时刻做了分析。最后，我对叙事性文学新闻文本带来的疏离化反应做了研究。

西奥多·德莱塞（Theodore Dreiser）在回忆自己新闻记者的职业生涯时说，他第一天上班走进《纽约世界》编辑部：“我环顾这个伟大的房间，充满耐心和兴奋地等待着，看到休息室的墙上贴着卡片，上面写道：精确、精确、精确！谁？什么？在哪儿？什么时候？怎么发生的？事实—润色—事实！”于是，“真实的”写作概念彻底成为1890年代新闻文化的一部分。但是它使德莱塞这位未来的小说家或新闻写作者心有不安：“我想，新闻最优秀的特质并不像出版商和编辑们认为的那么简单。”（*Newspaper Days* 624—625）

德莱塞的这种不安，可从日益酝酿成的实证主义精神对美国新闻实践的影响中得以证实，同时，也可用以反对如今在后现代社会看来的天真信念，那就是把科学化的物质主义当做治愈所有人间疾苦的灵丹妙药。由此，实证主义精神驱动的所谓事实化、客观化新闻风格一时风靡所有新闻实践。正如迈克尔·舒德森（Michael Schudson）说的：“在1890年代，记者在某种程度上视自己为科学家，比以前任何人更大胆、更清晰、更‘写实’地揭示社会政治和经济生活的事实。这是大范围改革的一部分，他们为改革提供‘事实’基础。”（71）举个致力于社会改革的例子，1900年前后，多个州及联邦机构经常借新闻渠道收集经济和社会问题的数据。“在20世纪的前10年，系统化的社会调查成了一种实践狂热”（72），舒德森补充说，这样的“现实主义者”把新闻记者与社会学的数据采集者混为一谈，威廉·迪安·豪威尔斯（William Dean Howells）和他的文学圈，将现实和外部世界的现象混为一谈，认为“受物理因果规律的影响，就像自然科学揭示的规律那样，社会科学也可能揭示社会规律”（74）。

如此一来，新闻记者、文学家和崭露头角的社会科学家都把他们的信仰建立在一个确定的知识之上，那是一种根植于实证主义的信仰。然而，在某一时刻，随着对实证主义者到底能完成什么的疑虑的出现，变化出现了。比如南北战争后叙事性文学新闻的出现就是一个证明。人们对待现实主义文学及其衍生品自然主义文学的态度发生了变化，后者尤其影响了以叙事性文学新闻为主的作家及其支持者。自然主义总是和广义的新闻概念有密切关联。正如琼·霍华德（June Howard）指出的：“自然主义兼有一个特别复杂的普遍信息，包括……纪录片这种重要表达形式的出现……事实上，几乎美国所有的自然主义者在某种程度上都在从事新闻写作工作。其传记无不表明他们所致力的新闻事业与其信仰的自然主义有直接的、深层结构上的联系。”（155）

比如关于林肯·斯蒂芬斯（Lincoln Steffens）的研究，他曾是1890年代《纽约商业广告》的编辑，同时也是叙事性文学新闻的主要支持者之一。二者之间重要的“生平联系”证明便是记者亚伯拉罕·卡恩（Abraham Cahan）的文字。卡恩后来任犹太报纸《前进日报》的编辑，他还是小说《小镇和戴维·莱温斯基的崛起》的作者。卡恩介绍的斯蒂芬斯和哈普古德现在几乎都被遗忘了，但那时在纽约的意第绪剧场就现实主义问题引起的激烈争议却值得关注：

> 贫民窟犹太人和俄国犹太人……就艺术中的现实主义问题分成两派。卡恩尽可能地将我们一个一个或一组一组带到咖啡馆，在那里每张桌子上都在进行着辩论。剧场里的读者也分为两派：支持现实主义的

> 读者对浪漫派戏剧发出嘘嘘声，浪漫主义者们却拼命鼓掌为它奋争，有时甚至用上拳头或指甲。一个特别引人注目的现象是，一个几千人的社群在为一个艺术问题斗争，就像在为政治或宗教问题斗争那么激烈，以致家庭分裂、兄弟反目、企业破裂，最后，以实际行动迫使作为竞争对手的剧场承诺现实主义，反对老式剧院上演任何佳作。
>
> 我很高兴纽约市曼哈顿东区的争论场景出现在我的报纸上。(Steffens, *Autobiography* 317—318)

正如斯蒂芬斯进一步在他的自传中忆及的，卡恩“不断在我们中间宣传马克思主义节目与俄罗斯现实主义”(314)。

此外，在可见的传记资料中，不仅有早期的现实主义者转变成后来的叙事性文学记者，也有母子写作互动变化的例子。作家丽蓓卡·哈丁·戴维斯（Rebecca Harding Davis）唯一的儿子理查德成了一名战地记者、叙事性文学新闻记者和历史小说家。于豪威尔斯在1870年代倡导文学运动之前，理查德就发表了一个关于美国现实主义及自然主义的早期宣言。这显然不仅仅是关于现实主义和自然主义的宣言，而是针对有某种腐朽味道的写作形式，如黑幕新闻和叙事性文学新闻。1861年，尚未结婚的丽蓓卡·哈丁·戴维斯在《大西洋月刊》发表了《铁厂人生》一文。她所讲的故事发生在弗吉尼亚州的威灵，那里的钢铁“人生”早已被人们忘却，不仅因为她是女人，更因为她想让读者理解威灵钢铁工人的主体性，但这种努力被当月爆发的内战完全遮蔽了。哈丁关于现实主义的观点还见于同年（内战第一年）发表于《大西洋月刊》的另一篇文章。文中她对读者说：“事实上，你们想要一些东西把你们从这烟雾缭绕的芸芸众生中提升，希望被激发和照亮。我想要你们探究这平常、庸俗的美国生活，探究这生活的内里到底是什么。有时候，我觉得它有我们尚未发现的一个原生态的、具有重要意义的内里。”（“A Story of To-Day” 472）处于所有文学与新闻写作形式之间的叙事性文学新闻就是要去追寻那原生态的生活意义，只因其中蕴藏了一种社会或文化写照的萌芽。因此，丽蓓卡・哈丁・戴维斯的儿子理查德也将去追寻那重要意义。在他后来的叙事性文学新闻写作中，他描述了1914年德国入侵比利时的恐怖经历。

威廉・迪恩・豪威尔斯是《大西洋月刊》的编辑，一般被认为是美国现实主义文学的主要倡导者。对豪威尔斯来说，现实主义“坚持忠实于经验和主题的可能性，这是任何伟大虚构文学的必要条件”（*Criticism and Fiction* 15）。值得注意的是，文学现实主义（和自然主义）对叙事性文学新闻的影响更多地体现在一个关键性表达技巧的发现上。文学现实主义和自然主义叙事技巧长期在非虚构小说的叙述形式，包括前现代叙事性文学新闻中得到实践。这些技巧甚至影响了现代小说，现代小说从早期的非虚构叙述中借鉴了现实主义的手法。尽管如此，文学现实主义和后来的自然主义的表达技巧就提供批评模式来说是很重要的。特别是自然主义倡导着一种物理的现象世界自会呈现“文本”的观点，那么，无怪乎当自然主义者在不带道德观审视物质世界的时候，发现物质世界只是冷漠的物质世界，它冷漠地讽刺了人类的各种愿景，无论这些愿景被证明是多么高贵或有道德。而且，在对物质世界更进一步的审视后可以发现，无论被规则如何约束，现实的物质世界绝不是一个理性和有规则的世界，这些规则也许是社会的、科学的、思想的、宗教的、美学的（其中还有历史小说等），或者这些规则的各种组合。无独有偶，文学自然主义者随机地发现，现象世界正是在主观性的一时兴起中变成“主观”的。如哈姆林・加兰（Hamlin Garland）在他的文学论文集《坍塌的偶像》中，就试图打破对客观现象世界存在的感知与自身感知到的客观世界这二者之间的平衡。这正是我认为叙事性文学新闻所要采取的一个关键的、截然不同的叙事模式。

加兰之所以能给出这种批评模式的大概轮廓并提出有用观点，不仅因为他是一个评论家和小说家，也因为他是一个非虚构写作者，他的回忆录经常涉及叙事性文学新闻的边界。他的非虚构写作尽可能地展现了那个时代的社会状况，如同许多叙事性文学新闻，那是一种指向写作者内在自我的写作。因为加兰兼非虚构作家与批评家于一身，当他探究“纪实文学形式的出现”时，借用霍华德之语，他的批判立场反映了他作为一个非虚构写作者极其重要的自省精神。同样重要的是，这也是对那个时代具有整体化倾向的新兴的现代主义的一种哲学反思和抵抗。

对加兰来说，现象世界的不确定性正是他在《坍塌的偶像》中两种观察的反映，而书名本身也表明了这个终极化的反对态度：“生活总是在变化，文学随之而变化。它从不腐朽，它在变化中”（77），以及“真理的太阳从每个不同角度照耀大地”（22）。在无休止的变化中，在“大地的每一部分”的细密场景中，加兰赋予其堪与赫拉克利特媲美的文字。

世纪之交以来，我们越来越多地看到实证主义假设带来的忧虑。1906年，一个类似加兰立场的观点出现在著名杂志《斯克里布纳》中，其匿名作者在注意到文学新闻潜在的文学特质时说：“这侵犯了报纸上常讲故事的样式，挑战了大众口味，在一定程度上更深思熟虑，已经修订了作为艺术之一部分的虚构的轮廓，……［结果是］努力地再创造出生活的不完整性，这种再创造有时是戏剧化的，有时是顺带完成的。然后，报纸也经常将生活描画成随意挑选的不断变化的个体生活。”（“Point of View”122）这段论述揭示了两个原因：第一个“修订了作为艺术之虚构的轮廓”，表明了在传统的虚构小说与叙事性文学新闻之间的界线是多么精细；第二，“随机”世界中的“生活的不完整性”和“不断变化”也回应了加兰所说的不断变化和不确定的世界。

然而，加兰和《斯克里布纳》的评论文章还是特别引人注目的，因为他们预见了一般叙事特别是叙事性文学新闻的后现代主义立场，这发生在文学现代主义者和他们的审美本质化之前。但考虑到19世纪后半段严重的动乱，这不足为奇。在那场动乱中，弗里德里希·威廉·尼采（Friedrich Wilhelm Nietzsche）在1873年完成了他的文章《论超道德意义上的真与假》。文章为后来的解构立场和后结构主义以及后现代主义对批评终极化的挑战奠定了基础。在这篇文章中，尼采注意到了那种通过排除经验上的差异，将独特的现象经验本质化或整体化为无所不包的抽象共性的倾向(179)。他用语言反映这个进程或通过语言给出了它的判定，将这样一个认知过程描述为“挥发”(181)。显然，事实或客观新闻抽象性的特征同样是一个认知挥发的结果。但是叙事性文学新闻致力于一种反向挥发，或者更适当地说是关键性的沉淀，因为它聚焦于特定的时间和地点、具体特定场景的构建和对话。因为特定情况各自有别，所以他们无法给出一个终极性的、至关重要的结论，因此必须继续抵抗这样的挥发。但这样的叙事可以以结果为其追求，根据西方叙事的文化结构，在一个封闭的结构中出现高潮和结局，但不同现象始终对那种结局存在一定的抵抗，这是由其独一无二，或“反挥发”的性质所决定。

尼采、加兰和《斯克里布纳》的作者早期所持有的批判性观点提供了关键的证据：意图体现独特现象的叙述，具有提供一个非常不同于某种事实的或客观性的新闻风格的功能。正是叙事性文学新闻的这种“反挥发”的特征预示了米哈尔·巴赫金为小说提供的一种阐释，在一个更大背景下，作为叙述演变的一部分，将其放置于叙事性文学新闻中。相对于传统的经典小说，那种进化可以被称为“巴赫金”小说。正如巴赫金论述的那样：

> 当艺术表现的对象跌入不确定的、流动的当下世界……小说的出现恰逢其时。从此开始，小说就不是建立在那些完全过去的、遥不可及的历史想象中，而是建立在与永无休止的现象世界有直接关系的领域中。个人经验和自由创造性的想象力是它的核心层面。如此一来，一种新的、清醒的艺术化叙事的小说形象和一种新的、重要的科学认知开始并存……一场将其他文体小说化的漫长战斗开始了，一场把它们全都纳入和现象世界的关联之中的战斗开始了。(39)

巴赫金定义的小说是那种因和“永无结论的当下世界”有联系而带来“不断追问”之结果的小说。巴赫金的“不确定的和流动的当下世界”，因为对“当下”的强调，体现了加兰和尼采思想中现象世界的不确定性。同时值得注意的是斯克里布纳的文章，它指出叙事“作为艺术之虚构的有限性”，和巴赫金的观点是一致的。

巴赫金所开创的小说版本站在经典小说的对立面上，是叙事性文学新闻的“小说”或“叙事”，或引用一些已经应用于这样的文本的其他术语来说，是非虚构文学、纪实报告或新新闻，它是无休止的、不确定的和流动的，就像试图反照现实的不断变化的形式。正如巴赫金直觉感知到的那样：“一场将其他文体小说化的漫长战斗开始了，一场把它们全都纳入和现象世界的关联之中的战斗开始了。”

将叙事性文学新闻纳入“小说”之中是充满冒险的，因为这样做只会导致它被看作另一种虚构作品。（Hellmann，*Fables of Facts*）但是从语言的镜像特性看，任何文本似乎都有被视作虚构的可能。比如，有人就否认大屠杀这回事。正如约翰 J. 保利（John J. Pauly）指出的：“文学批评家欣赏纪实故事所揭露的现实真相，他们希望确认叙事中的所有虚构部分。解决有关新闻性的问题，从哲学的角度来说，批评家们就可否认之前所称，因此将文学想象从世俗的桎梏中解放出来。”（“Politics” 122）正如保利暗示的那样，仍需明确的是，不是所有虚构都是平等的，或者说不是所有虚构都是同等重要的。这种认识，正如巴赫金所分析的“小说”：小说更像是叙事性文学新闻，而不是某种被永久冻结在精致的文学天堂中的文本，或“完全逝去了的遥远想象”，正如他之前描述的那样。此外，这样的解释并不是没有历史合法性，这个合法性已经在很大程度上在文学学院研究边缘化的政治中被忽略了，而且考察“小说”一词的源头：“我们的用词，其实已经阻碍了在意大利语中‘小说’和‘新闻（消息）’是一对含义大致相近的词语，意思是指对新近发生的真实有趣的事情的叙述。如此一来，小说的发展过程一头触及英雄传奇，另一端则是现代新闻。”（Levin 283）巴赫金可能对小说的一端触及“英雄传奇”会有看法，因为这样又似乎把小说推向“完全逝去了的遥远想象”，从而再次冻结于文学天堂。这样就否认了它作为一种独特的话语形式，也就是说，从联系“不确定的当下”的角度来看，小说的概念是变化的。尽管如此，英国报纸的早期样本被称为“小说”并非偶然。1640年，一位报业出版人同时也是英文编辑在文章中写道：“众所周知，这些小说在世界各地都很受尊敬。”（Andrews 30）。随着精英文学地位的上升，“小说”被迫精英化，成为文学的一部分，否认其早期在认识论方面呈现出来的自由和生气勃勃的气象。巴赫金的研究实质上已非常接近于小说本质上是具有流动性和不确定性的这个真理。

虽然巴赫金没有明确分析叙事性文学新闻，但与此同时却有其他评论家看到了这一文体，就在巴赫金的理论广泛流行于西方学界之前，他们已经广泛采用近似于巴赫金的观点。扎拉扎德在“非虚构小说”的分析中表明他对叙事性文学新闻认识上的转变，如认为杜鲁门·卡波特（Truman Capote）写的《冷血》，就是来自日益被“电子技术支配的”的社会压力所导致的“不连续的现在”，那从根本上是荒谬的（9）。无独有偶，詹姆斯·博伊兰（James Boylan）在1930年代也研究过叙事性文学新闻或他所称的“纪录片”，认为叙事性文学新闻旨在颠覆现存状况（169）。在扎拉扎德和博伊兰的研究中，现实或有关于现实的虚构，是对封闭式批评体系的公然挑战，也就是巴赫金所定义的那种对“完全逝去了的遥远想象”的叙述。在以上研究中，叙事性文学新闻具有感知现象世界的勇气，这个现象世界在根本上没有确定性，也是神学理论无法设定的。

如此叙事抱负令人畏惧，甚至可怕，这使得叙事性文学新闻的历史研究成为面对神学精神的一个勇敢的存在。对于叙事性文学新闻来说，它强调的是对现象表征的表达，尤其如性格、了无生气的空间或某个时刻，“艺术表现的对象将降低到具有不确定性和流动性的当下现象世界”。

巴赫金、扎拉扎德、加兰以及《斯克里布纳》的匿名作者，基本都或隐或显地持有相近的观点，那就是承认主观性在感知和构想不确定世界中的重要作用。如果新闻在看世界过程中的“转播”是“真实的”，那么其意义也必定是真实的。事实或客观新闻风格的出现引起了主体的认识论危机，无论是作为主体的新闻记者或读者，还是报告的对象。叙事性文学新闻是对上述危机的一种回应，它试图重建批评家约翰·贝格布莱所说的“叙述者、聆听者（读者）和主角之间的关系”（“Stories” 286）。这是我考察到的叙事性文学新闻出现于1890年代的另一个原因。两方面原因没高低先后之分，我反而在其中看到两种因素的相互作用，彼此协调最终将叙事性文学推向两种主观性的对面，一个是有可能滑向唯我论的开放主观性，另一个则是基于叙事的流动的现象世界的隐蔽主观性。

对加兰来说，主体的作用体现在以下段落中：“我必须坚持，艺术是纯个人的事，是一个人面对某些事实讲述他个人看法的问题。他首先关心的是必须呈现自己的观点。我相信，这是写真主义的本质：‘为你最在乎的，写你最了解的。唯其如此，你才会忠实于自己，忠实于你脚下的大地和你所处的时代。’”（35）在强调艺术家应该讲述他或她对“事实”的个人观点时，加兰不仅凸显了作家的主体性，同时也强调了主流的实证主义新闻的客观化过程就是试图否认或压制写作者的主观性。加兰的评论揭示出，自然主义是基于客观化基础上的一个完全不可能的目标，因为不仅世界是不确定的，而且主体在如何选择自己要主观呈现的事物时也是不确定的。正如唐纳德·皮泽（Donald Pizer）所说，“纵观《坍塌的偶像》，加兰交替运用印象主义和写实主义”（*Realism and Naturalism* 93）。因此，“写实主义”之真实性就在主观“印象”里。在《斯克里布纳》中，主体性的作用体现在“随意选择”中。正如物理学家华纳·海森堡（Werner Heisenberg）注意到的，“我们观察到的不是自然本身，而是展露在**我们的**探寻方法下的自然”（55）。那种展露决定于自然如何根据我们所应用的探寻方式而出现。然后我们选择告诉世界“我们与世界的个人关系”，海森堡清楚地表达了物理学中“不确定性原理”，也非常有助于我们理解主体性怎样为现象经验提供一个有限的关照点。

事实上，现象世界的历史记录者一直承认这种情况。18世纪塞缪尔·

约翰逊（Samuel Johnson）的《苏格兰西部群岛之旅》可谓一种叙事性文学新闻："他没有进行尝试，或他也不习惯要求自己有严格的精度，几乎不相信为某一知识的确定性或非凡的比喻去花上几个小时；连续的事物如何被打破，碎片如何被混杂，又有多少特色和偏见被压缩成团。"（139）约翰逊描绘了一幅个人认识之不确定性和局限性的肖像。

同样，"个人经验和自由创造的想象"是巴赫金的核心观点。这也许可以婉转地解释为什么巴赫金陷于苏联桎梏并被流放哈萨克斯坦。他说："在小说中［或至少是巴赫金所说的关于不确定当下的小说中］个人获得必要的思想和语言，用以塑造其想象的性质（一个更新、更高的类型化的个性形象）。"（38）被抽象了的文本或许部分地源于苏联批评界的批评。但正如凯西・N. 戴维森的译文："巴赫金还注意到读者在阅读小说过程中复杂的智力和情感活动、阅读反应，尤其是想象活动，这是一直没被权威注意到的。"（303）巴赫金的态度即个人可以获得"主动性"，反映了暗含在"复杂的智力和情感活动"中的主观性以及包含在"一定的个人反应"中的"想象力"。再次，戴维森的解释与加兰的观点有显著的相似性，即"面临事实，人们讲述不过是他与它们的个人关系"。

叙事性文学新闻，已经试图将宣称能用所谓真相证实世界的客观化新闻概念，拖进"一个与现实连接的领域"，那是一个只能由主体性塑造的领域。巴赫金暗示这也是在延续他对小说理论的不断演变，他指出："小说发展的过程还远没有结束。目前，它正在进入一个新阶段。我们时代被赋予非凡的复杂特点，它不断深化着我们对世界的看法；对人类的洞察力，成熟的客观性和批判能力有不同寻常的高要求。这些都是要求我们不断修正小说理论发展的因素。"（40）尽管"成熟的客观性"可能面对争议，"认知的深化"和"对人类洞察力不同寻常的高要求"说的不过是主观性在认知世界中的重要作用，那就是说，主观性既不是全知全能的上帝，也不是完全对客观无能为力。

扎瓦扎德关于主观性的类似表述，也有助于区分传统的、权威的、明显虚构的小说和作为某种小说的叙事性文学新闻，因为语言本身的镜像功能，虚构成了公认的秘密。扎瓦扎德指出，叙事性文学新闻中的事件和活动“使世界上的真实现象更易于普通人的理解，不像虚构小说的内容存在于图书封面外。主观性存在于人类感知外在世界的所有行为中，但这并不否认在经验表达中的现象主义的地位”（226）。例如，他对隐藏于堪萨斯州加登城公墓的“事实”观察得很全面，堪萨斯公墓中埋葬着克拉特一家的遗骸，正像《冷血》中叙述的那样，这是因为他们证明了“经验表达中现象主义的地位”。选择在于，是否认可现象主义的地位，否则会完全陷入唯我论的领域。同时，正如扎瓦扎德所说的，现象主义的表达经验并不否认存在于人类感知活动中的主观性。再次，这是叙事性文学新闻遇到的难题。

康纳里注意到1890年代的文学事实，承认主观性在文学实践中的作用。“文学新闻的叙述不只是记录和报告，它也阐释。阐释的实现是通过主观性地将细节和印象置于故事的讲述中，而不再是按照新闻文体的要求考虑取舍，即被模式化的新闻形式置于一旁。”（“Third Way” 6）事实上，正如罗纳德·韦伯（Ronald Weber）（“Some Sort” 18，20—21），丹·韦克菲尔德（Dan Wakefield）（“Personal Voice” 41—44，46），诺曼·梅勒（Norman Mailer）（*Armies of the Night* 65—66，243—244），以及相关文学新闻作家所指出的，叙事性文学新闻的特色之一就是把作者的主观性拔高和突出了那么一点。这确实是真实的，在有关小说家的全知角度，正如韦伯所观察的，“显然，……小说家对于人物和场景的艺术处理能力彰显了写作者的主观能动性”（“Some Sort”，20）。

但是，即使作家和学者早就指出了主观性存在于叙事性文学新闻中的公认证据，仍有记者选择公然地忽视写作者的主体性。要理解这一点，有必要从认识论的对比角度，把叙事性文学新闻置于和客观性新闻以及煽情新闻的对比中去认识。按迈克尔·舒德森的定义，叙事性文学新闻可归到新闻“故事”的模型中，而客观主义新闻归到他所称的新闻的“信息”模型（89），或是类似的，两者在更传统的修辞理论上可分为“叙事”和“论述”模式。煽情新闻是个例外，归两边任何一个都可以，我将在第四章探讨这个问题。在任何情况下，南北战争后的时期被认为是事实报道，也就是我们今天所说的客观化报道，以及煽情的黄色新闻取代原有的党派新闻而大行其道的时期。艾伦·特拉亨伯格（Alan Trachtenberg）指出，事实性或客观新闻报道发展的结果与人类的认知相悖，其中，美国报纸看似使世界离他们的读者更近，而实际上，它们正在从对世界的经验中远离。虽然他之所言更多是指信息模型，类似的情况存在于煽情的黄色新闻中。特拉亨伯格指出：

> 较传统的、通过电报新闻服务记录一个重要事件的垄断式新闻，现在以日报的包装形式进入办公室。一位作家在1870年观察到，电报系统使“所有主要报纸如此相像，包括他们的报道，以至于没有一家不在这方面与其他家有实质不同”。他们各自收集着自认为是新闻的素材，这些报纸使世界似乎看起来一个模样，无论报纸的名字是什么……因此日报把都市生活本身的矛盾戏剧化了：世界越像信息一样可知，就如**经验**一样更遥远和更不透明。
>
> 然而，在提供间接经验方面，报纸貌似克服实则深化了这一分离，深化分离的形式就是赋予其一个精致的形式：阅读和看。每篇单独的文章，实际上不过是成百上千的复制品中的一个，作为一个向个体开放的世界，这个世界和电车上遇到的伙伴手里所持的并无不同，但这个伙伴可能依然是隔膜的、遥远的和陌生的，正如每天看到的“新闻”，貌似是熟悉的、个人的和真实的一样。（Trachtenberg，*Incorporation* 124—125）

特拉亨伯格在别处还说，“采用通信技术的间接经验开始侵蚀人们对世界直接的身体体验。通过注视和评判着所谓新闻呈现出来的文字和图像，城市的人们发现自己貌似积极的参与者，其实不过是被动的旁观者”（*Incorporation* 122）。当然，这种观察与现在电视时代具有意义上的共振，正如电视通常被认为是把读者变成被动的旁观者。

特拉亨伯格的分析借助了批评家瓦尔特·本雅明（Walter Benjamin）的观点。本雅明认为现代报纸的意图就是“要把读者从可能影响其经验的领域隔离出来。新闻信息的原则（新闻的新鲜、简洁、易懂，更重要的是每条新闻之间并不衔接的碎片化）构成了页面和文章的风格。（卡尔·克劳斯不知疲倦地演示，报纸语言的使用是如何麻痹了读者的想象力）”（“On Some Motifs” 159）。一种事实性或信息性新闻风格，已将个人的主观性从确实变得遥远的客体中分离出来了。这仍然被当代新闻教科书所考量。对于作者称之为“客观”新闻故事的“最重要组成部分”即故事的主人公，作者规定“主人公直接揭示大部分主要细节”（Fedler 139，214）。然后被称为“概要”的，则是企图留下看似有意味而没有答案的偶然情节。

除了这样有想法的认识论问题之外，主流新闻风格倾向于拒绝读者提问，于是在读者的想象参与和已被物化、客观化的世界之间留下认识上的鸿沟。在某种意义上说，这种“客观性”新闻风格追求是柏拉图式的理想，一个早期的事实性新闻可证明这点。由美联社记者劳伦斯·A. 加布瑞特（Lawrence A. Gobright）写的关于亚伯拉罕·林肯遇刺的公告，被印刷在霍勒斯·格里利（Horace Greeley）的《纽约论坛报》上：“总统今晚在剧院遇刺，也许受了致命伤。”（151）尽管以当代视角来看，这种语言也许是陈旧的，然而从几个方面来看，它是所谓恪守事实的客观性新闻文体的早期典型版本。第一，林肯这个人被具体化为总统，因此省略他的身份和象征性的人物主体性。第二，他遇刺的地点是一个被类型化抽象了的地方：剧场。第三，林肯是死是活的概率问题已被置于前沿，从而阻止了读者再问，他是活着还是死了？读者被告知这必须要确定。然而，由于读者已经被阻止问这种问题，言外之意，答案必须来自其他地方。林肯遇刺的消息已经被抽离了主观性，被客观化为作为一个无可争辩的呈现，而不是回答读者直接的提问，林肯是死还是活？最终，读者的主体性被排除在了想象力之外。想象力确实已经麻痹。

从这一时期煽情的黄色新闻的出现，也能得出相似的结论。煽情新闻试图通过过分强调主观性差异而不是试图缩小他们之间的鸿沟来引起憎恶、恐怖和可怕的情感。通过强调差异性，或使我们迥然不同于其他人，煽情的黄色新闻再现了“客观性”新闻所固有的认识论问题。

如果“客观化”新闻和煽情黄色新闻不是在社会和文化的剧变和危机中兴起的话，仅这种异化可能是不足够的。总之，每当有人需要**进一步**了解美国人，以及他们自己生活中所发生事情的后果时，他们就开始准确地掌控新闻话语。那时的美国，人口和国土扩张，城市迅速发展。这是一个大规模移民的时期，这是一个经济动荡和劳资冲突的时期。虽然这是人所共知的，人们却很容易忘记剧变和危机是多么重要。

从 1860 年到 1890 年，美国人口翻了一番，人均财富增长了一倍，国家财富增加了四倍（Schlesinger，*Political and Social Growth* 132）。1860 年的农业社会中，人口在 8 000 或以上的城镇仅占人口的 16.1%，而在 1890 年时，这个数字是 30%。值得强调的是，如果国家财富翻了两番，那么这些财富显然不是均分给那些只看到收入加倍的一般工人的。因为，人们可以看到各种经济差距。例如，在南北战争之前只有少数的百万富翁；到 1893 年芝加哥哥伦比亚博览会时，百万富翁已经超过 4 000 人（Martin 3）。强盗大亨已经成为美国社会和文化一个标志。但这个差距不仅仅是出现在新生上层阶级和无产阶级中的问题：到了 1893 年，城市居民家庭人均财富为 9 000 美元，而生活在农村地区的家庭人均财富为 3 250 美元（Ziff 21）。

同时，在 1865 年和 1900 年这 35 年间，13.26 万名外国人进入美国（Schlesinger，*Potiticat and Social Growth* 281）。在 1900—1914 年间，不到上述一半的时间，移民在新增人口中占了 1 330 万，大部分来自欧洲的中部和东部（353）。当第一次世界大战爆发时，1 000 万美国居民中的三分之一出生在国外或父母本身就是外国人（396）。其结果是戏剧性的，尤其在市中心。1890年，大纽约的爱尔兰人是都柏林的两倍，德国人是汉堡的两倍，犹太人是华沙的2.5倍，意大利人是那不勒斯的一半。在马萨诸塞州，婆罗门的政治优势已经下降，到1889年，马萨诸塞州有68个城镇是由那些有爱尔兰姓氏的人掌管（281—282）。在1890年的中西部地区，至少每六人中有一个是在国外出生的（Schlesinger，*Rise of the American City* 64）。同年，芝加哥的国外出生人口数量达450 000，几乎相当于这个城市十年前的人口总数（65）。

这种变化足以给所有公民带来社会转型和文化上的危机。社会剧变加重了经济繁荣与萧条的剧烈循环。首先是1873年的金融恐慌，然后是1884—1885年的大震荡，接着又是1893年的金融恐慌。这些也都不是短暂的，经济停滞、失业和没有工资，每次都长达数年的时间。在1873年的恐慌中，超过5 000家企业破产，超过300万的工薪阶层失业。美国经济复苏花了5年时间（Schlesinger，*Political and Social Growth* 159—160）。1893年的金融恐慌导致在这一年的4月1日和10月1日期间8 000家企业倒闭，156家铁路公司进入破产管理程序（264）。在这种情况下，工会组织开始形成并真正发挥作用，伴随着劳动纷争的工人要求加薪、保障劳动安全、八小时工作制以及废除童工，所有这些要求，因为廉价的移民劳动力与本地出生人口争夺同一工作而加剧（203）。美国劳工联合会的会员从1896年的15万增长到1900年的55万。在1881年和1900年期间发生近24 000起罢工和停工事件，涉及约128 000家公司和超过66万名工人。雇主和雇员的总损失估计为4 500万美元（205）。

在这样一个社会背景下，毫无疑问，二手性质的信息和所谓客观化的煽情新闻根本无法解释人们生活中所发生的事。社会心态无法由新闻媒介提供的内容得到缓解。

可以肯定的是，基于对世界的本质反映，叙事性文学新闻和客观化新闻一样，都以沟通世界为目的。但前者的追求是尽量缩小主客体之间的认识鸿沟，而不是扩大它。这并不是说，这样的尝试就一定最终能完全成功。这个问题是一个认识论问题，也就是说在了解现象世界之前，我们必须先弄清楚以什么方式了解世界。特拉亨伯格研究了克莱恩《纽约城市速写》里的两篇文章《不幸的实验》和《风暴中的人》后得出相似的结论："日报日复一日的重复不过具体表达了疏远的城市意识，不再可能有对自己切身生活的亲近。"尽管特拉亨伯格没看到这一时期叙事性文学新闻的存在和发展，但他确实承认克莱恩之作是对世界的"文学"性观察。同样的，他指出克莱恩的"速写表现了他自己，是坦率的个人色彩、个人风格"。更广泛地说，特拉亨伯格认为作为故事模式的新闻概念是深入人心的，但是，用于主流媒体的"报纸的表达"就需要将外界随机的采访体验转变成某个人的经验。结果之一就是，报纸要刊登人性化的故事。特拉亨伯格补充道："找寻'人性化故事'，在平常生活中寻找新奇和戏剧化的办法就是，努力用常规的情感想象遥远的情景，从而理解那些固有的未知领域。"（"Experiments" 269）这是传统的人性化故事的特点，叙事性文学新闻试图超越类似公式化的情感，如克莱恩故事中反映的那样。康纳里曾指出深度报道和叙事性文学新闻之间的关系："尽管一些文学新闻讨厌被比作是报纸深度报道，但它确实避开了那类写作的类型化，以及预言味道和陈词滥调。"（"Third Way" 6）

文化和社会的转型和危机，以及客观新闻和黄色新闻的兴起，这两者的结果只能是认识论的危机，理解这一点很重要。叙事性文学新闻记者对此的反应如克莱恩的回应那样。事实上，他们和这一时期的文人，如豪威尔斯和德莱塞都在批评中发现主流新闻实践带来的主客体之间的疏离问题。例如，记者雅克布·里斯（Jacob Riis）就表达了他对客观化转录的不以为然（虽然这是在讨论他的摄影报道的情况下）："我不希望我的蝴蝶被别针卡住，放在一个玻璃柜里。我想看到它在花丛间飞舞，阳光撒在它翅膀上，我不在乎它的拉丁名字听起来是怎样的。无论如何，这不是它的名字。阳光、花朵和蝴蝶知道。用针钉蝴蝶的人不知道，也永远不会知道，因为他不懂它们的语言。”(266)用针钉住蝴蝶并把它放在玻璃下，使之成为死去的和遥远的客体，不再给人看其行动、感知印象并观察其舞动的经验机会。

豪威尔斯也注意到，在他两部主要小说《新财富的冒险》和《一个现代例证》中，存在着客观化新闻实践导致个性化缺失的特征。豪威尔斯自己对新闻的大致设想是矛盾的。一方面，他愉快地回忆他在俄亥俄州父亲的报纸厂做印刷学徒的日子(*Years of My Youth* 131)。另一方面，有证据表明，对于世纪末出现的叙事性文学新闻，他如鱼得水；如斯蒂芬斯看到的：“小说家威廉·迪恩·豪威尔斯曾经说过，没有哪位作家或艺术家会不看商业广告。”(*Autobiography* 321)但豪威尔斯对客观性新闻的崛起感到不安：“豪威尔斯……认为新新闻是对个人经验粗俗恶性的侵犯。”(Ziff 148)在这里，“新新闻”不是1960年代的“新新闻”而是指“事实的”，或最终被定义为客观主义的新闻①。

豪威尔斯对于主客体之间认知差距不断扩大的认识，见于1890年出版的《新财富冒险》，这也为主流新闻实践的存在问题提出了深刻的文化批判。豪威尔斯在这部小说中探索了叙事性文学新闻的潜能，以及内战后出现的主流的客观性新闻造成的认识论疏离。在一个段落中，人物富尔克森(Fulkerson)建议记者巴兹尔·马驰(Basil March)用“笛福的《伦敦大疫年纪事》风格”写了一篇关于工人罢工的报告(*Hazard* 357)。文中说，因为丹尼尔·笛福(Daniel Defoe)试图把他的《鲁滨孙漂流记》和《大疫年纪事》作为真实的生活记录，而不是基于真实的虚构小说。尽管如此，笛福清楚地知道叙事性文学新闻的潜力，富尔克森也明白现代社会到来意味着什么，他补充说，他希望马驰成为一名城市速写者，“从美学方面记录[罢工事件]……我告诉你纽约中心正发生波澜壮阔的个人战争，正如你说的，打开了一条路，但纽约却一点都不在乎”(357)。然而，马驰并未按照

① 此时期的新新闻主义不过是客观性新闻的一种新风格，如乔治·A. 修斯在新闻史里有关“新新闻主义”之不同的讨论。

富尔克森的建议去做。那么，估计主流客观性新闻本身的认识论问题会造成读者主观性的继续被隔离，从而让人们对罢工事件没有任何感觉。

这已不是马驰第一次接受此类建议，建议将作者的主观性体现在对现象世界的经验中。康拉德·德赖富斯（Conrad Dryfoos）劝告马驰，“城市本身就一直在做最好的布道”（Howells，*Hazard* 138）。马驰的反应并不乐观。他的反应正揭示了主观性对客观世界的疏离感，他回答说：“我想我并不理解你。”丹尼尔·H. 博勒斯观察到，马驰之所以拒绝康拉德·德赖富斯的建议，这是因为这位记者“‘哲学化了’——设想出将他自己从直觉生活中移出的概念……这种姿态阻碍了马驰完成他的速写，他周游城市之旅为速写提供了丰富的素材”（180）。否认主观性参与经验的同时，马驰也完全否认自己的主体性，他又在自己的生活中再次制造了读者主观性与客体对象的疏离。从哲学角度，他致力于尼采的挥发说。的确，齐夫（Ziff）更为精确，对个人经验的严重侵犯可在所谓事实的、客观性的新闻中找到证据，其报道是非个性的，或者说在报道中极力转换作者的主观性。客观性新闻已经占据了那个时代记者们的头脑，正如迈克尔·舒德森之所见，反应在马驰，就是将自己的意识从罢工的现象世界中抽离出来。“他开始感觉像个普通人，努力让自己重获对世界哲学观察的能力。”（Howells，*Hazard* 360）人们普遍的认识是赞成客观性新闻，认为它可以让世界得到阐释和反映。当马驰被告知“城市本身就一直在做最好的布道”之后，梅拉（Mela）就发现马驰，“他穿得像个牧师，他说他是一个牧师”（138）。

同样，在1882年出版的豪威尔斯的《现代例证》中，主人公——报社编辑巴特利·哈伯德（Bartley Hubbard）概述了他的报业理想，“必须停止任何对公共事务的影响”（22）。正如艾米·卡普兰（Amy Kaplan）指出的，哈伯德主张独立的新闻业，“即从政党拥护中分离出新闻”。实际上，哈伯德是“把公众从政治活动本身中分离出来”。讽刺的是，这本书的重要主题是丈夫和妻子离婚，及随之而来的在私人和公共生活中道德秩序的坍塌，哈伯德的新闻观念是“将读者从政治参与者变成被动的旁观者”（29—30）。

在世纪之交的文学界，这种看法，即传统的主流新闻实践将读者和经验分开并隔离其主观性的看法，也许在西奥多·德莱塞的《嘉莉妹妹》中得到了强有力的考察。然而，在这里，作者探讨了读者的异化问题。正如卡普兰所说，小说中失业的赫斯顿伍德（Hurstwood）将读报纸"代替"找工作（153）。报纸成了生活的一种替代品。但看到有轨电车罢工事件后，赫斯顿伍德被鼓动用广告的形式、以罢工破坏者的姿态回应罢工。至此，他对罢工的经验已经被报纸的报道客观化在一个远离他主体性的版面中。但在工作中，他发现"真实的事情要比他所想的东西略糟"，当然，那都是基于报纸客观化经验的报道后而形成的想法（Dreiser，*Sister Carrie* 308）。最后，当他在有轨电车上遭到袭击和射击之后，他放弃了他的工作，他得出的结论是"这对他是一个骇人的经历。他已经在报上读过这些东西，但现实似乎是一种全新的东西"（310）。显然，人们读到的所谓"现实"，是被客观化了的、远离人的主体性情感的"现实"，是和有主体参与、亲历的想象"现实"完全不同。正如卡普兰指出的："当（赫斯顿伍德）作为一个不参与罢工者从他公寓走出时，他对激烈的社会冲突没有准备，并被迫表明立场。他要么作为一个破坏罢工者被看到且被攻击，要么加入其中，要么离开。没有中立的立场。"（154）他的选择是离开，他的主体性被击败了，再后来，他又以报纸为避难所，幻想着自己的生活忙碌而充实。

显然，文学现实主义者如豪威尔斯和德莱塞这两位曾为记者（有时是文学新闻记者）的作家，在很大程度上看清并直觉到了事实新闻或客观性新闻带来的主体性与在世经验的分离。这也正是斯蒂芬斯的发现。当回顾记者生涯时，他发觉在1893年的金融恐慌中，作为一名华尔街记者，新闻文体的限制条例禁止他报道破产金融家的哭泣。"我不选取那些歇斯底里者，而选取善于反思者，总的来说，我不写眼泪。"（*Autobiography* 186）当时，他任《纽约晚报》记者，这份工作在他接任《商业广告》的编辑之前，而后者可以倡导他有关叙事性文学新闻的主张。"记者对新闻事实的报道，像机器一样，没有偏见、没有色彩、没有风格，都是一样的……作为

一名作家，在《纽约晚报》的任职经历给我带来了永久的伤害。”(179)

斯蒂芬斯不是个案。去真正理解客观化新闻试图做的与叙事性文学新闻试图做的之间分歧有多大，这是很重要的。新闻客观化的认识论结果，在世纪之交的一位被描述为脾气暴躁的《纽约世界晚报》编辑查尔斯·E. 查宾（Charles E. Chapin）的生活中找到了本体论表达。最终，他的例子也揭示了为什么叙事性文学新闻一直有其拥护者：查宾的故事向我们提供了一个有关把主观性从现象经验中分离的具有警示性的案例，被新闻史学家约翰·特贝尔（John Tebbel）描述为“一个看重名声的虐待狂，一个曾坐都市编辑桌后的最坚韧的人”(324)。作为编辑的查宾曾回忆几年前记者德莱塞对“事实-润色-事实”要求的反应。“我想，新闻最优秀的特质，并不是像那些养尊处优的出版商和编辑们所想象的那样容易实现的。”（*Newspaper Days* 624—25）德莱塞发现，在每一个城市的新闻编辑室，都有一个致力于将世界对象化的事业，他们的所做所为不过是加大了读者的主观性与那个世界之间的距离。如此，查宾似乎就可以安坐他的编辑室而无需将其主体性投注于他的报道中。

在这个意义上，查宾让人想起《嘉莉妹妹》中的主人公赫斯顿伍德。然而，相比于查宾，赫斯顿伍德在勉强投入主观性上是温和的。约瑟夫·普利策（Joseph Pulitzer）的《世界晚报》刊登了一个月黑风高的不安夜里发生的极具煽情味道的新闻。一个目击者回忆当查宾听到哈德孙河面上的沉船消息时是如何激动雀跃，“他在编辑室满脸激动地一跃而起，看起来像一个颤抖的歇斯底里患者，跳着恐怖至极的死前芭蕾。他上蹿下跳，隔着别人的肩头凝视着刊登出来的这场悲剧令人恶心的细节。然后，直立而起，大声喊：‘身上着火的妇女和儿童越过甲板跳下水去！水里满是烧焦的尸体！’在这豺狼般的尖叫中，他欢欣鼓舞地走来走去，满脸傻笑地哼着快乐的、不着调的小曲儿”(Churchill 249)。假如他对沉船事件的唯一经验是间接来自遥远的城市新闻编辑部，就像赫斯顿伍德那样，查宾将不会被奢望发挥他的主观性。他的使命与斯蒂芬斯的相反，斯蒂芬斯在《商业广告》中曾宣布他想“获得尽量完整的新闻并人性化地报道它，这样读者会在他人的故事中看到他自己”（*Autobiography* 317）。

查宾后来在具有自传性质的笔记中谈到自己：“在这整整20年中，我从未在办公室外面与同事们交流过，也没有和他们在办公室里聊过业务以外的事情。我没有信心，也没有试图建立信心。我是我自己的机器，和我一起工作的同事都是齿轮。人的因素从来都没有进入过报纸的体系。这是我做事的方式。事实证明它是个不坏的方式，在这工作岗位上我一待就是20年，而且是世界上收入最高的都市新闻编辑。”（Walker 5）这个片断和查宾在观光船沉没事件中的表现，令人想起威廉·巴雷特（William Barrett）对费奥多·陀思妥耶夫斯基（Fyodor Dostoyevsky）小说《死屋手记》中“地下人”的考察。巴雷特指出《死屋手记》中的主人公，“如果科学能够理解所有现象，那么最终在一个完全理性的社会中，人人都是可以预设的，精确如机器上的齿轮，然后，人被他必须明白和维护的自由所驱动，最后奋起砸碎这个机器”（139）。查宾所致力的客观化新闻理想，其实是19世纪的科学精神的结果，转而又疏离了查宾与现象世界以及和同事们的关系。叙事性文学新闻写作者就是试图崛起并粉碎这台客观性机器，以便摆脱一统化的新闻模式，从而告知世界的真面目：不确定的、由主观感知到的，而且也是自由于一统化模式之外的，而这个一统化模式要求人们成为社会机器上一个个无足轻重的存在。特拉亨伯格在有轨电车上发现，读者看的是一统化的报纸，而结果是“他们仍是如此冷漠、遥远和陌生”（*Incorporation* 125），也就是说，被异化。

查宾所说的被异化主体的欢欣雀跃，以及他对依然安稳地拘泥于编辑室的他者假装提出的挑战，令巴雷特想到另外一个思考，即《罪与罚》中拉斯柯尔尼科夫（Raskolnikov）的主体性偏离，“越是被切断和孤立于其残存的人性之外，他在其弱点中越发变得不顾一切”（137）。消极绝望击败了良知，使其难以与其他主体性友好相处，最终导致拉斯柯尔尼科夫杀了放高利贷者。这个问题同样在查宾这里得到证明："查宾的妄自尊大最终导致他在股票市场上的疯狂投机，并最终破产。由于与妻子内尔签下自杀协定，他开枪打死了她，但自己由于枪没对准而自杀未遂。"（Tebbel 324—25）

查宾因杀妻罪被判20年徒刑，关押在纽约州兴格监狱。这应验了那句话：生活的确远比小说更令人震惊。在监狱里，查宾以书信的方式和一个来自克利夫兰的年轻女子继续他的风流韵事。根据特贝尔所述，查宾的"个性因此完全改变"。他成功编辑监狱报纸并建了一座种植玫瑰的花园。"事实上，当他在1930年去世时，他的玫瑰园令他心碎地被监狱扩张为牢房。"（324—325）查宾之死是否和他的主体性由于无法面对监狱筑墙占用了他的玫瑰园这件事有关，这当然是猜测。但我们有充分的证据证明他的确是有异化人格的人，一个不顾一切地试图通过爱和玫瑰花园挽救其人性的人。此外，有证据表明，查宾的精神异化是由他的职业野心造成的，这可从他对一个在采访中被殴打并被踢出门的记者所做的评论中反映出来。他安坐在他的新闻编辑室，他告诉记者："你回去告诉那个狗娘养的，他不要威胁我。"（Tebbel 324）查宾是现实生活中一个虚构的类似于赫斯顿伍德式的人物，查宾的故事是一个美国版的罪与罚的真实故事。

出于学术性的部分考虑，查宾的故事也许仅仅是耸人听闻的。但从更大范围的批评视角看，它实际反映了一个客观化、对象化的问题。它还让人想起斯蒂芬斯所说的，他拒绝雇用已经被职业和酒精弄得如同烧焦的炭人一样的记者（*Autobiography* 312—313）。某匿名作家在《一个叙事性文学新闻记者的"自白"》中说道，从认识论或本体论角度来说，这些被酒精和客观化新闻职业弄得疲惫不堪的文人已经和他们本身的生活没有什么关系，更不用说什么主体性了。（373）此外，日复一日从事着并没有真正投入的事情，更加强了他们对固有异化的坚持。主体性到底能介入何种程度，这正是叙事性文学新闻将要尝试做的。

叙事性文学新闻遇到的这种认识论危机，直接受到了现实主义和自然主义文学运动、新闻客观主义兴起的影响，受对实证主义的批判性反应以及显著的社会和文化变革和危机的影响。在对克莱恩的《苦难实验》和《暴风雨中的人》的研究中，特拉亨伯格概述了叙事性文学新闻记者的叙事野心中隐含的内容："克莱恩已经放弃了一个旁观者的道德姿态，并试图描写与他本人对生活体验、看法相一致的实地景观。"（"Experiments" 273）他的研究值得进一步考察。第一，旁观者的道德姿态基本上是客观的，脱离于他所看到的事物。第二，在景观和扩展的场景设置中，具体细节、对话和其他相关的技术无论在小说写作里如何错误，都是想要建立一个普遍性的认识论基础，从而实现特拉亨伯格所谓的"主体性交换"（273）。然而，事实的或客观的主流新闻的抽象本质无法提供修辞性常识（有吸引力的共享常识），这也就是特拉亨伯格在别处说的"感觉细节"（278）。

克莱恩明确宣布他的意图，说他在《苦难的实验》中旨在拉近主客两个世界的认识鸿沟，当他在纽约街头看到一个无家可归的人时，便决定像这个流浪者一样活个一天一夜。他说他这样做是因为"也许我可以就近发现他自己的观点或别的什么"（34）。因此，他试图将自己的主观性赋予至今仍处于客观一方的对象中。特拉亨伯格认为，克莱恩在《苦难的实验》和《暴风雨中的人》中巧妙地逆转了空间和社会视角，这就使得读者可设身处地地将自己放在一个无家可归的流浪者的位置上（"Experiments" 273，282—283）。例如，在《暴风雨中的人》中，读者开始成为那个等候在二月的暴风雪中的那些流浪者的心理追随者，克莱恩描述了一位"粗壮的""穿着体面"的商人，他在温暖的灯火通亮的窗口前看着这群无家可归的人，捋着胡子，"极为沾沾自喜"。他"似乎看到一个反面教材，不由自主地更明白自己所处的环境还是令人欣慰的"（95）。克莱恩写道，但当流浪汉们开始对商人喊出"熟悉和热诚的问候"，并以温和的方式发出对被剥夺了的政治和经济权利的嫉恨时，富商立即逃离了窗口。对于那些至此仍在紧随着暴风雪场景中的流浪者们的故事、其主体性已经置于流浪者之中的读者来说，他们发现自己被另一些人拒绝在另一种空间之外——那些人享受着他们自己本可享受的舒适物质生活，或者至少拥有他们有可能追求的生活。他们从外往里看，正如特拉亨伯格指出的，“克莱恩迫使读者从任何局限的视角中解脱出来”（276）。此外，商人被讽刺性地放置在自己的展示窗口，像“威尔士王子”，讽喻式地推出一个认识论的问题，在这种时空倒转的读者视角下，那是克莱恩须面对并试图要克服的。撇开巴赫金描述的“直接接触不确定的当下现实”，读者依据那些特殊具体的细节材料，抵制那种社会批评式的结果，也最终抵制那种将无家可归者归于一种“他者”的隐性意识形态式的结果。

这也是《苦难的实验》中的情况。在描述中，克莱恩已经像个流浪汉过了一天，而且也拒绝那种将流浪者完全排斥为他者的意识形态式的想法，他知道自己的命运就要逆转了：“他承认自己是一个被抛弃的人，他的眼睛在低垂的帽沿露出愧疚的一瞥，疲惫愧疚的面相，带着某种确切的有罪感。”（43）可见，克莱恩也一直在抵抗那种将流浪者归于“他者”的隐性意识形态的结论。试图与“他者”交战，便是试图超越意识形态处方，并最终超越包括类似处方的一统化的结论。这样做便相当于接受了巴赫金小说理论中不可控、不确定的当下。

叙事性文学新闻试图“主体交换”（或者更精确地说，试图缩小主体和客观世界之间的鸿沟，考虑到任何文本的中介性质都无法导致语言形象的完全转变）这一点也能从其他叙事性文学新闻记者的作品中觉察到。可以证明此观点的一个文学新闻作者，就是现在几乎已经被人遗忘的拉夫卡迪奥·赫恩（Lafcadio Hearn，即小泉八云——译者注）。拉夫卡迪奥·赫恩其实是这种写作形式的过渡人物。1872 年，他为辛辛那提的报纸写文章。故事大多是关于生活在那个城市码头上的非裔美国人的生活。（Ball 7）赫恩后来去了新奥尔良，然后是西印度群岛，最后定居日本。

赫恩对于主客观世界疏离的抵制，戏剧性地表现在 1890 年他抵达日本时。当时他带着《哈泼斯》的任务，“沉浸在一股匆忙而骚乱的新鲜感中，他忘了自己的任务，在全新的美味世界中完全失去了自己”（Pattee,

History 425)。此外，赫恩后来的报道文章展示了一种近乎极端的唯我论，其中他努力缩小主客体之间的距离，这使其成为令人信服的先驱。本质上，他的例子描绘了一个叙事性文学新闻写作者在主客体之间连续变化的旅程。弗莱德·刘易斯·帕蒂（Fred Lewis Pattee）就赫恩 1880 年代后期居住在马提尼克时的作品谈了看法，认为它是“一本混乱的书，灵感乍现，画面迭出，没有一个独立完整的印象，没有整体性，但西印度群岛的灵魂仍在，而且是通过一种奇特的、完全个人式的艺术方式揭示出来的”（*History* 425)。赫恩提供了一种非“整体性”的审美视角，帕蒂也不是有意选择这么一个迥然不同的叙事性文学新闻写作者，加兰的阐述就更为精准：此写作形式抵抗一统化的、封闭式的故事结尾。然而，作为叙事动力的一部分，帕蒂还注意到并认可赫恩写作中的主观性，看到他尽力缩小它和客观世界之间的距离时，赫恩“个人化的奇特艺术”中的“印象主义”。帕蒂的评论写于 1915 年，这表示那时的学术界已经警觉到赫恩的写作特质。

赫恩的浪漫主义表现为他对自己主观性的肯定。他观察当时的日本，他说：“这是一片人们可以真正享受内在生活的土地。每个人都有他自己的内在生活，不会被他人窥视，伟大的秘密永远不会被泄露，虽然有时候当我们创造了美好的东西时，我们也会让它闪现微光。”（“To H. E. Krehbiel [1878]” 196）赫恩承认他无法给出一个确定的结论：只能向“内在生活”投以一瞥，而不能窥其全貌。还有，现象世界的目的不过是为内在的主观生活提供通道，那种生活其他人无从知晓的。在客观世界和人类被肯定的华丽主观世界的沟通谱系图上，赫恩的探索实际上已快要接近终点。这是一个结束，他当然必须不断回到现实，以免被默认为是完全的主观主义者。由此，赫恩预见了意识流写作。

赫恩早期的文学新闻写作更近于传统的现实主义，而不是像后来的神秘主义。比如他于 1876 年发表在《辛辛那提商报》上的《堤坝的孩子》，这是一个围绕着一个名叫艾伯特·琼斯（Albert Jones）的孩子而写，关于生活在辛辛那提州俄亥俄河大堤周围的非裔美国居民的故事。美国 1870 年代的国家战略，引起了美国白人和黑人之间的社会隔阂，赫恩用传统新闻报道的写法开始这个故事："星期六早上天亮前不久，一个喝醉酒的'黑鬼'被两个警觉的巡警从公路边的河流中拉出来。"（4）故事的引子似乎是说一群"客观的"辛辛拉提警察打捞人的报道。此外，根据醉酒的画面，故事也很可能被陈词滥调地导向为种族歧视，不负责任的"黑鬼"一词也是不能被优雅的、充满维多利亚式礼仪的辛辛那提上流社会所接受的。但故事在不动声色地这样叙述着，甚至带着某种对警察行为的赞美，因为他们代表并维护着这个阶级的权威和秩序，他们是"看护人"，他们在执行权威阶级赋予他们的职责。这个故事似乎在强化一个观念，那就是琼斯代表着一个可视为"他者"的社会和族类。

追问之下，琼斯在车站的房子里说出了他的名字，他"带着一副惊恐困惑的样子站在桌子前，像个梦游者突然从他危险的梦境中醒来"，警长回答说："艾伯特·琼斯！……那个人可以模仿俄亥俄河和密西西比河上的船哨。"（9—10）琼斯也被鼓励如此说话。然后，赫恩的肖像描写似乎沦入一种反常的"残暴"，堪比罗伯特·E. 李（Robert E. Lee），这一点强化了琼斯"他者"的种族身份和地位。然而，明智的是，赫恩在选择细节和用充满价值感的形容词来描述琼斯的时候，甚至启用修辞性的常识（充满吸引力的常识）邀约读者和他一起分享经验："他突然举起双手，嘴上凹出造型，然后深深扩大了胸腔，吼出长长的、厚重洪亮的喊声，振动像汽笛的音乐穿过房间。他开始去掉深重的鼻音，逐渐调整强度和音量来模仿汽笛，一切那么惊人地完美，以至于结束时，每个聆听者都不由自主地惊叹起来。"（10）于是，讽刺性的"野蛮他者"开始占据读者的感知，成为有教养的高贵者，拒绝与固有的文明社会迥异的一切现象，以便获得社会认可。赫恩的价值判断和大量的主观性投入是值得尊重的：那一声叫喊是如此"深厚而洪亮"，像一种汽笛的"音乐"（而不是汽笛的尖叫），这种音乐"惊人地完美"，留给听者的是"不由自主地惊叹"。

赫恩也借鉴了美国上流社会的文化敏感，试图说明艾伯特·琼斯（概念意义上的艾伯特·琼斯）代表了一个“他者社会”，是应被尊重、被认真对待的。他指出，“船似乎是他粗粝的诗意想象之所在，如巴黎圣母院的钟对于卡西莫多想象力的重要性，钟声进入他的耳朵，如同无限生活的呼喊，他们穿过夏日傍晚紫色的幽暗相互回应，如大声欢呼那深沉的、美妙雷声的到来”（11）。他借鉴了《巴黎圣母院》这个世界名著以及当时最广为人知的作家之一维克多·雨果（Victor Hugo）。赫恩试图将琼斯的形象塑造成美国版的卡西莫多。就在他把琼斯列入这一人物画廊的时候，赫恩还试图解释为什么琼斯有模仿船哨的特别习惯：“那种美妙的旋律既不像是装卸工人们的劳动号子，也不是班卓琴的乱弹。汽笛长鸣，如同夜间巡警的哨声，对那些生活在堤防边坡的人来说是那么熟悉，是他小小的音乐世界唯一形成的美好旋律。”（11）至此并看不出有什么种族差异的描述。但是赫恩并不因此停笔。取而代之的是，他借助蒸汽船拟人的汽笛声认为，作为一个社会寓言，它为尚不被优雅的上流社会所看到和洞见的“他者”世界提供了一个视景：

> 对他来说，汽笛之歌也许是所有音乐中最动听的，一个码头工人回忆中最精彩的声调。每艘船的哨音深重、尖锐或醇厚，带着他们对过往快乐或痛苦的生活的回忆。褐色的河水沿着宽阔的公路流过新奥尔良市南部。每一个拖延的声调都在唤醒新鲜的生活，在这个堤坝孩子几乎遗忘的简单生活史中，那些嘈杂但也无害的狂欢夜，那些烤焙食物的香味，那些古老的爱情故事，还有那些汽船遭遇灾难的悲惨事故，火焰中的船体，游水逃生。或许，婴儿期第一次惊动他耳朵的，正是一声长鸣经过他居所的轮船汽笛；也或许，当夜巡警察听到黑暗河水的拍打声而出动的时候，也是同样的汽笛声抚慰他的再次安眠。（11—12）

可以肯定的是，《堤坝的孩子》无法完全避免当代视角下的家长主义的指责。但是，赫恩在描述中赋予那个时代被边缘化种族成员的同情是显而易见的，而这对赫恩来说并非不同寻常。他的笔下经常出现在堤坝周围的美国黑人的生活。此外，他公开与一个混血女人生活在一起，这最终害他丢了一份报社工作。但这时期最为瞩目的也许是，作者公然表明自己对琼斯的理解。在故事的最后，赫恩进一步揭示主题——努力去缩小主观性和客观对象之间的鸿沟，这跟前面引文的预示是一致的。也是这一段落，明显预示了赫恩后来更加开放的浪漫主义："我们让他沉睡在他那潮湿、沾满泥巴的破衣里，他可能做一些荒诞离奇的梦，梦到一艘怪异的船，没有汽笛，没有名字，沿着陌生的河岸，悄无声息地滑向一个未名的码头，在那里，所有物体都没有倒影，甚至梦都是死的。"(12)"他者"的世界是一个不再可能有梦的世界，这里在修辞上完成了一个象征性"轮回"。此外，没有倒影的物体也不再是现象世界的物体。在某种意义上，赫恩其实是在回避批评上的结论状态，通过最初的一个独特现象最终抵达想象的不确定性。

这时期还有另一个作家亚伯拉罕·卡恩，据斯蒂芬斯的回忆，当他在1898年加入《纽约商业广告》工作时，就向他的同事介绍过俄罗斯现实主义和"马克思主义计划"。作为于1882年移民美国的俄罗斯犹太人，他带着移民体验一个新国家的独特视角。摩西·里斯琴（Moses Rischin）是专门致力于辨识和收集卡恩刊发于《纽约商业广告》和其他出版物上作品的卡恩研究学者，他认为卡恩"努力在新移民和旧美国之间、在新旧世界之间搭建沟通桥梁"(xxvi)。他最喜欢的一个方法就是访问位于纽约市炮台公园（爱丽丝岛上的设施正在进行火灾后的重建）移民接收中心的移民们。这样做时，卡恩写的就不仅是有关犹太人的美国经验，也有其他族群的故事。在《他们的内心无法上岸》中，卡恩捕捉到了移民们通晓多种语言的本质。他采用了表面上看起来不那么复杂的方法，即只是连续地描述那些无法获准入境美国的移民和他们的家庭。貌似简单的技巧体现在移民们对无休止的等待的持久绝望中。这一技巧很快就变得熟悉起来：他依次采访了意大利移民家庭，一个立陶宛女人，一个鲁塞尼亚人（由历史上属古代波兰王国的土地上移民出去的乌克兰人），一个俄罗斯裔的德国人，最后是一个俄罗斯的犹太家庭（沙皇时代的公民似乎被集体抛弃了）。伴随着绝望，俄国犹太人晚餐时拒绝进食，因为那些食物是犹太教所不允许的（113—116）。

但卡恩叙事中这种文化马赛克并没有停留在绝望这唯一的维度上。他通过一些微妙的复杂性，展示了那些发现自己活力所在的人是如何在不经意间抵抗绝望的。他们开始拒绝。例如，一个意大利女人在一名意大利男子背后叫他"白痴"，因为他自己严重结巴，还必须为其他意大利人担任翻译。后来另一个意大利女人却叫她"白痴"，这揭示了当时的社群政治，在能否获得移民批准的煎熬中，这些东西分散了他们的注意力。有个年轻的立陶宛女人相信，当她在美国的未婚夫回来找她的时候，"我们会活得像个美国贵族"。18 世纪末期，那些在隔离区、贫民窟以及各种苦力场劳作的大多数美国移民都是这么想的，尤其是那些来自东欧和南欧的移民。

卡恩的描述在临近结束时还增加了进一步的维度。一个年轻的在美国做服务员工作的德裔美国女人，她头戴一顶"用一片鸵鸟羽毛"装饰的帽子，来到移民中心接她刚刚从德国来的哥哥："'他来了！他来了！雨果！'这个女侍者说，伴随着银铃般的咯咯笑声，然后猛扑在哥哥肩头，大哭起来。"（116）这个有不确定意义的场景含义很多，是多种可能性的意义共鸣。首先，哥哥的好运与早期移民们的散乱形成鲜明对比。有人早为他而来。他已经实现了其他人只能梦想的东西：他有救援。其次，他妹妹的衣着光鲜，饰有鸵鸟羽毛的帽子和"一件全新的缀满彩虹般装饰的蓝上衣"都标志着她的美国化和成功，再次与早期的移民和他们的家庭形成对比（116）。比她穿彩虹色衣服和鸵鸟毛帽子更引人注目的是，她作为一个女侍者实现了自己的美国梦。尽管工作卑微，她依然可以穿戴鲜艳地炫耀。而等待救援的移民家庭则担心随时都有可能被遣返欧洲，他们逃离大屠杀、贫困、固化的阶级结构——这个德裔美国女服务生看起来是如此遥远，也正像她刚刚到达美国时的感受，同样是在等待一个未知和充满诧异的国家。最后，如果她只是"猛扑在哥哥肩头"而没有哭的话，故事就可以移民成功的美国梦的说教而结束。但当卡恩以“她突然哭了出来”结束时，他给出了一个意义含糊的、不和谐的暗示，这是其叙事艺术之所在。因为我们只能去思忖他的意思。她之所以哭泣是因为她终于看到哥哥的喜极而泣吗?卡恩并没有告诉我们。她这样做是因为她实现了美国梦的感激？作者也没有这样写。她哭或是因为她对自己及每一个移民到美国的人，不得不面对里斯琴所说的，尽管努力也似乎难以跨越文化的分裂？卡恩也没有告诉我们。她突然哭或是因为她鸵鸟羽毛帽子和鲜艳的彩虹颜色的衣服不过是个暂时的（和无意识的?）伪装，最终否认美国梦的现实？毕竟她只是一个女服务生。卡恩也没告诉我们。猜测继续。移民生活的凄楚图像永无定像，作者似乎在捉弄我们的想象和思考能力。

卡恩叙事的另一用力点在于捕捉口语对话。在接下来的一段中，他写了一个在犹太逾越节当天，在纽约市下东区的犹太隔离区算命的人。不幸的是，他的算命老鼠选择的命运更适合罗马天主教徒而不是犹太人：

“这是什么意思?”几个女孩惊愕地问。

算命者不想说。“小老鼠应该知道她说什么。”他回答说。

“谁给写的签?”探听者问。

“它们不是写的，它们是印刷出来的。”

“或许你是从一个天主教徒那买的，或是你把它们与天主教的混起来?”

“小老鼠从不混淆任何事情，”算命者用傲慢的英语回答说，“虔……虔诚。”

“我才不在乎你的虔诚，”一个女孩尖叫道，“你这里说不虔诚的以色列后代没有工作是什么意思?”“把我的两分钱给我!”另一个女孩咆哮道。

“我也要我的!”

算命的背上他的行囊、算命家当、老鼠、鹦鹉以及“时运签”等等，逃走了。

“这就对了！让他滚远一点吧！”市场上的女人们冲着他身后喊着。“现在我们得趁节日做生意啦。”

“卖胡萝卜啦，胡萝卜。卖鱼啦，都是活的。”（“Pillelu” 58—59）

这就是移民们在新世界的都市街道中的生活场景速写。卡恩作为文学性新闻记者的优势是，“他通过描写对话，拓展了一种富有同情心的采访风格。尽管无法求助于方言，但卡恩善于捕捉来自世界各个角落的人们的习语和比喻，喜怒和哀乐”（Kerrane and Yagoda 76）。在同情中，在对其他人言语过程的直接引用中，在习语和比喻的普遍理性诉求中，卡恩努力在缩小话语和文化间的距离，跨越如里斯琴所说的存在于异化的主体对峙时产生的“裂缝”。这是一个文化寓言。

依此可见，从这一时开始，叙事性文学新闻不仅颠覆了主流新闻的客观性，也颠覆了学院式文学理论研究：西奥多·德莱塞收录在《嘉莉妹妹》中的较早发表的材料，便有资格成为叙事性文学新闻。1897 年离开《每月》的编辑职位后，德莱塞开始了为杂志写作的自由职业者的生涯，直至《嘉莉妹妹》这部作品出版之前，他共发表了 120 多篇文章。其中可以看到纽约街头无名者的群体肖像（Hakutani，preface 9—10；introduction 31）。例如，1899 年在《德莫雷斯特》杂志上发表的《穷人的奇怪变化》。这是纽约四个无家可归者的系列故事（rpt. *Selected Magazine* 180）。其中有个总盘踞于百老汇和 26 街十字路口角落处的“怪家伙”。如克莱恩一样，德莱塞巧妙地操纵着多数读者的阅读期待，他描述这个家伙是“一个短壮结实的士兵，穿着一个巨大的斗篷，戴着软毡帽”，如“首领”一样接受路过警察的致礼。“首领”已经在城市的高档剧院所在的部分占据了他的位置，在那里“富有的闲逛者，有淑女陪伴身边的晚礼服绅士，从一个吸烟室串到另一个吸烟室的俱乐部成员”等一一经过（170）。在高档的曼哈顿，一身制服的“首领”有一定的公共权威。他是救世军？读者并不知晓。当他把周围的流浪者都聚集起来，正如他捡拾其他东西一样，读者可能得到这神秘问题的部分答案。他数了一数，说：

> “要床吗，嗯，你们全部?”
>
> 人群一阵混乱、咕哝的赞成声。
>
> “好吧，在这里排队。我看看我能做什么。我还没有一分钱。”（171）

缺钱的第一个暗示就是他本人也可能就是个流浪者。首领开始对路过的有钱人展开游说：“先生们，请注意了，这些人没有床。但是今晚他们总得找个地方睡觉。总不能让他们睡在大街上。我需要12美分来摆放一张床。谁愿意给我这点钱?”（172）整个晚上他都在这样劝说路人，很多时候并不成功，直到最后他收集到足够的钱，为排在身后的人支付了一张床的费用。然后他领着这些无家可归的同伴到了一处寄宿处，并且支付了当天晚上的费用。“当最后一个人消失在昏暗的楼梯时，他出现了，在寒冷的空气中，他把围巾和大衣裹得更紧了，拉低了帽檐，像一个游民，形单影只地消失在夜色中。”（172）

至今还有人怀疑队长其实也是无家可归者，但是这从来没有得到确认。给读者留下面对不确定的存在，好过明确指出这是一个乐善好施者，那样秘密可能就会永远失去揭开谜底的机会了。

一年以后，《穷人的奇怪变化》出现在《嘉莉妹妹》第45章，并且该章就以此故事为章节名（*Sister Carrie* 403）。这部经典小说揭示了这样一种现象主义的状态，它通过具体实例颠覆了文学的本质，就像斯蒂芬·克莱恩的《海上扁舟》一样。

由斯蒂芬·克莱恩、拉夫卡迪奥·赫恩、亚伯拉罕·卡恩和西奥多·德莱塞等诸多作家使用的叙事策略，让人回想起斯蒂芬斯对记者的建议：

“获得尽量完整的新闻并人性化地报道它，这样读者会在这个家伙的故事中看到他自己”，即使他承认“这个家伙”是一个杀人犯（*Autobiography* 317）。斯蒂芬斯要先于杜鲁门·卡波特的《冷血》和诺曼·梅勒的《刽子手之歌》60年实践了这种写作，在这两部小说中他们试图理解那几个被判谋杀罪的凶手们的主观世界，从而成为1960—1970年代新新闻主义的经典之作，同时也成为美国社会阴暗面的寓言。克莱恩、赫恩、卡恩和德莱塞也抵抗那种封闭式的评论方式，或绝对逝去的遥远想象，他们愿意用不确定的镜像方式去面对这个不确定世界里那无法确定的当下社会。最终，我们在这里看到阶级、种族和民族结构的崩溃。

文学新闻的叙事野心在于努力缩小主客观之间的鸿沟，这通常带来的问题就是，容易把民粹主义或改革论者和他们联系在一起。当克莱恩亲身经历了一个流浪者的感受“或类似的感受”时，正如他的读者们想象的那样，他将一个认识论问题上升为社会问题。这也反映在对待德莱塞的赫斯顿伍德的决定上。最初出于认识论问题，迫于新闻的客观性摆出中立姿态，但当他直面一个现象化的真实事件时，如卡普兰所说的，他必须面对是否“站队。他必须被看见、像个罢工破坏者一样被打、加入罢工或者离开。不存在一个中间位置”（154）。无怪乎叙事性文学新闻记者很难“离开”他的原材料，并将自己的主观性应用于这些材料，最终却发现自己不过是旁观者罢了。比如，斯蒂芬斯的政治态度很快就转化为左派（*Autobiography* 376—377）。卡恩是个社会主义者。哈钦斯·哈普古德（Hutchins Hapgood）也很快加入贸易联合（*Victorian* 355）。后来，詹姆斯·艾吉（James Agee）1941年的《让我们赞美名人》被证实为描写南部贫苦雇农生存状况最感人的故事，被视为一场社会行动（Fishkin 147）。舍尔伍德·安德森（Sherwood Anderson）在1935年的《美国迷失》一书中也有过相似的认识论或政治化经历，同年还有艾斯肯尼·卡德维尔（Erskine Caldwell）的《一些美国人民》。最终，这个历史一直延续到1960年代的新新闻主义。正如他们之前的克莱恩，这些后来的叙事性文学新闻记者们也将寻找各自的路径，试图超越“引人注目的部队战亡名单”，致力于理解这个不确定世界的另一个主观性。

一旦理解了现代叙事性文学新闻为什么会出现，也就会清醒地认识到，正如前面对鲍斯威尔和约翰逊的讨论中说的，那并不出现在历史的真空中。事实上，进入现代社会之前就已经存在叙事性文学新闻这类文体了。

第三章　追溯现代美国文学新闻的起源

在俨然成为神话的美国历史传说的万神殿里，英国上尉约翰·史密斯（John Smith）在回忆录中记录了詹姆斯敦（美洲大陆第一个英国永久殖民地——译者注）和弗吉尼亚州建立过程中的一些故事，其中提到了波卡洪塔斯（Pocahontas）（弗吉尼亚州印第安公主、酋长波瓦坦之女——译者注）挽救他性命的过程："……波卡洪塔斯使劲伸长双手，费力将他拖向她的营地，缓缓地把他的头靠在地上，准备让她的伙伴们和她一起把他唤醒，作为国王最宠爱的女儿，她的请求并没有得到回应，于是她将他抱在怀中，头轻轻地靠在他的头上，希望把他从死神那救回来——他能活着，国王也会很欣慰。"（151）

这段话来自1624年史密斯写的《弗吉尼亚州、新西兰和萨默群岛通史》。它之所以值得一提，是因为当史密斯写到波卡洪塔斯把他的头放在她的臂弯，接着她的头紧紧地靠着他的头时，他其实是描述了一个表现心底柔情和自我牺牲的场景。如今，尽管学者们对于史密斯描述的真实与否这个问题一直争论得喋喋不休，但这种修辞做派，会因为它避开了谨慎化和"现代化"抽象史学而被看作是一种"小说体"。正如书名所示，这段话揭示出的，正是在一篇以陈述历史为基本意图的叙事性文章中，到底会运用多少这类自由混合性描述手法。由此我们可以发现在他的叙述中有两个修辞的意图：一是为了给出事实解释，二是为了讲述一个故事。这两种意图都为美国新闻业实践的普遍起源提供了依据，并且也明确证实了现代叙事性文学新闻的起源。实际上，当我们的焦点落在南北战争之后开始以客观性新闻为对立面而兴起的现代美国叙事性文学新闻的时候，那么“某种叙事性文学新闻”是一直存在的这个观点也会是合理的。本章的目的就是对此段历史做一个概述，并讨论这种文学形式同非虚构文学之间的关系。这个讨论之所以如此必要，是因为有关于非虚构文学的比较研究，不管它是否被视为文学，都有待考证；若不存在这种文学形式的话，那么它可以说是叙事性文学新闻的前现代品种。这样一种途径，其实是对此前内容的再调查、合成，或者说是一种重新解释。它将有助于我们在更大的历史连续性上对叙事性文学新闻做一个定位。

现代形式的先驱者大约可以被分为三个历史时段：早期的现代形式先驱，至少可以追溯到西方传统的古典时期；第二阶段伴随着印刷机的使用而开始，此时的叙事性散文，包括非虚构和虚构文学都出现了变化并呈现出其现代面貌；第三阶段的近代先驱者则由 19 世纪两种新闻理论衍生而来：舒德森（Schudson）的“故事”和“信息”模式（89），以及习惯意义上来讲“叙事体”和“论述体”分别所具有的特征。此外，当这两种模式出现意识形态方面的猜想和假设时，实际上是加强了其张力并使其更具挑战性，同时，即使在客观性散文与主观性叙事新闻之间存在着关于对现象世界何种解释更多的无效争论，它们也预示着一种前进。这样一种理解能帮助我们进一步解释，为什么许多现代叙事性文学新闻者最终会选择从事民粹主义和改革者的政治事业，并挑战当下主流的政治、社会和文化形态。

叙事性文学新闻，或者至少从词根意义上，很可能早在当它对时空世界的现象有所叙述时，其价值就已被个人和群体洞察，其文体也便开始得到发展。的确，若把叙事性文学新闻看作是一种非常规的形式，比如把它看成是由沿袭至今的、信息化与碎片化的美国主流新闻实践所派生的赘生物，这样的说法无疑是不准确的。相反，更确切地说，直到近代为止，叙事性文学新闻通常是作为一种多样化的交织物存在的，与如今所谓的“客观性新闻”派生物有所区别。

下面以一个古代的例子来阐述这种修辞上的对立：柏拉图（Plato）是诗歌艺术的反对者，但他却在公元前399年苏格拉底被执行死刑的叙述中加入了许多文学性的修饰。文中写道，克里托（Crito）由雅典当局任命对苏格拉底执行死刑，在此之前，他对苏格拉底说：“我不会像对其他人那样，因为愤怒和辱骂而找人麻烦，并应政府的命令，让他们喝下毒药。你是我见过来这里的人中，无论在什么时候都是最绅士有礼的……现在，你已经知道我所告诉你的一切，再见了，你要试着尽可能轻松地忍受你必须经历的苦痛。”在极具创造性的艺术家柏拉图的文章里，出现了接下来的几行克里托充满文学语境的话：“他突然大哭起来然后转身离开。”这荒谬的动作与克里托的责任相悖，但这些话却深刻地刻画出了人性经验的矛盾性，而当苏格拉底对此做出回应时矛盾变得更加尖锐，他称赞了他的刽子手（不是将其视为刽子手而是视为矛盾的个体）：“多么有魅力的人啊！从我来到这儿的那一天起，他就一直都来看我，时不时地与我交谈，他是待我最好的人了。现在他还在为我哭泣，这是多么高尚的人！但是一切已成定数，来吧克里托，让我们听从他们的命令，如果已经准备好了，那就叫人把毒药拿来。”（9—10）在苏格拉底的智慧里，矛盾性和文学性是很重要的命题，人的本质是人，也是刽子手。（这就是说如果文学真的从根本上从批判理论中分离开，那就会像马克·埃德蒙森［Mark Edmundson］提到的那样：“文学拒绝辩解。”［31］如果文学不对我们的思维提出挑战，而矛盾本身就只有无数种解释的可能，那么关于苏格拉底死刑的故事就有了某种合理性。）

更值得一提的是柏拉图对此做出的解释，尽管作为一种与诗歌相对的形式而出现，但从当代观点来看却更大地丰富了在传统观念上受到限制的文学艺术；同时，由于他极力为他那抽象的、总体化的理想做辩护，所以在这个过程中他也预示到了2200年以后信息化和碎片化的新闻模式。这种新闻主义是柏拉图式惯例中的一个典型，因为它追求一种客观性的理想，一种完全抽象化的报道，表面的主观自由和意识形态，以及过滤、扭曲自然的语言——这就是柏拉图式的哲学能战胜辩论团和赫拉克特利的自然人文经验的根本原因。如果假定一个传统的新闻工作者忠实于柏拉图的观点，那么他会根据“人物、事件、时间、地点、原因和结果”的模式来撰写一个故事。他会谨慎提炼出主要部分，剔除其中带有情感色彩的成分，抹杀在创作手法中正成形的带有主观意识的潜在苗头，开始这么一段描述：

> 雅典当局昨天用毒药处死了哲学家苏格拉底。
>
> 在神船从提洛岛回来的第二天，克里托执行了雅典当局用毒药处死苏格拉底的命令。
>
> 苏格拉底喝下了毒药，几分钟后便死去了。
>
> 毒药起作用的时候他并没有表现出特别大的痛苦。
>
> 苏格拉底因腐蚀雅典青年和对上帝的忽视而被判有罪之后即被伏诛。
>
> 由于在神船从提洛岛回来之前不能执行死刑，因此判决被推迟执行。

沉浸其中是一种文字性共鸣，它削弱了读者试图接近所谓客观理念的批评思想。正是由此，林肯·斯蒂芬斯（Lincoln Steffens）发现，当回顾自己过去的新闻事业时，他注意到，在1893年的经济危机中，作为一名华尔街记者，他不应该报道一个破产金融家哭泣的场面。然而更重要的是，柏拉图所写的关于苏格拉底之死的叙述暗示了“现在被我们称之为‘想象’的修辞”和“故事模型”之间的区别，这些区别在当时的现象性经验的报道中并不如今天这么重要。

然而，《罗马学报》或称《每日纪闻》曾意识到这样一个问题。根据罗马历史学家苏维托尼乌斯（Suetonius）的论述，罗马元老院可能早在公元前449年就意识到了。他们和《每日纪闻》在公元前59年首次公开了凯撒大帝的事件，其目的基本上是信息化的或散漫的（Stephens 64）。当然，现代新闻学正是源于《每日纪闻》，并且在两份报纸上暗示的是在当代的以“日”或“天”为周期的文章来记录官方事件的价值标准。与此同时，古罗马时代其他现代报业先驱更多地被叙事或故事模型所吸引，这种模型我们现在称为“有人情味的新闻”。在将被证明是现代小报、煽情性新闻、人情味新闻和叙事性文学新闻的先锋报刊上，科莫多斯王在公元2世纪后期指出，“他所做过的每件邪恶或残忍的事情，或者作为一名典型的角斗士或皮条客”都会被记录进城市记录或城市公报中。同样地，其他学报“有着大量符合人情味的故事”（65）。例如，老普林尼（Pliny the Elder）在他的《自然史》中因为提到如下轶闻而被记录在《罗马公民学报》中，它讲述了一只狗拒绝离开它主人的身边：“在监狱内，这条狗是绝对不会背叛他的。当主人被凄凉地弃于台阶旁，它守在主人尸体旁，对着罗马大广场上的群众发出哀伤的嚎叫。当有人向它投掷食物时，它就把食物喂到它死去的主人嘴里。当主人的尸体被扔到台伯河时，它奋力游到尸体前方并使它保持漂浮不致沉下。看到动物如此忠诚，很多人都非常吃惊。”（103）

因此在早期的《罗马公报》里，我们可以发现故事性的叙述方式和描述现象世界的信息化模式两者并存，尽管这种信息化在今天或许成为客观性新闻的主导者，但这种信息式方式绝不会拥有更多的历史依据。而且，这种二分模式对于预测如何感知现象世界，如何给客观性的语言、主观性的认知和意识形态植入矛盾性的解释，都具有无形的挑战性。所有这一切都会以它们自己的方式过滤、陈述，并形成最终的叙述。

这些可靠的发行物有助于解释，为什么无论是文体开放自由的叙事还是客观叙述式的新闻，在此领域会因为思想意识上的目标而被如此频繁提及，并挑战了意识形态。早期有为解放思想和政治目的而起草的叙事新闻的英文文章，一位名叫奥德瑞克·威塔里斯（Oderic Vitalis）的僧侣所写的关于1087年英国国王威廉一世之死的叙述便是其中一例。这名僧侣回忆了那位死去的国王临终之时，贵族家臣聚集在他床榻旁的场面。然而，当他死去的那一刻，上议院议员们却分割了他的部分财产，以平息农民们之中动荡不安的局面。同时，家臣们抢夺了死去国王的家庭用品："更低一级的侍者们看到他们的上级已然逃之夭夭，便将各种容器、衣物、亚麻制品和所有皇家家具紧紧抱在怀里，撇下国王尸体，他们几乎是贴着房间的地板赶紧离开……他们每个人就像一只只捕食的鸟，尽他们所能躲避皇家的诱捕，然后马上带着他们的战利品逃离。"（103）国王的遗体就这样被遗弃了，没有人首先想着负责埋葬它，包括国王的家人。最终，一位骑士来了并且同意负担起葬礼的费用，然而当那正变得肿胀的国王的遗体被放入一个明显过小的大理石棺时，"肿胀的内脏突然爆裂开来，一股令人难以忍受的恶臭向所有旁观的人群袭面而来"，臭味达到了没有任何一种焚香可以掩盖的地步。"于是神父们赶紧草草结束葬礼的仪式，并颤抖着、迅速折回他们的房间。"（107）对威塔里斯而言，国王之死是一个关于"虚荣心在世间地位"的反面教材，一个精神上的寓言："看吧，请问你们所有人，究竟什么样才是忠诚……所以当正直的统治者栽在没有法律来控制的放任自流上，在他的掠夺者面前首次露面时，他便成为了掠夺者们的复仇对象。"（103）

不过，在其他时期，我们可以看到一些脱离意识形态的尝试，即当绝对意识形态的遥远想象成为过去，并拥抱意识形态退化为无意识的不确定的现在（考虑到一个批判性的设想，即假定意识形态永不能完全脱离，但同时又影射出在某种程度上总有抵抗意识形态的可能性）。这一点我们在托马斯·贝克特的记账员威廉·菲茨斯蒂芬（William FitzStephen）12 世纪后期所写的关于伦敦的叙述中可以发现。威廉·菲茨斯蒂芬是 1170 年托马斯殉难的目击者，同时也是《贝克街的生活》的作者，其中他有关伦敦的叙述被用作了序言。在这本书中有关伦敦的描写可圈可点，它描绘了人们日常生活场景。这些描述的语言也是值得一提的，因为它们几乎没有什么道德说教。例如，菲茨斯蒂芬是这样描述复活节期间年轻人的"水上战争"的：

> 悬挂在杆上的是一块盾，它们被固定在溪流最中间。一只没有船桨的船，将通过水急流的作用力而被带动往前。船头的位置站着一位年轻人，准备着用他的长矛对上方的盾牌进行控制；这样的话他想利用他的长矛，助跑用力对抗盾牌，就很可能一头掉进水里，这是因为船只会受到水流的作用力。然而在盾牌两边也有两条船，上面分别站着一位年轻人，他们负责尽可能快地找到第一位年轻人的落水点。在河边的桥上、码头，还有房子里，站着许多围观并因此大笑不止的人（121—122）。

随着进一步的向西方学习，我们在发明创造方面有了重大的变化，同时在15世纪中叶的时候印刷业得到了更多的普及。一方面这和促进获得大量印刷材料的造纸术的引进有关，都成为帮助划分口头文化和书面文化的因素；另一方面它也意味着印刷文化的到来。这些结果对于叙事性文学新闻演变成英语叙事散文的过程尤为重要。理解这种发展，其实就是理解现代叙事性文学新闻和其他叙事散文形式之间复杂关系的一种方式。其他叙事散文形式有多种，例如传记、游记、小说、日记、回忆录、历史记录，还有以煽情为本的叙述（不一定排除传记、游记、小说、日记和历史记录之类的）。而且从整个演变过程来看，这些形式有时候会发生重叠。这有部分原因是由于在本土英语中，现代叙事散文的发展从很多方面来看是一个围绕着叙事性文学新闻认识论层面所展开的故事。此外，一直以来都有一个关于散文发展的批判性背景的主题争论，那就是巴赫金的那篇关于摆离对绝对过去的想象和拥抱充满不确定性的现在的文章。这二者的不同就在于，一个可以觉察到发展的变化，在一个象征性的世界创造大量的“现实”；另一个则生根于其他的事物，例如中世纪的思想和教规，它们将象征性世界所创建的大量现实转换成一个现象化世界中的现实。在后者中我们也可以发现经验主义和根本的实证主义范例的身影。

但是这个发展过程是缓慢的，一般情况下更多的是向前走了两步后，又向后倒退了一步。因为不久后现象化的世界被频繁地特征化，这些特征又通常被重新组织或在批判性的物化层面被象征性地再构建。不管是从美学角度而言还是从科学的角度来看，这都是20世纪现代主义的一个明显进程。最终我们在作品中看到，从先前的形式到一种现代叙事性文学新闻的模式，便是尼采所认同的批判发散理论的一种，它在某种程度上必须有证据证明，其来龙去脉有不可避免的价值负载以及一并消除的文体美学形式，而结果证明是无法解释的。这里关注的重点是，本土散文从想象世界的现实中脱离的发展过程十分缓慢，并且朝着现象化、暂时的、受空间条件限制的世界发展。

这样一个批判性的概念须得通过检验来证明：

1. 本土散文使用的转变；
2. 16世纪口语民谣模式向书面民谣模式的转变；
3. 16、17世纪煽情新闻的兴起；
4. 16、17世纪大量航线的发现和殖民地化；
5. 17世纪人物书籍、传记、历史记录、日记和回忆录形式的转变；
6. 17、18世纪社会报道的兴起；
7. 18世纪虚构的现代小说的兴起。

总之，那些在现代社会之前被偶然觉察到的叙事性文学新闻的例子，部分是因为这些形式与他们的关注点有所重叠。就阅读形式而言，除了现代小说之外，其他所有形式都受到了书籍、小册子、“新闻书”、公报、报纸等印刷业广泛兴起，以及报纸的充分发展带来的广泛影响。

在文艺复兴之前，拉丁语、法语和盎格鲁-诺曼语在散文中很受欢迎。用中古英语所书写的叙述当然是存在的，但是当它们出现在教会和国务中时，使用这三种官方语言所书写的文件已经普遍形成。正如多米尼克·莱格（Dominica Legge）所记录的，在法国，每天都有议会和市政事务（279，302，309）。13、14 世纪当然也有用本土语言写成的文章，然而它们总是说教、祷告性质或是功利的，并且没有想要挑战意识形态所指引的倾向（J. Bennett 347）。可是，到了 15 世纪，这种情况改变了："懂很少或者不懂法语和拉丁语的人，不断努力想用一种清晰但非正统的方式把他们的想法表达出来……他们竭力想做到的是用一种直观的方式陈述他们的意见。"（H. Bennett 180）例如，地方公会在本地话中回避了拉丁语和法语。为何本地话对文学新闻如此重要呢？这是因为被人们普遍使用的语言有助于文学新闻的发展。一种语言如果不是备受推崇，那它至少是易被接受的，能表达相当数量普通人生活的。中世纪的拉丁语和法语是无中介的，它们是教会的官方语言，用来教育群众和传播封建制度（巴赫金"对绝对过去的遥远想象"的观点再一次在这些宗教事件和对过往封建社会的批评中得以验证），而作为一种世界性的语言，拉丁语的特别使用对教徒、学者和政治家而言，也是一种为了克服欧洲母语中所反映出来的语言的无序状态所做的理想化尝试。其中的一种变化就是巴赫金的不确定当下的观点，也就是没有任何连接、不可预测，同时被现象化的经验所驱使的观点。

所以当印刷业必不可少地同本土语的使用相结合时，就使得现代散文的出现成为可能。例如，在过去，口头上流传于师傅和学徒之间的工匠协会（经常故意搞神秘来维持工匠的垄断权）的秘密已经不复存在了，现如今只需在本地大众阅读中就可得知（Eisenstein 2：559），或是由阅读者来讲述给大众聆听。在一定意义上，马丁·路德、威廉·廷代尔（William Tyndale）和其他将圣经翻译成本地话的人，他们的这一行为不仅是将上帝的语言用印刷的方式带给一般的外行人的开端，也是承认长期存在的教会所未教化的现象世界的开始。宗教总是教育人们，象征性的来世比我们现世的世界有更大的真实性。这种更早的教会调教可以在威塔里斯关于威廉一世之死的说教中找到。再引另外一例，中世纪的制图师们呈现出了一个符合教会教条，同时又是空想出的一个信仰被广泛传播的世界，结果就是如苏珊·艾森斯坦（Susan Eisenstein）所观察到的，“一方面无法区别天堂和亚特兰蒂斯岛，另一方面无法区分中国和耶路撒冷，以及独角兽和犀牛、寓言和事实”（1：227）。这一切都因为对现象（例如，旅行、战争、宗教等）的叙述而发生改变。事实上，我们可以看到世俗世界的回归，比如在威廉·哈里森的《霍林斯赫德的编年史》（这是一本出版于1586年的描述大不列颠帝国风俗习惯和历史的书）就提到了他太太酿酒的秘诀（Holinshed 285—286）。啤酒由于自身的原因而被检验，而正是出于这个原因，才存在着对主宰“官方”话语的意识形态的象征的抵制。最终，为了抵抗而出现的传播工具——印刷业，可以反映出一个使用本地话的世界，这个世界可以不断被验证，并且在随后的调查研究中得到改进。

但是，将象征世界视作现实的旧有观看方式也被迫服务于印刷业了。正如艾森斯坦所示，在这个时代的一种异常现象（至少一位实证主义家认为）是，寓言故事对读者而言与现象并无差距。正如雷纳德·戴维斯（Lennard Davis）在他那促进了18世纪权威小说兴起的关于“新闻/小说”的讨论中所提到的，“非常重要的一点是，新闻/小说叙述在我们所谓的事实和虚构之间似乎没有真正的区别。也就是说，虚构故事似乎容易被当成对一场海上战役或是外国战争的解释”（51）。为什么会如此呢？戴维斯将他的批判方法标志为“唯物主义的”（86），他认为在我们传统认为的“真实”和“虚构”之间是有区别的。因此他拒绝对叙事歌谣中的寓言传说采取信任的态度，这种信任在他看来是来源于“叙事歌谣听众的轻信”（52）。然而，这种主张忽视了一个观点，那就是对一些听众或读者而言，这些描述看起来似乎是真实的，或者就是真实的，在他们的观念里，有现实的影子。

如要引用一个当代的例子，只需要看看小报里那些关于寓言的耸人听闻的报道。一份叫《世界新闻周刊》的小报在2000年第一期里刊登了如下故事：《在美国国会大厦与撒旦会面》（Mann 1，46—47），《一幅古代卷轴描绘了天堂的场景：死而复生的秘密法则》（Foster 6），《四个UFO飞行员中有一个喝醉了!》(Sanford 13),《达蒙的尸体在巴勒斯坦找到了》(Foster 13),以及一条“全国运输安全委员会提出国际航空安全警报:客机报告在机翼实体接近40 000英尺时消失了”的消息用了标题《天使出现了!一架客机漂浮飞行在40 000英尺上空》(Mann 40—41)。我们也许会对这些姑妄信之,但这并不排除这样的“事件”的一些“真正渗透”。显然,有些人确实在阅读这样的故事,为了故事中的娱乐价值,而忽视故事的现实状态。这些读者是具有幽默感的怀疑论者。这样的故事骗不了怀疑论读者,也骗不了诸如《世界新闻周刊》这类小报的读者,他们不会相信这样的解释是“真实的”。后来的读者或许更具有选择相信的意愿。但这样的结论仅是一种批评性立场而已,也就是坚信什么应该被当作“现实”。

印刷歌谣的快速出现不仅是出于印刷业的发展,还因为其他意外出现的、声称提供了对现实的解释的形式,这一点需要铭记在心。后者包括:1583年的《在萨福克和艾赛克斯之外,种植着六或七英里的小麦》;1591年的《揭秘范博士的糟糕生活,这位著名的魔术师去年1月在伊甸园区被烧死》;1613年的《生在达灵顿的巨大怪物》;1642年的《关于人鱼奇怪踪迹的真实故事》;最后,1653年的《一条漂亮的美人鱼来到了格林尼治海岸边,一手拿着梳子,一手拿着镜子》(Andrews 26,39,51)。最后,我们应该记住这些故事总是掺杂着那些待论证的现象状态。所以戴维斯是对的,他注意到了早期印刷叙事歌谣的读者已经在这二者之间做了一个微小的区分。这是因为对一些人来说,故事和事实之间是没有区别的,只有实利主义的观点才不予批判。可是,问题不在于寓言故事,不论是客观的还是文学的都在新闻学中有一席之地,而现代新闻的出现是循序渐进的,在某段时间内寓言故事常被认为同可证的现实现象有着相同的“真实性”。当然,具有讽刺意味的是,在20世纪中期,解构主义在某种程度上已经证实了文本只不过是现象世界的一面小镜子,并且在某种程度上那些文本总是像镜子一般反射现实,或者是以一种扭曲的形式反射现实。那么,对一个虚构文本或寓言故事来讲,甚至是在大部分的所谓客观新闻中,多多少少都有这样的情况。必须承认的是，小报作者可能比“客观的”新闻工作者更接近真相。

这也就是说，书面的歌谣为精确检验这些形式提供了有用的出发点，因为它大致是从自然流传中来。当然，除了口述叙事歌谣和中世纪歌谣集之外，歌谣也是不断进化的。一方面，书面歌谣将重心放在诗人所创造的戏剧化表述上，并沿袭了过去的口述形式，这样一来歌谣因充满诗意而让人记忆深刻。此外，它们通常是根据主导的文化意识形态，例如传奇或史诗等形式构造而成。那些来源于早期诗人而今被广泛传播的书面歌谣，在16世纪和17世纪倍受欢迎（Shaaber 189—192）。它们固定于传统形式与规范条例，并且再次唤起了对巴赫金绝对过去的想象的限制。尽管如此，从它们之中也可以看到未来，因为许多歌谣都是历史事件的客观叙述并且来源于现实现象。“将更广泛的歌谣当作一种新闻工具的说法可能是一种误导，但仍有一些歌谣对他们所传达的信息而言是非常有价值的，并且一旦被发表就会被当作新闻报道来对待”，1476—1622年间，夏伯在他关于英国新闻学的研究中这样写道（193）。在16世纪早期可以找到一个例子：《安德鲁·巴顿先生，一名海盗和海上流浪者的生活，以及他和死亡之间的真实关系》，1511年一首佚名歌谣用英文记录了巴顿被俘获的过程（202）。另外一例是约翰·斯凯尔顿（John Skelton）的《苏格兰开曼群岛的叙事曲》，它描述了1513年詹姆斯四世（James IV）在弗洛登战争中的抵抗和死亡（195）。夏伯写道，“公众的主权行动、英国军队的军事胜利、敌军领域的溃败都在冗长的系列歌谣中完整地再现了一遍”（195）。结果，这样的歌谣对新闻和历史内容仍有着重要价值，即使它们回归到过去的论述方式，一种最终演变成极高象征性的传统口述。它们与后期文学新闻的密切关系在于它们的客观性。在某种意义上，即使是怀有目的创作和精心制作的象征，它们依然是故事新闻的另一种形式。

由于广泛的歌谣可以追溯到过去事实和小说出现区别之时，所以早期的叙事性文学新闻最终不得不否定想象的创作。然而，在探究这种想象之前，人们需要更完整地了解16世纪和17世纪叙事散文在修辞学上面临着什么，同时在后来18世纪和19世纪更小的范围里又面临着什么。随着印刷文本数量的增加，一个最原始的问题出现了，至少是出现在学习者（修辞品味的评论者）之间，那便是散文将如何书写。在新的学习方式的影响下，16世纪后期出现了一场争辩。形式应该优先于内容吗？或者内容应该优先于形式吗？这场争论背后隐藏的问题是，现象经验是否值得依据高级的象征性修辞策略而被建构。在这里我们看到了当下流行的绮丽体，它是一种采用过多的对照、明喻、幻想和谐音的不自然的文体，同时它也经常涉及许多古典书籍和圣经的内容。基本上，绮丽体所存在的问题是修辞过度。问题不在于明喻自身的效用，或是对照和头韵，而在于这样的描述方式经常过度使用，以至于冒着成为毫无内容的单一类型文体的危险。尽管地方散文的兴起有一定冒险性，精心制作的象征性事实依然比反映当下现实的尝试要占据优势。我们已经在本地话方面走了两步，在回归到精致语言的现实之路上却走了一步（至少一步!），而它与当下世界有着很少的相似之处。绮丽体并不新颖，而是有它传统的根源所在。但到了16世纪末期却被作家约翰·黎里（John Lyly）在实践中极端化了。例如，在黎里的散文作品《尤弗伊斯：对才智的剖析》中，普劳图斯发现他的知己尤弗伊斯（Euphues）（“绮丽体”的来源）引诱他喜欢的女人露西拉：

> 为什么他的惺惺作态能蛊惑你，让你对他信任不已呢？是不是我的善意引来了他的邪念？为什么尽管想到他要弄愚人伎俩，我也依然乐意跟他做朋友呢？现在我明白了，阿拉里斯洪水中的斯嘉丽皮德斯鱼在月圆之时会洁白如落雪，在月亏之时会黑如煤炭。所以在我们家族地位有所提高之时，尤弗伊斯心里充满嫉妒，最终就变得如今这般毫不忠实。(232)

头韵以及谐音的手法随处可见。每一句都包含了对照。在描述那条名叫斯嘉丽皮德斯的鱼时，我们可以发现明喻手法层出不穷，一个接着一个。如果把尤弗伊斯比作一条鱼，那是不是意味着他也像时而白天鹅、时而黑煤块般善变？而且，在传统圣经里，斯嘉丽皮德斯意指拉丁美洲的河流（洪水），模糊的叙述导致普鲁塔克的错误（Bond 243）。正如C. S. 路易斯（C. S. Lewis）所写的："形成绮丽体的既不是结构化手法，也不是'非自然的历史'，而是对二者不间断的使用。这种过度渲染是新奇的事物：绮丽体的每一个部分都是关乎程度的问题。"（313）

"政治正确"的修辞学一直阻碍着方言散文的进展，甚至在16世纪后绮丽体被拒绝后也如此，因为那些人认为自己能做得更好，并能更正修辞体，形成了一个在我们自己的时间、用我们自己的使用惯例来表达的语言环境。这一风格问题也是以"对过去的绝对美化了的遥远想象"为特点的文体的另一种变体。

对过去的绝对美化了的遥远想象这一问题渐渐地以不同方式得到解决。比如，早些时候的挑战就是对世界的认识问题，以及对不自然的绮丽体的攻击，都能在现存最古老的有关"男女平等主义"的英文小册子中找到。这本小册子是由1589年一位不知名的女士出版的，名字叫《简·安格尔的女性保护》。作为英国新闻报道的一种早期形式，它大量采用叙事或散文模式，当时简·安格尔（Jane Anger）用她华丽的辞藻对厌恶女性的人进行了攻击，并对那本由歧视女性主义者所写的现已匿迹的小册子提出质疑（A[nger] 22—29）（黎里的散文作品《尤弗伊斯：对才智的剖析》中大部分是对厌恶女性的人的攻击）。这种反驳之所以重要，不仅仅是因为这是来自一名女权主义者的抗议，也因为笔名"Jane Anger（Anger，愤怒，音译为'安格尔'——译者注）"。新闻，或者宏观地说，非虚构散文形式，其最终目的是对现象世界中的现象做出解释。在寻求当时可采用的叙述形式时，她避开了在那个时代带有上流色彩的精英主义表现形式，包括诗中反映的显性观念，以及在西尼和斯宾塞的文字中。那庄重的、奉承式的示爱传统，已经在更完全的公民事务参与过程中，将贵妇人或淑女（同时暗示所有女性）成功地边缘化。简·安格尔抨击和解构了那位厌恶女性者叙述风格中那膨胀式修辞运用："要求每个男人都必须在作品中展示他的真性情是困难的，因为对问题不够重视的缘故，他们的思想通常在写作时容易被带跑。他们闯入修辞的境地，却常常故作学问，不知道该往哪个方向走。"（A［nger］24）正如 A. 琳妮·马格努森（A. Lynne Magnusson）所写的："安格尔暗示着男性的言语流畅不仅仅是他们对真实表达的忽视，同时也是他们在不知道思想该往何处去时的一种失去控制的表现。"在这一点上，她把自己的想法绘制成讽刺漫画，并揭示了有关一些男性作家神圣的灵感的观点，"有人可能会说，神圣的灵感在诗歌典雅之爱的传统中也能反映出来"（272）。

事实比风格重要，真实表现比神圣灵感重要，这是一次战胜主流意识形态想象的挑战。这样一种最终放弃花式辞藻的修辞风格被称为"平实风格"，一种意在展现表象世界的形式。那么安格尔的表述可看作是英文书信与地方语言散文之间过渡的历史标记，它对现代新闻风格产生了影响。在这里简·安格尔表述了另一种有关非虚构形式演变的观点。当一种新的批判意识出现在非虚构的散文形式里时，便称为"随笔"。弗朗西斯·培根（Francis Bacon）在 1597 年发表了他的第一篇"随笔"，事实上他只是为从蒙田（Michel Eyquem de Montaigne）那借来的文体提供了一个名称（Bush 194—195）。正如简·安格尔的小册子以及其他当时的小册子所暗示的一样，"随笔"的原型形式被反复实践，不管它是否对宗教事务、国家事务或农业问题进行讨论，实际上都有传统的来源（Bush 193）。可以肯定地说，作家一直试图进行着"随笔""试验"，或将证据放在批判性测试之中，不管证据是形而上学的还是现象化的。但这些文章反映了人类的理解从根本上还是散漫的，无论他们是更倾向于解释说明还是说服的模式（因为两个版本的推论相互排斥是值得怀疑的），都要通过分析推理来标记和构建框架。既然散漫，它们的价值在于尝试着通过观察者的批评角度，又或是以一个人的主观意识来进行观察。但也正是那种形式的不确定，才反映出主体意识已经是多么疏远了。无论如何，培根的"随笔"确实反映了一种批判性意识，从而为现代纪实散文的发展奠定基础。更重要的是，这反映了在散文形式和叙事模式之间，差距正在缓慢扩大。结果就是，关于到底应如何叙述世界的问题，将必以意识形态化的规范化的叙述形式反映出来，并挑战那些已有的规范。19 世纪晚期关于“哪种新闻风格更适用于这些任务”的公开争论尤为突出，究竟是信息式的，还是故事模式的？

另一个受到挑战的、表现在文体中的意识形态的例子是 1600 年由威廉·坎普（William Kemp）写的名为《昙花一现》的小册子。在这个例子中，受到挑战的风格是歌谣。此外，坎普的解释或许可被视为早期叙事性文学新闻案例。他是一种称为“莫里斯舞”的古英式民间歌舞的从业者，人们跳舞时，腿上会戴着铃铛。在一场打赌中，坎普和一位鼓手从伦敦到诺维奇跳了九天（直线距离超过 75 英里）。坎普的写作意图正如他自己说的那样，“满足朋友们了解真相的欲求，反对所有伪造歌谣的创作者”（5）。因此他的目标直指那些基于真实故事而自由发挥的民谣作家的作品。事实上，坎普在书信中说道，一个民谣作家让他在英格兰镇的“新市场”里跳舞，“在那个小镇差不多用了半辈子的时间”（3）来“让这种记录更加直接”，尽管不能排除坎普同大部分民谣作家一样，利用批判式言论来寻求利润的可能，但那时他的目的便是以此来评判墨守陈规的新闻准则。

我们还可以发现，当坎普在努力摆脱绚丽体时，却使自己陷入了头韵和对照手法的泥沼里——这是绚丽体产生的挥之不去的影响：“我，考利尔罗·坎普，是莫里斯-当塞的校长，海斯区的高级领导，也是你特里耶·莉莲唯一的捉弄者，是锡安山和萨里山之间路程最佳涉足者，我曾带着玩玩的心态踏上这条路，当上公正而尊贵的伦敦贵族市长，并为当任备受尊崇（确实特别多崇拜者）的诺威市长而继续前行。”（5）但随着他叙述的推进，坎普在很大程度上舍弃了华丽辞藻和以往修辞学中高度象征性的言语世界的现实，进入了一个“现实的”而不是时间或者经验主宰的世界。或者如 C. S. 刘易斯所定义的特征：“叙事性文体很快发展了一个与众不同的兴趣点；利用每个细节，在每一个休息娱乐的地方，人们的行为以及路途历险……（坎普）让我相信他所写的每一个字。”(417）这是16世纪的学者对早期叙事性文学新闻的认可。坎普诉诸常识的写作表明，他所作的描述不管是在当地语言中，还是在口语化的情感表达中，都是早期文学新闻在丰裕社会的写照。例如，在萨德伯里，一个屠夫想要与坎普跳一英里的舞，但最终因为无法完成任务而放弃了。于是，坎普写道：

> 在他和我分开的时候，人群中有个体态丰腴的村姑发自肺腑地对他轻声说道："要是我开始跳舞，我会跳上一英里的舞，就算那会要了我的命。"说到这里很多人大笑起来。她不服气地说道："如果舞者借我一捆铃铛的话，那么我就跟他一起走这一英里。"我看着她，她眼里流露着欢悦，话语中带着一丝倔强，她卷起赤褐色的裙袖以备出行，我给她戴上铃铛，她很开心，铃铛装饰了她那又短又粗的小腿，放松地开始敲起了鼓。鼓声咚咚，我和我快乐的梅德玛瑞安向前行进，她晃动着她那肥胖的身躯，欢快地踏上去往梅尔弗德的一英里路程。(14)

除了最后一句的扩展头韵，这里与黎里的尤弗伊斯体之对比简直再鲜明不过了。

现代叙事新闻的另一个源头是煽情的叙事报道（sensational narrative account）。事实上，哗众取宠是叙事性文学新闻的前身这种说法可能不太能让人接受，但追求煽情效应这样的行为并不新鲜。国王威廉一世爆裂尸体的恶臭显然是有目的的煽情描述。而且，16、17世纪大部分最煽情报道依然是为伦理道德敷衍而成。但在这里写作者和出版者的另一个目的则是我们熟知的：伴随中产阶级崛起的利润。煽情报道一直都是一笔好买卖。

其中典型如托马斯·德克尔（Thomas Dekker）的一些小册子，它们主要是回忆现在已成为剧作家的作者，他同时也是17世纪早期记录伦敦社交场景的记者。一方面，当他接受不确定的当下和现实时，他同样接受了与过去绝对不同的想象。如果说还有其他的话，那就是过去的形象所产生的结构框架导致了不确定的现在。例如，在1603年所写的《美好的一年》中，他讲述了英国淋巴结鼠疫再现的事情，描绘了平凡人家（在这种情况下或者说是不平凡的人家）的生活写真。正如道格拉斯·布什（Douglas Bush）所记录的，在描述这些事情的过程中，德克尔那拟人化死亡的描述，“更接近中世纪传统的象征性死亡之舞”（41）。这主要是受了那些绝对远逝的想象描述，或是用比喻式手法来描述人类死亡方式的影响。因为这个原因人们很容易认定，德克尔和那些否定他的人，都不是早期的文学新闻工作者。从现代的角度看，如果现象体验中的不确定性是叙事性文学新闻背后的驱动力的话，那么这是可以理解的。但是这样做，即是根据当代标准来做判断，而忽视了煽情文学，那时日常与象征性的现实是并存而不是分离的，日常的现实都会带上象征性现实的印记。后来象征的世界就是现实，而现代的观点无法公正地叙事看待。在《美好的一年》中，象征性现实被证实是死亡的象征。

此外，象征主义最终不同于形而上学意义上的象征吗？例如，“天使们”是1979年汤姆·沃尔夫（Tom Wolfe）的作品《太空英雄》的第一章。正如这一章的标题所暗示的那样，宇航员作为美国太空时代的英雄，被视为我们的现代天使。当然，在这一章中他们会遭受撞击，也会死亡，这暗示了人类一旦成为英雄之后，就会变得狂妄自大。在这一点上，我们可看到沃尔夫对当时社会的讽刺。对社会的讽刺在德克尔的作品中也有所表现，的确，“中世纪死亡之舞”的概念从根本上就是在讽刺人类的傲慢。而沃尔夫的作品仅仅是表现20世纪后期的一个古老的主题。例如，在《美好的一年》中，一位染上瘟疫且濒临死亡的妻子向她的修补匠丈夫承认她一直对他不忠，与他们社区的其他人有私情。她想要弥补丈夫，可是死神正在与她捉迷藏。然后，修补匠来到一个小镇，镇上的居民都害怕埋葬一个在附近酒馆死于瘟疫的伦敦人的尸体，就给了修补匠一钱，让他为尸体下葬，他拿了尸体上的钱包，里面还有七磅的现金。葬礼之后埋葬的工作就完成了，他返回小镇唱道，“有没其他需要埋葬的伦敦人呐，嘿，哟，你有伦敦人需要下葬吗?”（1：145）镇上的人看到他的行为，以为他感染了瘟疫，于是当他游行唱歌时人们纷纷逃离。可以肯定的是，这些是传统的中世纪时期常常带着讽刺的幽默故事。在这种情况下，幽默是通过死神之舞来表现的。但在过去死神的遥远形象中，我们也可以发现对不确定现在的叙事新闻，例如，酒店管理人说道：“他就像一只肥胖的汉堡，肚子鼓起来像啤酒桶（双腿又粗又短，就像伦敦桥下两个顶柱），半跨之距与波厄斯郡的顶部一样宽［圣德保罗大教堂；酒馆主人跨开了双腿来支撑他那超标的体重］。”（1：138）修补匠接受了来自受惊的小镇群众的殡仪费，而因为他已经接触了尸体，小镇居民害怕与他接触，这其中也可以看出以上所述的看法：

> 手里的十先令被放到一个绑在长杆上的袋子里（当着所有教区群众的面，离他近的人还屏住了呼吸），接着，便经由一个领头人之手递给了这个修补匠，他一手接过钱，一手敲着矿房的门，吆喝着要罐新鲜的啤酒，他穿着防御衫，将伦敦人的身体扛在他的背上（就像一个读书郎），带着锄头和铲子，强忍着背上超负荷的重量，走到一片远离小镇的田地，将尸体放下，着手拿起工具，用啤酒洒出一个边界，很快，他在这片土地上为这个居民开辟出了新的住处。（1：144）

修补匠拿走了伦敦人的衣服和钱，然后埋葬了他。

正如布什对德克尔的新闻观点所写：“总的来说，动荡不安、变化无常的生活［德克尔在债务人监狱中度过了6年］令他收获了大量伦敦特有的知识，令他在并未磨灭的生活热情中，深入挖掘他埋没已久的十分之九的情感。”（40）在其他地方，布什补充说德克尔描述了“一段城市的样貌，货车和轿车鸣声阵阵，锅碗瓢盆在叮当作响，水杯在不停晃荡，搬运工汗如雨下，商人的公务包里塞满了钱”，而最终它成了一幅城市生活的织锦画

(41)。

德克尔的《美好的一年》也指出，高度煽情的报道常常公然地由意识形态来构建，特别是由道德信仰构建的。这类报道多种多样，其类似于灾难、谋杀、探索、航行、巫术和简单预言的主题，都是在满足着读者的渴求（Shaaber 141—65）。比如1615年的《特纳·利庞特斯会长因下毒谋害托马斯·欧沃伯里先生，在上个月的11月14日被处决》(142)；《1568年10月，有位长相怪异的婴儿在肯特的梅德斯通小城诞生》(155)；以及1563年的《伦敦保罗教堂因被雷电击中而遭遇大火》(163)。

就对谋杀犯的报道而言，《冷血》《刽子手之歌》以及长期以来有现代倾向的叙事性文学新闻都可在此找到这方面的鼻祖。例如在1592年，一位著名的剧作家、诗人托马斯·凯迪（Thomas Kydde）写了一本小册子。它讲述了一位妻子为了她的情人而杀害了她丈夫，最终在她怀孕时，她的情人抛弃了她。我们现在看来，情节可能是常见且平庸的，但是报道中的叙述和对话依然代表了早期叙事新闻和煽情新闻的身影，例如这位妻子毒害她丈夫的场景：

> 丈夫回来时，她已经准备好了一些甜面包片给他，一片给她自己，另一片给她带来的小男孩。但丈夫的那份已经被她事先动了手脚：当他回来后，她把丈夫的那份给了他，而她和孩子吃着属于他们的那份。他吃下面包一段时间后，胃开始极度不适，心内剧烈绞痛，他跟妻子说了他的不适，妻子问道："怎么回事呢？你回来的时候不是还好好的吗？"丈夫回道："回来那会儿是的……你有感觉哪里不舒服吗？"妻子说，"我很好啊。""啊！"丈夫喊道，"我现在感觉胸口特别难受。"在他准备继续说下去的时候，肺部像是有千疮百孔，他整个人就要炸了。(10—11)

她丈夫死了。当她的爱人离她而去之后，这场谋杀最终也并没有被揭发。

这位妻子最后被绑在火刑柱上烧死，而她的前任情人就在她面前被吊死。这种叙事愈加值得注意，因为它描绘了当这位妻子被告知她的爱人与此案有关时，她是如何落入圈套对这场谋杀供认不讳的。这预示了几百年后的《冷血》将采用相同的引导认罪策略。

但是，为了更好地理解文学新闻与煽情新闻之间的关系，这样的报道需要更深入的探究。两者的共同点在于都叙述了我们共有的常识，在反映现象世界上作了语言方面的尝试。不同之处在于叙事性文学新闻尝试在主观方面提供多种视角，而煽情新闻却是努力贯彻边缘化概念，以引发恐惧或惊骇反应。尽管如此，考虑到二者都试着表现共有的常识，所以不难判断，煽情主义是叙事性文学新闻产生的一个必要的先决条件。

大多数的叙述（包括凯迪的叙述），无论是宗教的、政治的，或是二者的合体，显然都由意识形态建构而成。有一个例子是约翰·福克斯（John Foxe）对16世纪后期英国国教殉难者的叙述，这就是广为人知的福克斯《殉道者之书》。这本富有启发性的书就是以英国国教的意识形态为框架写成的。同时，我们也可以从先驱所著的文学性的报刊和充满想象力的小说中看出这一点。凭着它对英国散文的广泛影响也值得更深入的分析。自玛丽皇后去世和伊丽莎白女王掌控皇权彻底建立英国国教之后，《殉道者之书》自1563年出版即成为英国当时重要性仅次于英语《圣经》和《福音书》之后的宗教书籍。“这本书的出版在当时已经成功，在作者生前已经出版过4次，在他死后更多，300年来一代一代地传下去。福克斯曾经受人尊敬的程度仅次于《圣经》。”（Williamson xi）一本长达2300页的再版书（1570），是关于教堂高管的会议记录的，它被放在每个英国教堂主教《圣经》的旁边。这种现象出现的一个原因是它的风格相对比较简单直接。但这段文本是煽动性的，尤其是基于目击者描述和记录的文本，还有就是它成功运用了现代文学性新闻和小说的手法。例如，“他的尸体被火烧焦，他的左臂被大火烧掉，他的肉体被烧成白骨，最终，他口吐鲜血，蜷曲于锁链之上，右手僵硬地、轻轻地搭在胸脯上”（Foxe，360）。接着，“他们先是被掐住喉咙，但绳子在他们死前断掉了，那个可怜的女人就这样掉入火中。波若琳娜，那个对孩子非常好的人，掉在了她的旁边，并发出了一声悲哀的叹息。女人的腹部被熊熊烈火烧成碎片，而那个婴儿，那个好人的孩子，掉进了火中，但被躺在草地上的一个叫 W. 豪斯的人救了起来。随后，这个孩子被送往教堂行政主管，再从行政主管那辗转到执行官手中，执行官责难了一番，说本来应该把婴儿送回去再投到火海中去的”(380)。

这种描述清晰又可怕，他们的目的就是为了激发出生理和情感的厌恶感。现象世界因其恐怖因素被认为与精神世界享有同样的权力。正是福克斯对普通人的描述使得平民言语得到尊重。“福克斯的著作能广为流传是因为它让普通人能够间接地参与史诗，”艾森斯坦观察说，“福克斯《殉道者之书》的后续版本是由渔夫、缝补工、家庭主妇等一点点补充而丰富起来的”（1：423）。

在 16、17 世纪大量描写航海探险和殖民运动的报道中发现的另一种散文类型，最终也为现代叙事性文学新闻和英语非虚构散文的发展作出了贡献。这些游记和报道实际上并不是早期叙事性文学新闻的形式，但至少它的简介里有这方面的探索。不仅如此，这些报道以令人耳目一新的陌生感引起轰动的效果。理查德·哈克路特（Richard Haklyut）第一版《重要的航海旅行和英格兰的发现》问世于 1589 年，它重新叙述英国人在海上开拓的故事。其中许多故事仅仅是按照时间顺序写成的报道，但偶尔也会作些描述，尤其是煽动性的描述。比如，在第二个增订版中，关于托马斯·卡文迪什（Thomas Cavendish）命中注定的最后一场旅程，约翰·简（John Jane）是这样记录的：

但当我们靠近太阳的时候，风干的企鹅开始腐烂，而且生出一种令人恶心的、丑陋不堪的虫子，有一英尺那么长。这种虫子迅速增多并开始掠夺我们的食物，这无疑让我们对逃脱厄运不抱任何希望，只

> 有被这些丑陋的生物一步步地毁灭。没有它们不能吞噬的东西，除了铁。我们的衣服、靴子、鞋子、帽子、衬衫、袜子，还有船上的木材都被它们给吞食了，所以我们非常担心它们会把一半的船都吃了，这样我们都会遇难。(Jane，119)

其中在殖民统治的记录中，有一则微妙的心理描写就是约翰·史密斯在1624年对于波卡洪塔斯搭救他性命的记录。假设它是真的（这个故事并没有收录在史密斯最初关于弗吉尼亚发现的记录中），那么它便展示了与叙事性文学新闻技术相关的最初使用案例。

那些游记作家对未来叙事性文学新闻做出的最突出贡献也许是他们不断多样化的散文风格，以及逐步摆脱绚丽体影响的平实的写作手法。正如道格拉斯·布什（Douglas Bush）对17世纪的观察："如果把这个阶段看作是讲究修辞和诗意化的散文阶段，那应该记住的是，这些旅行记录的作者都是最普通的人，他们带有功利主义的目的来创作出这些平淡的散文，自己却浑然不知。"布什又补充："旅行家帮助人们拓展已知的世界和发现真正的知识，从而使他们从虚妄传奇的世界中解放出来。在过去，旅行和航海探险的精神持续影响着每一种虚构和反思型的文学。"（190）布什所讨论的解放是通过接受不确定的当下，让人们从对已经遥远的绝对过去的历史想象中解放出来。

这样一种对于现象世界的忠实记录——新闻，体现在威廉·布拉德弗（William Bradford）的《普利茅斯庄园》发现记录中，并且，在其中我们可以发现平实风格在未来的发展趋势和那种描述过去遥远想象对于写作的挑战。布拉德弗保留17世纪日报的目的是，让朝圣者之神的新殖民计划的实施通过文字得以记录。在进行此项任务的过程中，布拉德弗说，"我努力地保持一种平淡朴素的写作风格，用简单的记录描述事情的本质真实，至少我在尽量让我个人判断能与之保持一致"（3）。布拉德弗的序言是值得注意的，不仅因为它声明了要用平淡朴素的风格来叙述，还因为它同时清楚地反映了客观—主观一分为二的演变，以及信息与故事模式的交织状态。简·安格尔对文艺复兴时的文化和语言自负的反抗使女性被边缘化得以重视，而35年之后，探险者抵达新大陆。同样，探险者和清教的移民，也是一种对新一代文化语言，以及由詹姆斯一世和查尔斯一世统治的教会所建立的骑士精神的反抗，在教会里他们遭受了不亚于奴役的折磨。为了证实人们踏上的是通往上帝之路，布拉德弗日报中记录了上帝关于地球计划的实施，并以此来排除骑士派权威所带来的世俗干扰。布拉德弗打算从一种解放骑士精神源头的新风格开始着手，“并用平常的记录来揭露事物的纯粹本质”。如果他在这种平实风格处落脚，他将会为类似现代客观主义新闻风格提供实用经验。问题是，他必须具备与他平实写作风格相匹配的能力，一种“用简单的文字记录揭露事物纯粹本质”的能力，而这种能力至少涵盖两种意义。第一，这种平淡朴素的风格可被认为是客观新闻主义风格的先行者，因为这种“简单的记录”表明一种对于特定世界现象的有重点的、清晰的、明确的简述。第二，这种记录的简单性表明个人对于世界的观点，为认知客观性世界开辟道路，而这，在布拉德弗接下来的修订中，他不再回避，“至少我个人判断能尽量与之保持一致”。

在“转录”上帝为地球所作安排时，从一开始布拉德弗就败在他自己的真实反映记录上。他不知不觉地承认了灵感的不可思议，而这正是简·安格尔在上个世纪一直在攻击的观点，因为他自己认为对现象的表述应该忠实客观。这样一来，这种平实风格就称不上是平实的了，而是充满了矛盾，正如评论家休·肯纳（Hugh Kenner）所言：“平淡的散文、质朴的风格，是人类至今创造的最让人迷惑的话语。如果一个人的辞藻不华丽一些，那是无法欺骗我们的，而这是隐性前提。主教托马斯·斯拉普特在1667年的演讲中采用亲切的、直接的、自然的方式；他的演讲用的是商人和工匠的语言，而非智者和学者的语言。商人和工匠是处理事情的人，而非与文字相伴的人。”（183）因此，肯纳指出，“平实风格似乎就是新闻学的保证。写作手册和文字编辑教会记者如何用平淡质朴的风格写作，只有以这样的方式，他们才能得到信任。让自己相信那些修饰性话语”（187）。问题是，一个人的平淡写作风格意味着另一个人需要具备充沛的语言想象力和积极的反思能力。但如果布拉德弗失败了，就便是那种失败，从认识论上讲，许多叙事文学的记者会利用它作为他们尝试的出发点，像是做了类似于布拉德弗那样谦卑的行为，即承认在建构如何认识世界这一问题时“我”（即主观性——译者注）的存在。

所以，在绮丽体、传奇故事及宗教神学说教之外，为描述现象世界寻找合法性的努力就一直没有停止过。17 世纪众多历史、人物书籍、传记、年报、日记、回忆录中都反映出这种努力，而许多非虚构文本中也有粗略的探索。追溯词源可以得出，在很久以前的一个地方方言中就有“历史”这个词。(Oxford English Dicfionary，*Compact Edition* 1：1515)。另一方面，“人物志”“传记”“编年史”“日记”和“回忆录”早在 17 世纪已有其含义，而沿用至今。(“自传”是相对近期的使用情况，仅止于 1809 年［*Compact Edition*1：144］。）从批判意识的发展来看，这些词意的起源，至少在某种程度上，对于记录现象世界的经验是一个合法的积淀，弗朗西斯·培根在 1605 年发表的文章《学习的提升》中提到这一点，即事物并不会“消失在微妙或宏大的思考迷雾中”（297），而是建立在可证实的事实之上。17 世纪晚期的一个文本中也有类似表述，1662 年《英格兰贤人》的作者托马斯·傅乐（Thomas Fuller）注意到：“只有通过现实，我才能真正明白一个镇区的价值和好处所在。”（2）傅乐是最早质疑（在他的《英格兰贤人》）约翰·史密斯关于弗吉尼亚殖民地说法真实性的人之一（75—76），并有补充大量证据证实了这一点。

用当代的标准看，17 世纪人物志类的书是一个异常文学现象。这是因为它们经常理想化地描述主人公。然而，它们并不是言情小说、史诗或英雄主义故事。相反，那里的人物是日常生活中的人物，如农民、挤奶工、学者等等。因此，他们呈现了一种社会生活的现场景象。在此，我们看到了社会科学的一个早期版本。人物优点和弱点集于一身便是书中人物理想化的性格。一方面，文章试图通过对个体的简短描述来反映“群体”，描述平凡人物更反映日常生活，这两个步骤的运用反映出不确定性的现在。但这实际上是一个退步，因为人物刻画最终呈现的是群体，不是个性。因此这些形象再次被列入社会象征意义中，或是对“绝对遥远过去的想象”中，这不一定是传奇或福音，而可能是新兴社会阶层的必要。尽管如此，这个人物传记依然很重要，因为当它们越来越复杂，它们便会有深度的心理描写。例如，约翰·厄尔（John Earle）在他的《微宇宙结构学》中描述了一个“愤世之人”，“他与世界为仇，并将为此付出代价……病源在于自身过于自负”（19）。不同于早些时候像托马斯·奥弗伯里这样的人物传记作家，厄尔因“带着同情心去分析人物行为和动机而获得称赞……无论受到赞扬或指责，厄尔不在意人物性格如何，而注重为什么（他是这种性格）”（Bush 214）。因此，我们可以看到，作家们在逼真心理描写上所做的努力。

这一时期的传记的缺点也折射出了人物志的不足。如果人物志是基于社会刻板印象（和社会意识形态）而作，那么传记的缺点就是个体——而不是某类人群往往会被党派或宗教意识形态（无论是圣公会或清教徒、国王或议会）所赞扬或批判。传记作者埃塞克·沃尔顿（Izaak Walton）因为他的宗教沉思而著名。当时他是一个受人尊敬的信奉英国国教的传记作者。“在他所有著作中，他都是一个头脑简单、忠心耿耿的英国国教徒的身份，带着英国国教徒的眼光来看待历史，他认为再没有比堕落邪念更坏的观点了。”（Bush 237）然而在1688—1689年的光荣革命后，这一切开始发生改变，传记越来越趋向记录更多的事实。“到本世纪末，英语读者越来越习惯于……既定事实，无论那些事实多么简短，也无论它们是否具有典范意义。”（Sutherland 248）诗人约翰·屈莱顿（John Dryden）被认为于1683年在《普鲁塔克的一生》中首次将“传记”引入了英语（*Compact Edition* 1：218）。

这一时期的纪实文学也会被纳入宗教分支和英国内战的记录（Bush

47)。如果不看时代背景，叙事新闻可以反映出一种健康的幽默倾向。战争期间，一份保皇派报纸报道了一个支持议会派的士兵与卖报小贩冲突的场面：“最近在霍尔本的塔弗恩发生了一场激烈的冲突，一些联邦组织的匪徒，也被称作所谓士兵的人，抓了一个亚马逊悍妇，名叫斯妥思太太，她被控告是个保皇派，并售卖《月亮上的人》。但她就凭把胡椒粉洒在他们脸上，让他们放下武器，并拿着他们的匕首，让他们跪下请求她的原谅，并承诺不危害国王的健康并反抗他们的主人，才将他们放开。”（*Man in the Moon* 102）

尽管“日记”这种文体始于16世纪的英国（*Compact Edition* 1：718），但是它的发展也许和17世纪更密不可分，因为那时出现了两位才华横溢的日记作家，塞缪尔·佩皮斯（Samuel Pepys）和约翰·伊夫林（John Evelyn）。虽然他们日记的印刷本直到19世纪初才得以问世，但是其中的描述都能被视作早期叙事性文学新闻的萌芽。例如，他们都写过1666年那场引人瞩目的伦敦大火的现场目击报道，实际上人们都视这些报道为历史记录和回忆录（Pepys 7：267—89；Evelyn 2：20—26）。在他们关于那场地狱般的大火以及所造成的毁灭性后果的描述里，我们可以看见后来1946年赫西（John Hersey）关于广岛原子弹事件描述的先导性前例。

与此同时，在推进“回忆录”作为一种私人回忆引入到英语语言体系这一过程中，伊夫林和威廉·威彻利（William Wycherley）做出了重要贡献。在这一时期，“回忆录”（memoir）这一用法脱胎于“回忆”（memorial），并且看起来似乎广泛替代了后者（*Compact Edition* 1：1767）。在描述一位他同时代的人的时候，伊夫林引用了其回忆录中1673年8月的一项条目：“我忍不住在回忆录中写下这些非凡的篇章”（2：93）。与此同时，剧作家威廉·威彻利1676年任职于《老实人报》，他在回忆录中这样写道：“你的美德值得……完整地向世界展示你的回忆与半世人生。”（100）威彻利的用法表明，回忆录不仅可以像我们后来理解的那样，是在词源意义上的本人自己记述的回忆录或者自传，也可以是人生传记。那时伊夫林和威彻利证明，在这一时期文体边界并非是固定不变的。

文体边界对于历史而言是灵活易变的，这一点在沃尔特·罗利爵士（Sir Walter Raleigh）1614年的作品《世界史》中也已经得到论证，书写边界可以在世俗世界和象征性的形而上学世界之间自由移动（Sutherland 224）。与布拉德弗（Bradford）一样，罗利所说的目的在于展示天意的作用，自时间之始就已有。然而，在17世纪末期，基于史学方法为基础的历史书写出现了转变，其中部分原因是因为皇家学会的成立。在这一点上尤其值得注意的是克拉伦登伯爵（Earl of Clarendon）和爱德华·海德（Edward Hyde）所著的《英国叛乱史》。这一著作在17世纪末仍然只以手稿方式传播，直到1702年才得以出版。一份生动的调查报告揭示了回忆录和历史的共同起源，学者詹姆斯·萨瑟兰（James Sutherland）曾写道："叛乱的历史隐藏在正史和回忆录之间"，因为海德多从自身所知来叙写（276）。从某种程度来讲，这种"介于正史与回忆录之间"相互矛盾又混沌的叙述也演变成了叙述文学新闻。

并且自从王政复辟之后，混合散文形式的自传和社会描写逐渐流行。尽管例子不多，人们还是可以在这些早期的经验书写中发现叙事性文学新闻的影子。它们之中就有沃尔特·蒲柏（Walter Pope）的《杜瓦尔先生回忆录》（以下简称《杜瓦尔》）。这本书出版于1670年，它讲述了一个容貌英俊最终却横死绞刑架的拦路强盗的故事。另外还有就是以利加拿·赛特尔（Elkanah Settle）写的，出版于1680年的《本世纪最大谎言》与《克莱恩西少校的生与死》（以下简称《克莱恩西》），这些都是正在发展的通俗文学的一部分，也是畅销的流行文学中的一部分。（《杜瓦尔》一书卖了一万册，这在当时是一个相当惊人的数字。）正如萨瑟兰观察到的，对于那些通俗文学读者而言，阅读大量文笔直白易懂，但是含有煽情内容的荒诞故事和罪行是受欢迎的（248）。

赛特尔对于那个横死于绞刑架的爱尔兰人丹尼斯·克莱恩西（Dennis Clancie）的描述，足以阐明为什么这样的叙述也可以被视为一种早期的叙事性文学新闻。和杜鲁门·卡波特一样，很多人会不辞辛苦地去证明《冷血》一书中所写事件是真实存在的（尽管从那时开始出现的证据指向的都不是这一事件）。以利加拿·赛特尔为《克莱恩西》增加的一个广告语表明了相类似的意图："他的许多邪恶事件都（真实地发生）在英国、爱尔兰、法国、西班牙和意大利。"（标题页）至少依据作者意图来看，"真实地发生"就带有"现实"的性质。赛特尔那时便是在把玩着不确定的现实。在《克莱恩西》中更偏重于记录流水账或者年表。但那时和现代小说结合的现实主义技巧已经出现。例如，丹尼斯·克莱恩西被他所爱的年轻女子的父亲俘虏。当他重获自由之后，一个仆人——

> ……端来了水，一只手里拿着毛巾，另一只手拿着他的帽子：所有都准备好了，就等着他来享用晚餐，然后回到自己的房间。第二日早晨仆人将他的马匹和武器完好无损地交还给他，他重获自由，并要带着这户人家的女儿一起离开。
>
> 他驾马行驶不一会儿，就发现大门紧闭，枪直直地对准他，但他仍向门口骑去，心里暗下诅咒，除非他能活着，在他离开前能见到他心爱的女子，否则没有人可以过那条道。(25—26)

在这里，有关真实生活中的流浪汉式恶人描写堪称《冷血》之先例。一方面而言，《克莱恩西》是将犯罪作为话题类型的早期报道；另一方面它又是叙事性文学新闻作为一种模式类型的例子。杜鲁门·卡波特声称由他首创的"非虚构小说"其实并不新鲜。

正是《克莱恩西》和《杜瓦尔》这类与刚在报纸上兴起的信息式的、散漫型的新闻之间的差异的存在，促使了前者作为早期叙事性文学新闻的类型得以确立，或者说，至少是作为叙事新闻得以确立。尽管《克莱恩西》和《杜瓦尔》更偏重于流水账性质，而这种性质缺少与现代形式有所联系的拓展性描述特征，这也是新闻如何与现代文体逐渐联系的实例。例如，将上述来源于《克莱恩西》中的内容和接下来的1680年《史密斯科伦特情报》的内容相比："我们被告知我们的军队在列日集结，并且他们会强制荷兰人把马斯特里赫特割让给西班牙人，用哈尔赛特和马萨里克换回因违背《和平条约》而被拘捕的科隆竞选人。"（1）考虑到历史习惯不同，这篇文章和传统刊登的客观性信息并不相同："英国军队受命去列日，逼迫荷兰人向西班牙人献出马斯特里赫特，并用哈尔赛特和马萨里克换回拘捕的科隆竞选人。荷兰人继续违背《和平条约》控制着这些城池。"在《克莱恩西》中描述的差异是惊人的。

与我们追溯美国叙事性文学新闻起源同样重要的是，逐渐增多的有关北美地区英国殖民地的描述。其中17世纪晚期最富有戏剧性的叙事描述是玛丽·怀特·罗兰森（Mary White Rowlandson）关于自己在1676年菲利普国王战争中被印度囚禁的报道。这篇报道于1682年出版，它被认为是17世纪美国最受欢迎的叙事形态之一。这种叙事跨越了当今我们所称的回忆录和叙事性文学新闻之间的障碍，因为它不仅有内在性的描写指导（尤其在提及清教徒的虔诚时），而且也有外在社会风貌描写：

> 有人让我为她的幼儿做一件衬衣，为此她给了我一些混浊的用树皮粉增稠的肉汤，为了让食物更美味一些，她还加了一勺豌豆和一些熟花生进去。我许久未见我的儿子了，就询问眼前的一个印第安人，问他什么时候见到过我儿子。就在这时，他的主人就在烘烤他，而且他自己的确吃了一片他的肉，跟他的两个手指那样大，肉质鲜嫩……在这个地方，一个寒冷的夜晚，我躺在炉火边，移开了一根挡住炉火的木头，一个女人却又把它移了下来，当我朝她看去时，她向我的眼睛里撒了一把灰。（140—141）

到了17世纪晚期，包括历史、传记、回忆录、自传、游记等在内的写作，都已大致建立了一种现代性的非虚构叙事模式，尽管这些模式尚显粗糙，并不完美。这些文体形式并不是相互排斥的，他们的界限彼此交叉重叠。事实上，这个观点也在别处阐述过，就是流动性的认识论本质决定了非虚构的写作方式（Hartsock 445—46）。然而在18世纪，需要继续检验的并不是这些叙事性文学新闻的新兴旁系，而是那些新兴的现代社会报道和小说。

18世纪初期，新闻已做到对社会的足够关注，比较困难的反而是如何把这种新闻和早期叙事性文学新闻区别开来。此外，迈克尔·舒德森发现，在美国新闻史上，文学性新闻参与到社会调查从而影响社会一般在19世纪后期。然而，若认为社会调查是从这个时候才简单出现，那是不对的。像大多数非虚构文学形式一样，它也有其原始祖先。毕竟，通过加深对这种形式的了解，威塔里斯关于征服者威廉之死的描述也有了具有说教性的社会层面表达——而这一层面的表达就是为了挽救国家政体。在16世纪，“捉兔子”小册子被认为是一种娱乐，但它也反映出一些独特的城市问题，比如遍布伦敦的流浪汉和扒手问题。今天我们所说的“骗子”（con-man）就是源于“兔子”（conny），这本是那些坏蛋对受害人的俚称。另外，“沃特诗人”约翰·泰勒（John Taylor）描写了17世纪水手受到马车夫威胁的生活，亨利·皮查姆（Henry Peacham）在他1636年的作品《马车》中也写到过类似的冲突。同样地，德克在其基于自己关于监狱生活的第一手经验而写成的出版于1616年的《灯笼和烛光》第五版中也有类似描述（Bush 40）。

随着18世纪的到来，在爱德华·沃德（Edward “Ned” Ward）的伦敦社会生活简述中，我们看到了一个得到充分发展的叙事性文学新闻，这份简述在1698—1700年间以每月连载的形式发表在他的《伦敦间谍》上。“在这样一个记者比八卦小贩更多的年代，沃德的作品证明了他是一个善于写作轶事和对白的大师，一个专写流浪汉和坏蛋的了不起的记者……他对流浪者、下层阶级人物以及酒店老主顾们形象的敏锐刻画与威廉·贺加斯（William Hogarth）后来的文法手笔不相上下。”（Snyder and Morris 5）沃德因此便被认为是具有现代风格的叙事性文学新闻记者。贺加斯的引用也揭示了沃德对社会状况的兴趣。例如，他参观了布莱德维尔监狱，叙述了被监禁在那里的债务人的状况：

> 从工作间走到公共区域，跨过悚人的大门，走进压抑的房内，一个恐怖的骨架伫立窥视。从他那骇人的目光来看，我想有一些不朽的力量已经囚禁死亡，比如永生的世界。要不是因为害怕，我也许会同他说话，或至少在他张口时给他一个回应。他也许会用他传染性的呼吸在空气中下毒，把他感染上的病毒瘟疫传染给我。而我面对如此悲伤的物体，感动又遗憾，我开始对他满是忧伤的外表产生好奇：一副让人产生怜悯和同情的悔悟表情，之后他艰难地发出虚弱的声音，仅此打破死寂而已。他告诉我他在这般幽闭下已然患病六周，只有面包和水补给，偶尔有一点啤酒作为小食。（[Ward]，April 1699，10）

相比其他早期叙述性文学记者，沃德也是实践大于书写的人。在这一点，上文揭示了沃德最初被“恐怖的骨架”吸引注意力时的不适：“要不是因为害怕，我也许会同他说话，或至少在他张口时给他一个回应。他也许会用他传染性的呼吸在空气中下毒。”但是之后沃德克服了自己的恐惧。像斯蒂芬·克莱恩（Stephen Crane）在大约两世纪之后想要体会在《苦难实验》一书中流浪汉们的生活而亲自生活在其中，沃德为了解被囚禁债务人的状况，也亲身历险。

沃德更多地致力于一般感受，他将一种大众感受融入叙事性文学新闻的写作。比如，在1700年他对诗人约翰·德莱顿（John Dryden）葬礼的报道中，他写到当一辆高级马车被拥堵在“国王之头”酒馆前的赞善里大街上时的情景，沃德曾在此醉酒（据说他也在此写作）：

> 一个粗鲁无礼的玉器匠把他手里的杆子戳到踯躅不前的马车上，以致弄坏了这位上流人士的马车皮具。车内的上流人士头顶至少有十

> 五盎司的假发，正从车里向外窥视。他心里说道："该死的，如果他出去的话，他会用利剑制造一场和哈克尼盗贼一样的大屠杀，或者如大力士参孙，用一只驴腮骨来大败非利士人。"他像一时中风的老犯人一样不停地诅骂，他的马车夫粗暴地向后仰着，用皮鞭抽打他的马，甚至弄伤了他的鼻子，他脑中抽搐着似乎被枪击了一般，根本不知道这一击从何而来，随后他坐在自己皮质的座位上胡言乱语起来，如同一个疯绅士被锁链锁在了椅子上，不敢看外面，似乎在害怕因为窥视而付出第二次代价。（[Ward]，April 1700，8）

显然，沃德以高级马车为叙写对象，却并没有使用似乎应与之相称的"礼貌语言"，而这也是那个时期出现的所谓"高尚文学"所要求的。正如上文显示，沃德完全接受普通与日常。研究沃德的学者霍华德·威廉·特洛伊尔（Howard William Troyer）指出："沃德方法的独特之处，在于把普通的、读者已经很熟悉的世界，变得超凡和不平常。"（35）沃德对平常事物之外的关注屈指可数，因此这理所当然地成为了其他研究的基础。沃德的叙述是如此受欢迎，以至于直到几乎50年之后的1748年，其他省的报纸都一再重新刊登他的作品（Wiles 110，335）。而且，据证实《伦敦间谍》从问世到1718年经历了五次再版，流行程度由此可见（Troyer 252）。而其文学价值，或许在经典文学的标杆《英国文学的剑桥历史》中能得到最好的体现。这一点，查尔斯·温布利（Charles Whibley）认为："两世纪后，它依然拥有新鲜的真理之印。"（9：263）即便是早期的叙事性文学新闻报道也有恒久性。

最后，能确定沃德作为早期叙事性文学新闻记者地位的事件是，他对于巴赫金的"不确定的当下"的拥护。正如特洛伊尔所说："《伦敦间谍》基本上是关于一个城镇的旅行。由许多未行的美德、离题的远行及对琐事的担心而（组成）。"（33）这些都指向一个从"绝对遥远过去的想象"演化而还未成形的非凡世界。此外，特洛伊尔在1946年所写的，从某种意义上说，暗示了叙事性文学新闻记者成文的基本规则："与其说沃德是一个新闻报道者，还不如说是一个新闻评论者。他选择他所需要的材料。他的作品是由他选择之后润色过的。"（50）他坚持主观，并且毫无歉意。

在沃德中断《伦敦间谍》之后不久，我们发现约瑟夫·爱迪生和理查德·斯蒂尔在叙事性文学新闻方面逐渐占据了一席之地。他们常常被认为是早期叙事文学记者①。很容易理解为什么他们在个人作品方面会有如此大的影响力。但爱迪生和斯蒂尔在他们的《闲谈者》和《观察家》专栏中在很大程度上都是漫谈模式，偶尔会有叙事。的确，消息的类型和故事的模式尽管类属于不同方向，但仍然经常交织在一起。尽管如此，从18世纪爱迪生的文雅文章和丹尼尔·笛福的叙述形式盛行开始，这种关系逐渐走向解体。爱迪生写叙事型文体时常常沉溺于汤姆·福利奥（Tom Folio）或者是内德·索芙特雷（Ned Softly）等虚构的人物。这些中规中矩的虚构式素描都被奥古斯都式的修辞方法所束缚。最终，他们的目的都是阐述和说服，而不是讲述一个故事。

理查德·斯蒂尔（Richard Steele），笔名艾萨克·比克斯塔夫（Isaac Bickerstaff），承认阐述和说服是他在1709年《闲谈者》第一期中的目的。对于他的读者们，他说："现在的这些先生们，在大多数情况下，是一些怀揣巨大热情但是智商低下的人，所以提供些东西既是一种慈善也是一种必要，这样联邦成员便可阅读我们的文章以此深化教养，扩大影响。应该思考什么呢？那应该是我这文章的结局和目的吧。"（Bickerstaff 1）在结局之处，斯蒂尔的描述通常与道德有关。例如，他在第一期中发表了一篇关于一个因一见钟情而痛苦的人的素描："他在蓓尔美尔大街上的一家酒馆里洗牙时，有一辆精美的马车驶过，里面坐着一位年轻的女士，她抬起头来看了他一眼；马车驶过，年轻的绅士摘下他的睡帽，而不是如他应该做的那样继续清洗他的牙龈，他望着窗外直到大约四点钟，之后便坐了下来，一

① Applegate，3—4，247—49.

语不发，直到晚上十二点；在那之后，他开始逢人便询问是否有人知道这位女子。”（1）但是没有人知道。在那之后他的生活逐渐恶化，以至于“他对于任何东西都毫不关注，失去激情”。他为情所困。据斯蒂尔所说，这个故事的寓意是这个年轻人的“激情痛虐了他”。斯蒂尔是这样总结的：“我们这位可怜的爱慕者在他喝醉时最清醒，在他清醒时最糊涂。”（1—2）在他们那教化性但又带着些许幽默的叙述中，构建整个简述的解释说服模式是显而易见的。

要说两者的区别的话，爱迪生则更为生动有趣。在1711年他也说明了他在《旁观者》中的陈述和说教意图。“我的这些巨作的伟大又唯一的目的，就是去消除大英帝国领土中的恶习和冷漠。我正尽我最大努力来在我们之间培养出一种文雅写作的品味。”（398）呼吁文雅写作，这是必要的，这是对于精英文学风格几乎不加掩饰的呼吁。不论如何，如果说爱迪生和斯蒂尔在文学新闻中还有一席之地的话，那他们更多的是作为通常被称为“随笔”的漫谈式文学新闻的实践者。

丹尼尔·笛福在现代叙事性文学新闻的发展中也占据了一个模棱两可的地位。但与爱迪生和斯蒂尔不同的是，他是一个叙述者。他的模棱两可源自他对于小说与非小说之间边界的无视。例如，他的作品《瘟疫年纪事》是叙事性文学新闻的候选作品之一（Applegate 62）。严格来讲，关于1722年的描述应该把它作为小说：笛福所写的事件发生在1665年，而他出生于1660年。但是，《瘟疫年纪事》依然很接近叙事性文学新闻，它揭示了小说与非小说之间的边界是无法固化的。18世纪学者博纳米·多布里（Bonamy Dobree）这样说笛福的杂志：“他对娱乐主题产生兴趣；当你阅读的时候，你觉得这已经超出了个人的经历，主题的沉浸激发着想象力的实现。”（427）通过某种方法，多布里为叙事性文学新闻的至少是一部分写作过程下了定义：主题的“沉浸感”。“沉浸感”被文学新闻学者诺曼·西姆斯在1984年的《文学记者》中定义为最显著的一个特点（8—12），早前，汤姆·沃尔夫同样定义“沉浸感”作为他叙事性文学新闻类型的特点之一，并称为“新新闻主义”。因此，作为来自不同行业的人，实践者沃尔夫、新闻学院的西姆斯和英语文学学院的多布里（多布里和 F. P. 威尔逊一样是著名的牛津英语文学史系列的编辑）已经达成了共识，即叙事文学的记者是相似的。

尽管《瘟疫年纪事》还算不上新闻叙事文学，但是笛福的确促进了叙事新闻和叙事性文学新闻的发展。其中的首例便是《大风暴》，这是发生于1703 年的一场席卷英国海岸的自然灾害。它是否能被称作“文学性”的新闻还有待商榷讨论，但它至少是“叙事”。这篇报道发表于 1704 年，主要来自于全国的风暴见证人的信件。笛福的任务无外乎就是编辑。当他是作者时，他通常是将他所掌握的稿件散漫堆在一起写成一篇文章。但有时他会抒发己见。例如，他在描写英国海岸边的迪尔市市民对遇难水手的反应，这些水手身处风暴之中，在一个低潮时才显露的浅滩上寻求避难所，而这些浅滩也即将被下个风暴冲击：

> 毫无疑问，可怜的海员来回踱步于沙洲上，这是个悲哀的场面，通过望远镜可以清楚地看到他们求救的手势和信号。
>
> 那几个小时于他们而言如同缓刑，没有精力来恢复，也没有任何活命的希望，他们定会被再掀起的潮水卷入另一个世界。一些船只靠近他们只是为了（从船残骸之中）掠夺战利品，他们抢夺一切可以携带的东西，但没有人关心这些可怜人的生命。(199—200)

最终，迪尔市长从社会机构那征用了船只并赶在潮汐到来之前援救了 200 名被困船员，即便如此，仍有一定数量的船员在沙堤上溺亡。正如赛特尔对流氓丹尼斯・克莱恩西的描述一样，笛福的描写也缺少丰富翔实的特征描述，我们再一次地发现了不过是按照年代顺序排序的叙述。

然而，在笛福出版于 1725 年的作品《关于乔纳森・魏尔德近期生活与活动的真实故事》中，可以发现一种被视为叙事性文学新闻“先驱”的描述（Kerrane and Yagoda 21），也可以说是流浪汉主题在纪实文学中的延续发展。的确，现实中的乔纳森·魏尔德（Jonathan Wild）给亨利·菲尔丁（Henry Fielding）基于同名人物所创作的小说提供了一些灵感。但是笛福认为，像赛特尔对《克莱恩西》所作的描写那样，他在一个推介标语上对《魏尔德》一书的描述是："这并非是虚构或者杜撰作品，而是自己的真实想法，资料全部来自于他的手记。"在拉丁语文学时期，坚持说自己叙述的真实可靠性以及资料来源有效性的必要之处在于，突出自己的文字是真实现象世界的镜像表现。

就像他编写的作品《大风暴》中的一节，在笛福对魏尔德40来页的小册子的描述中，大多是简单按时间顺序叙写的。但在某种情况下，笛福也会与大众产生共鸣——要想呼吁社会共识，文字就经常需要和现实主义的小说相关联。在这部作品中，被定位为小偷的魏尔德，把偷来的钱财以奖赏名义给了一位女子，这是他最爱的要弄人的手段之一：

> 一位夫人乘车过街，看见一个搬运工站在马车旁边，用手里的帽子和她示意。她停下她的马车，摇下车窗玻璃对那位朋友说，"你是在和我说话吗朋友?"
>
> 那位朋友一言不发，只是将一块"偷来的"但是上面的宝石和装饰都完好无损的手表递到女士手中，当她仔细打量手表的时候，他递了一张便条，上面只写了短短一行字：18几尼。(28)

于是真实生活中的江奈生·维尔德继续进行着他的买卖。

总的来看，我们可以在《瘟疫年纪事》《大风暴》和《乔纳森·魏尔德》中发现的是，笛福对通常视为小说和非虚构之间的模糊边界的努力研究和探索。在这个意义上笛福的确是一个先驱。多布里用文学性新闻记者试金石一般的方式研究笛福后认为，"在真实世界中，他的想象力极具创造性。作为报道记者（如笛福所述），他实际上具有强烈的好奇心，他的想象力如同放大镜一般让昏暗都生动了起来”（34）。在他那个时代，他的确是可被称为叙事性文学新闻记者的人。

1719年，笛福的作品《鲁宾逊漂流记》出版，笛福引领现代小说的潮流已经成为了人们的共识。假若现代叙事性文学新闻是在美国内战后，且借鉴了与现今现实主义文学相关技巧，那么他在此基础上则提供了现代小说对现代叙事性文学新闻影响的一个较易入口。他后来的确对于那些小说和非虚构的模糊界限做了调查和研究。两者之间的关系是复杂的，它可能更倾向于表明，在18世纪初，现代小说和叙事性文学新闻之间的界限更为明确存在（就跟在任何希冀于不确定性现实的叙事散文中的界限一样），我们通常称之为虚构和非虚构（或创新点的叫法显性虚构和隐性虚构）。毕竟，前现代类型的叙事性文学新闻，如坎普在《九天的奇迹》中都运用了这种叙事技巧，而后在16、17世纪得以慢慢精炼，其起源可以追溯到柏拉图关于苏格拉底之死的描述。

也许更重要的是，在一定程度上，小说和早期叙事性文学新闻这两种文体的逆转，有助于彼此在和其他散文形式的关系中找到他们自己的定位。虽然有些17世纪的叙事散文几乎都靠近始于18世纪笛福作品呈现的“现实的中产阶级小说的门槛”，但是，“主导传统是骑士气质的、威严的、又或田园浪漫的”（Bush 53）。换句话说，在笛福之前的虚构小说延续了大量有关巴赫金的“绝对遥远过去的想象”的描述。而对此的改变始于笛福的时代，他把他显然虚构的小说变得通俗易懂。（尽管，从另一个角度，前进两步又后退一步，笛福再次描绘了基于道德的“绝对遥远过去的想象”，其中便透露出了他后期清教徒信仰中的赎罪理念）。在对虚构小说过往进行批判否定时，就发现了不确定的现在，并长期采用非虚构叙事手法加以描述。因此，从这可以得出合适的结论，现代虚构小说借鉴了非虚构小说，而不是其他途径。至今而言，虚构小说的声誉仍不是非常高。这是因为在《鲁宾逊漂流记》中，笛福的叙述没有把“鲁宾逊漂流记”当作一个新闻事件来看，它应是一个真实的、比较现代的描述，而不是一本小说。换句话说，将故事刻画成真实，并寄予其合理性，这是虚构小说无法比拟的。这可以回溯到17世纪："在荒诞传记和秘史盛行的年代，一个故事的真实，或所谓的真实，就是一个作家及其写作的资本。"（Sutherland 214）看看赛特尔《克莱恩西》和笛福《乔纳森·怀尔德传记》的广告说明就是了。18世纪后半叶真正出现了这种逆转，可以记者、传记作家及写实故事讲述者的詹姆斯·鲍斯威尔为例。这对叙事散文的发展是一个巨大的讽刺。塞缪尔·约翰逊指出，鲍斯威尔想要写一个名人真实生活的"小说"（*Letters of Johnson* 290），并且他提到了小说对他记事风格的影响（"Memoirs" 206）。这反映了虚构小说的优势地位，并暗示真实生活的描写也应该效仿虚构小说。鲍斯威尔应该意识到这种"小说化"（这和早期骑士时代浪漫主义的小说化有着多大的区别!）可以在其他作品，比如与塞缪尔·约翰逊合著旅行见闻的《赫布里底群岛游记》（1786）中，以及他的传记《塞缪尔·约翰逊的一生》（1791）中发现。但这种意识对认识叙事性文学新闻与小说之间的早期关系，造成一个错误的理解，这种理解不断放大并延续到两百年后，直到1960年代著名新闻记者汤姆·沃尔夫（Tom Wolfe）出现才得以更正错误。在对这种文体的研究中他指出："在18世纪英国文学中，详细的现实主义的引入就像电力引入机械技术。"（"New Journalism," preface n. pag.）事实上，除了内心独白，"详细的现实主义"长期以来都是前现代时期各种叙事性文学新闻的一部分，小说也借鉴于此。但是沃尔夫的错误是可以被原谅的，因为他反复强调的都是建立在假设基础上的。

然而这并不是在轻视笛福小说的虚构创作，而是因为我们的确在其中发现了内心独白的早期表征，这是区别虚构小说和叙事性文学新闻的重要一点。例如当鲁滨孙发现小岛海边有一只损毁的船时，他的反应是这样的：

> 我无法用语言来描述我看到此情此景时内心那种强烈渴望；这种感觉真是不常有的；啊，如果有一个或两个，哦不，或者只有一个人逃离了这艘船，那么我，我可能就会有一个伙伴了，就会有一个可以

> 跟我说话聊天的人类伙伴了！在经历这漫长孤独的生活之后，我从未有如此强烈的欲望，想要一个跟我一样是人类的伙伴。(217)

鲁滨逊的反应也许并不是我们所理解的内心独白。尽管如此，即使那是从久远时间回忆起来的，仍可反映出他那一刻的感受和想法：他确实有表达的强烈愿望。它会不断演变，内心独白是虚构小说家的专长，也是叙事文学记者十分向往但不能借鉴的手法，如果他或她想真正成为一个严谨的“非虚构作家”，并告知别人心里想了些什么，他们必须这样做。当一个人被告知某事，他就已经从作者潜意识里的“现实”中远离了一步（镜面效应，语言的中介性质也是另外一种远离）。另一方面，真正的小说也从不在乎自身的虚假，它永远不会宣称写的就是真实生活，似乎是对叙事性文学新闻的一个慰藉。二者皆存在于认识论的僵局之中。

此外，在鲍斯威尔的例子中可以发现，写实描述可获益于与现代虚构小说结合的叙写技巧，比如创造性的收集材料，或是韦伯所称的“意识塑形”。研究鲍斯威尔的学者弗雷德里克·A. 波特尔（Frederick A. Pottle）在《伦敦日志》撰文认为“鲍斯威尔大致知道在他的故事里，有着和小说家写作风格相似的东西”(12)。由此可见，“领悟想象力可以弥补缺乏（虚构的）创新”(14)。“想象力的领悟”作为叙事性文学新闻的核心，信息模型和故事模型的新闻派系正在分离，这一趋势加剧了在下个世纪美国报纸的新闻风格的演变。

同时，在大西洋的另一边，叙述文体继续发展，覆盖的范围更加广泛。但值得注意的是，其中有许多是被视为前现代的叙事性文学新闻，包括莎拉·肯布尔·奈特（Sarah Kemble Knight）于 1704—1705 年从波士顿到纽约的五个月往返旅途记述。尽管奈特的记述直到 1825 年才出版，但它的重要性（与之前罗兰德森被印第安人俘虏囚禁期间的记述一样）在于它超越了内化引导的自传，丰富刻画了当代殖民社会景象，从根本上采用外化引导的手段对社会景象进行描述，大致接近于现代叙事性文学新闻做派。例如，奈特记述了一次酒馆中醉酒者之间的争执以致她无法入眠的经历（或许这让我们想起，在美国旅行路上随处可见的有着单薄墙壁的廉价汽车旅馆）。最后，一个醉酒者“咆哮地喊叫着，拳头敲击着桌子发出雷鸣般的声响，这声音穿过我的脑袋，我觉得口干舌燥，心惊胆战，他们不停地喝着一杯又一杯的吉尔酒（四盎司量的酒），只有在吞咽时才会有片刻安静；但现在，不断摇晃的火苗助长了火焰。我把蜡烛放在床边的小箱子上，开始用我的老办法书写文章来纾解怨恨”：

帮帮我吧，烈性朗姆酒！
去诱惑那些吵闹的酒徒们
侵蚀他们混沌的大脑
那些像野兽一样令人厌恶的男人
我啊，可怜的我却不能休息
让他们被烟雾迷晕
让他们舌头麻痹到天明吧！

“我本以为不可能实现，但是我的愿望真的生效了；酒鬼们的吵闹很快结束，所以晚安！”（18—19）对于奈特和罗兰德森的社会写照的评价，也可以被应用到赫克托耳·圣约翰·德·克里夫科尔（Hector St. John de Crevecoeur）于1782年出版的《来自一个美国农民的信》中。尽管大部分内容克里夫科尔写得生动有趣，但是他太沉溺于叙述中。特别是，他对于在南卡罗来纳的黑人奴隶在杀死了种植园的监察者之后死在了笼子里的描述，与叙事性文学新闻中的任何描述一样，都十分引人入胜：

我发现我大约离那个类似于笼子的东西有六杆的距离，它悬浮于树枝之间，上有饥鸟盘旋，它们盘旋着，迫切地想要栖息在笼子上。我的手不受控制，下意识地向群鸟开了枪，它们飞离之后停在不远处，

> 发出极为可怕的噪音：经过了反复可怕而痛苦的思索之后，我看见了笼子里有个苟延残喘的黑人。每当回忆起鸟儿已经啄出了他的眼睛时，我不寒而栗，他的脸颊骨是光秃秃的，他的手臂被啄了好多处，他的身体上有大量的伤口。血液从他的伤处慢慢流出，浸染了脚下的地面。这个勉强还活着的人，虽然被剥夺了眼睛，但我却仍能清楚地听到，他用笨拙的方言请求我给他一些水来解渴。[克里夫科尔舀了一瓢水给这个奴隶]我把水喂到这个可怜人颤抖的嘴边，我的手也在不停颤抖着。他努力去够水，估计是听到水穿过笼子的声响，用直觉来判断方向。"谢谢你……白人，谢谢，求你给我一些毒药吧。""你在这儿过了多久了？"我问他。"两天，我没有死；鸟，这些可恶的鸟啊！天啊！"（172—173）

雷扎·齐夫（Larzar Ziff）等注意到，1890年代出现了新闻的两个主要风格。其中一个风格是一个较晚近的风格，尝试以一种中立的语气来叙述，也就是我们现在所称的客观报道（146）。同样，他认同"个人新闻主义"或所谓的新闻主观性（147）。后者的措辞是值得注意的，因为在1960—1970年代，这种新新闻形式在众多名称之中通常也称为个人新闻主义（Weber，"Some Sort" 20）。这种信息和故事模式分离的演变，可以追溯到19世纪初期，即我所说的现代叙事性文学新闻的正统祖先。从现代新闻史的角度来看，19世纪时划分成两个派系，部分是针对这一时期的实证精神和科学的唯物主义。然而，尽管新兴客观新闻主义信奉了这一精神，但叙事性文学新闻对于它则是矛盾地接受，并最终对它持批判态度。两个派系的发展可以追溯到1830年代，那时出现了部分畅销的报纸，精英主义党派媒体也最终销声匿迹。

在重大事件之中，1833年本杰明·H. 戴（Benjamin H. Day）开始在纽约首次成功运营便士报《太阳报》。弗兰克·路德·莫特（Frank Luther Mott）指出，工业革命带来的蒸汽动力和造纸方法的进步让低价报纸成为可能，因为印刷刊物变得更快并且更便宜（215，220）。在廉价报刊出现之前，报纸主要是政党报刊。早期的报纸生产成本昂贵，他们主要迎合的是有能力支付它们的富裕阶级的思想情绪。良好的经济基础使廉价报纸发行于非富裕阶层之中成为可能，从而结束精英政党报刊的垄断现象。戴的想法是提供一个针对底层群体的新闻类产品。为了达到这一目的，他借鉴了《伦敦先驱报》的做法，以大量关于暴力、卖淫、醉酒和各种混乱的治安报道来作为报纸的主要内容。而这些内容在以前却饱受有教养社会阶层的谴责。实际上戴的做法遵从了1700年之前康茂德大帝的建议。这种煽情性新闻展现了它们的优势，即使是政党报道都不被看重了。“简而言之，《太阳报》与传统的美国新闻概念背道而驰，只要是具有新奇性和可读性的事件，他们就会加以报道，而不再考虑事件的意义和重要性。这并不意味着这些报纸不会严肃报道，但是即使这样，他们也不允许大篇幅的政党报道新闻出现。”（Mott 224）简而言之，戴的报纸迎合了更多读者的口味。自此开始，精英主义党派媒体便开始减弱了其控制。

在1835年詹姆斯·戈登·班尼特（James Gordon Bennett）创办《纽约先驱报》时，管制更松了一步。这样的做法说明，尽管在不断试错中前进，政治独立政策有助于建立“独立媒体”的原则，对我们而言更重要的目的是适应一种更独立更中立的新闻风格。《纽约先驱报》第一期宣布：“我们将努力记录每个公共正义的事实，去除多余的废话和修饰，佐以合适、公正、独立、无所畏惧和宽容的评论。”（F. Hudson 433）“事实”可以检测新闻精准度，去除“多余的废话和修饰”可以检测新闻简洁性，读者对两种题材至少具备一种的需求，在同时代的新闻中促使了新作者的产生（Fedler 143—144）。尽管简洁风格会推动客观风格新闻的发展，但事实的记录仍然存在问题：一个人的客观化的纯事实，同时也是另一个人丰富华美语言记录下的事实。尽管党派媒体在第一次美国内战时仍势头强劲，比如在勒斯格里利的《纽约论坛报》就可以显而见之，但他们的时代终将逝去。随之逝去的还有他们公开承认的意识形态偏见，他们的发行人承认了他们的主观性。无论党派新闻有何种缺点，但它都有开放灵活的可能性。从政治层面上看，这种在党派偏见上的灵活性于当时是不正确的。

在查尔斯·达纳（Charles Dana）和别的投资者一起收购《太阳报》的声明中，可以反映出“传统美国新闻概念”消逝的另一个标尺。这张报纸致力于“精炼、清晰、重点，并且将会尽力以一种最为明晰生动的方式展示整个世界日常动向”（O’Brien 199）。达纳所指的“精炼”“清晰”和“重点”是早期新闻报道想呈现简洁和精确（或特殊）报道之努力的一部分（就像照片所记录下的确定性一样），但这种确信却趋向于在第一现场被拍下时的原貌，往往忽略摄影师的主观目光。

接着进一步出现的是一种在叙述故事时呈现倒叙的现代新闻客观性准则，最重要的信息放在最前面，即新闻摘要开头式。新闻摘要开头式，又称倒金字塔的写作风格，是在理想情况下按信息的重要性呈降序的写作，这种现象部分是由于电报的发明及其在内战期间的使用。“这是因为通讯员不可能总是确保他们的所有急件，都可以通过不稳定的电报系统送达对方，所以他们试图确保，即使在其余部分被截断的情况下，最重要的事实信息仍然能安全到达。”（Tebbel 206）在美国后内战时期，真实客观的新闻主义得以发展还有一个原因是，“由（报纸）版本数量的增加引起的压力使得更多本地新闻需要快速处理，新闻摘要是一种有力的浓缩故事的方法”（Emery 228）。

新闻摘要式仍存在于今天的新闻行业中，并且仍然是一个当代新闻教科书中的标准，它的主要特征是在摘要中提及所有最重要细节的方法从而概括故事（Fedler 139，214）。因此，我们看出新闻原则的出现，取决于详细与简明体裁间的平衡。新闻摘要式开端遵循了舒德森信息模式要求，因为它的目的不是讲述一个故事，而是提供令人信服的无可争议的信息。就像福瑞德·菲德（Fred Fedler）所说，“开头就表现了每个主要细节”（214）。新闻摘要就是为了回答所有主要的问题。但是这样却是减少了读者自身探究的机会。不同于叙事性文学新闻与故事，它们利用不为读者所知的故事来吸引他们。在客观性风格的发展过程中，读者和一个假设客观化的世界之间的鸿沟逐渐扩大，这种鸿沟会带来两个后果。首先，在这种风格中，假定世界是客观化的，它不考虑主观性的存在和语言的筛选过滤性质。第二，因为它致力于总结，它要消除这个无序的现象世界中的独特性，把它从中隔离出去，或如尼采所说，让其蒸发。在某个意义上说，客观性新闻风格是柏拉图式的理想。但由此而来的一个政治层面或意识形态上的后果，正如特拉亨伯格所言，是使生活成为一个遥远又高不可攀的对象，它使读者从固有经验中被隔离开来（*Incorporation* 124—25）。因此，这种风格在无意识的政治议程中存在隐患。就如舒德森所言，客观化新闻风格的形成，是建立在一定程度上相信可以真实地报道世界之上的，是建立在盛行的实证主义的基础之上的，这种实证主义主张科学可以治愈社会的弊病（71—72）。总体而言，这是一个具有意识形态偏向的立场。

客观化风格有时也有着不好的后果，比如对 1912 年泰坦尼克号沉没事件的客观叙述达到了一种极端冷静的状态，以至于使作为主体的读者失去了对现象的知觉。“泰坦尼克号，世界上最大的轮船，可携带超 1 400 位乘客和船员，它撞上了冰山，沉入了大西洋底。百老汇 9 号白星航运公司办公室，昨晚 8 点 20 分通告声明。”（“Titanic Sinks”）这篇“通告”当然是用解释事件的语言进行的。但我们可以发现，语言所表现的与只可远观的客观性现象有着巨大的差别。这篇由百老汇 9 号晚间 8 点 20 分发布的通告减少了对原始事件的主观性描写，这和托马斯·哈代（Thomas Hardy）在他自己对于泰坦尼克号沉没于大西洋底部的残骸，那充满想象力的主观性描述形成了鲜明的对比。托马斯·哈代这样写道：“制成镜子的是/豪华的玻璃/奇异的海虫在其上匍匐爬行/恶心而冷漠。”（7）哈代的修辞用法难以控制地透露出主观反应，人类的野心和狂妄使泰坦尼克号被赋予永不沉没的传奇，但如今它已经长眠于一个爬满海虫的深海冷漠之处。在百老汇 9 号的表述中，冷漠的事实或对象客观化的新闻风格正逐渐麻木我们的意识，而那想象中的海虫，如若没有在深海里冻僵，便必定冷漠地匍匐在人类的虚荣镜上。这是客观性新闻和文学之间的一个区别，它揭示了客观性的缺点，同时也遭到了叙事文学记者反对。

当把对象客观化的信息模式新闻风格——最平实的平实风格——在19世纪的美国新闻实践中发展起来的时候，一个更加主观的新闻风格在逐渐发展的专题报道中显示出来。虽然在19世纪末期，这种风格与占有主流地位的客观风格对比，几乎毫无优势；尽管如此，它仍是古代主题的最后一次演绎变化，是一种塑造意识形态的充分演示。同时，叙事性文学新闻继续凭借本身力量发展着。

《太阳报》的治安新闻轶事开辟了现代专题报道的先例：

> 昨日天气晴好，路威有些喝醉了。要不是因为没有钱继续买酒，他一定不会只喝九杯白兰地。他想知道法官有什么权利可以干涉他的私事。作为忘记带钱包而无法支付一块钱的罚款，他被送进了布莱德维尔监狱。
>
> 喝醉的布丽姬特·麦克姆恩向艾利斯先生扔了一个大水罐，她的母亲说如果她进了监狱，她的三个小孤儿肯定会饿死的。（“Police Office” n. pag.）

除了它们的煽情特质，这些叙述基本上都是故事，因为它们并不是以揭露审判结果的导语摘要而开始的。相反，这些关于他们醉态的描述在故事的开始就出现了，因此读者就会想知道故事的结局是什么。这些描述以一种温和的方式引导着读者去探究他们不知道的事情。为了低价报纸的发展，这些报道可能会比较市侩，但最起码它们在故事叙述上有着高度鲜明的持久度（它们更为主观）。这些来自《太阳报》的案件结论是循规蹈矩，并且是可预测的，在其中所有的被告都是“有罪的”，但预测在不为读者所知的结局，以及在开头就有总结性的客观真实叙述来揭示结局之间，是有一定差别的，例如，在客观风格的代表人物麦克姆恩（McMunn）笔下，故事就会是这样：

> 曼哈顿——法院的负责人昨日判处认定布丽姬特·麦克姆恩因公共醉酒和肇事而入狱。
>
> 她恳求从轻处置，称如果她被送到监狱就没有人照顾她的三个孩子。
>
> 法官发现她犯有扰乱公众和向拉德洛街53号的艾利斯先生扔水壶的罪行。
>
> 麦克姆恩向法官提出，她的孩子，她所说的“孤儿”，可能会在她被监禁的时候被饿死。

专题报道的成熟完善通常归功于查尔斯·A. 达纳（Charles A. Dana）。作为霍勒斯·格里利（Horace Greeley）的《纽约论坛报》的总编辑，在他买下《太阳报》之后，达纳“创造了两个进步之处。一是他发明了人们所说的‘人情味故事’，另一个则是新闻价值的敏锐感”（Tebbel，220）。前者是齐夫所说的“个人新闻主义”在全国范围内报纸上的“忠实回应”（147）。我们可以再次发现，在专题报道和叙事性文学新闻之间的区别分界是极为微细的。正如齐夫提到的那样，“个人新闻主义倡导一种……个人色彩浓厚的……勾画叙述”（151）。毫无疑问，这种描述是可以被运用到叙事性文学新闻中去的。

因此，对叙事性文学新闻发展起到作用的影响力之一，便是这种新兴的专题报道。然而在19世纪，作为一种艺术化叙事的非虚构写作被当作传统延续的一部分来实践。一个范例就是奥古斯塔斯·鲍德温·朗斯特里特（Augustus Baldwin Longstreet）最初在1830年刊登在佐治亚报纸上的佐治亚州梗概，后来被收入《佐治亚风光》《性格》《事件》等中，并于1840年出版。他的前言体现了文学性和新闻性兼具的意图，他这样写道：“为了给读者推荐这些我自己经历的故事，我用了些艺术手法”，同时他也提到：“有些场景跟回忆中可接纳的漏洞一样，充满了文学化色彩。”（iii）并不是所有内容都是真实的，但那些真实的故事却显然是一种叙事性文学新闻，这出现在盛行于1860年代的人情味新闻出现之前。显而易见，像朗斯特里特那样的作者在虚构与非虚构模式之间自如穿梭，而虚构与非虚构之间的区别在很大程度上被认为是一种现代发明。另一个表现这种虚构与非虚构之间混淆难清状态的例子反映在赫尔曼·麦尔维尔（Herman Melville）依据自己南太平生活所写的作品《泰比》上。这种不确定性反映在现今时代，则指的是两个权威的美国文学仲裁者，《牛津美国文学指南》和《诺顿美国文学选集》。《牛津美国文学指南》将《泰比》描绘为“虚构的叙述”（Hart 681），然而《诺顿文学选集》则将其描述为“被玻里尼西亚部落囚禁的故事”（Baym et. al. 1：2146）。

在麦尔维尔的叙述中，提到一种广泛反映那个时代的大量的叙事性文学新闻，即泛称为旅行文学。其中包括如今已鲜为人知的《南法旅程》，这是一位现已几乎被遗忘的美国人平克尼出版于1809年的作品。和17、18世纪的前人，例如克里夫科尔、罗兰森、布拉德弗很相似，其中描述根据普遍适用的原则，将其所见之事表述得更加适当。比如，法国女子被形容为“更独特，更有品味，更为优雅”，而英国女人则被形容为“五官端正”（676）。从某种意义上来看，在这结论性判断中，普遍性的原理反映了“绝对过去的遥远印象”，它——确实也是其后裔——回顾了17、18世纪由约翰·厄尔（John Earle）和托马斯·奥弗布雷（Thomas Overbury）所写的，流行人物书籍中所呈现的刻画手法。不管它是平克尼的分析性基本原理，还是罗兰森和布拉德弗的说教式的宗教性基本原理，写作者仍然将自己的作品投入到整体化之中，这种整体化决定了他们以怎样的眼光来看待世界。但毫无疑问，万事总有例外。所以尽管平克尼就如何将人分类做出了一些概括，但他也会遇到现象模糊不清的状况，他还要尽可能地对现实主义文学、自然主义文学以及现代叙事性文学新闻逐一陈述。在同一段描述中，他既描写了庆典中的法国女子，也描写了一名本为农民但自学成才的艺术家。当地的参议员十分赞赏这个男孩的天赋，将他带回了自己的家中，允诺给这个男孩提供接受正式艺术专业教育的机会。同样是这个男孩，当他意外坠马时，他从自己的口袋中拿出匕首，向那匹马连刺几刀。就如平克尼描述的那样："人的性格就是如此前后矛盾表里不一的!"当然，这就是文学现实主义者特质的关键所在：他们是前后矛盾的，或是模棱两可的，这反映了变幻流动的特质，以开放态度面对人生，他们并没有遵循17世纪流行人物小说中的普适规律。这一点也可以在柏拉图的《克力同篇》中发现，在这部著作里，主人公既是刽子手也是心存仁善的人。

19世纪中叶的其他叙事性新闻作家中值得一提的是亨利·大卫·梭罗(Henry David Thoreau)，他于1855年刊登于《普特南月刊》四篇短文讲述了科德角的故事。梭罗曾说，他想缩小自己和这个隐喻与本质并存的自然世界之间的鸿沟，在自己的作品首行中，他这样写道："因为想要拥有一个比我以前看到过的还要更绝佳的视角……我来到了科德角。"(3)但是这篇短文并不是单调的超经验的诠释，它包含了场景解释、人物性格发展以及对话，并由这三者构成了一个社会寓言。在海难的开头，梭罗这样写道：

> 在人群的前边，人们正簇拥着大副，听他讲他的故事。他是一个颀长瘦削的年轻人，提起船长时的语气如同提起自己钦佩的大师一般，带着兴奋的神色。他说当他们跳进小船时，水涨满小船，不停地晃动倾斜，小船中水的重量使得船头缆索突然断裂，于是他们就被冲散了。这时一名男子离开了，并说道——
>
> "嗯，虽然我没有亲眼所见，但是他已经实事求是地讲了这个故事，你瞧，船里水的重量使得船头缆索断裂。一艘充满水的小船是十分重的"等一些话。他嘹亮又低沉严肃地讲述着，仿佛自己下了多大赌注似的，但却一点人情味都没有。
>
> 另一边，有一个站在礁石旁边的身材魁梧的男人正望着海面，嚼

着大把烟草，仿佛那是他与生俱来的习惯一样。

那个大副“有些兴奋”，在他之后的讲述者描述的“一种嘹亮又低沉严肃的语气”，以及一个身材魁梧的男人不停地“嚼着大块烟草，仿佛那是他与生俱来的习惯一样”。这些都是细节特征。确实，中间的说话人涌生了一股怀旧之情，40余年之后斯蒂芬·克莱恩在他一部作品中，简单记述了一名也许是癫痫症患者的男子昏倒在纽约街头，被人群围观的故事：“与此同时，一些对抽象统计数据信息怀有巨大热情的人们正在向男孩提问。‘他叫什么名字？’‘他住在哪儿’”（“When Man Falls a Croud Gathers” 106）克莱恩和梭罗都就那些经受了精神创伤的群体提供了社会寓言，在一件事情的描述中，评估抽象统计数据是什么，似乎这在事件描述中举足轻重，但实质上对事件毫无人情味。通过这样的讽刺方法，梭罗和克莱恩用主观性问题来吸引读者，并避免其涉入客观性的其他事物中去。这种反向式特征描述呈现的是，这些叙事性文学新闻到底讲述的是什么寓言：一种对客观性的尝试与探索。

这也有助于解释了为什么在《普特南月刊》上的长篇连载手稿在第四章之后就突然停止了。梭罗的编辑（兼朋友）乔治·威廉·柯蒂斯（George William Curtis）担心后面的章节会冒犯科德角居民，但是梭罗又拒绝改变，从出版内容中收回了剩余的章节。在他的描述中，提到了一个低能儿嘟囔着，拒绝吃那份被爱吐痰的主人的烟沫弄脏的早餐，他吃完蛤蜊之后又吐了出来，对主人耍弄了一番（104—114）。显然，对于名门望族的温雅社会，这种世俗亵渎的开放式结局呈现是不为世人所接受的。

此外，这种“游记”新闻作者正要被卷入即将在世纪末展开的社会运动中。比如小理查德·亨利·达纳（Richard Henry Dana Jr.）在《七海豪侠》中说到，1834年他动身出发，绕过科德角去往加利福尼亚，在那用了一年时间收集海豹皮之后，1836年他又绕过科德角返回了东海岸。《七海豪侠》在1840年出版，达纳承认他的目的是为了呈现“水手海上生活的真实面目——光明和黑暗并存”（xvi）。就像现代文学新闻记者，他的目的是为了洞悉社会中的他者，不可忽视的一点是，达纳还是一名波士顿贵族。这本达克因克兄弟所著的开创性的《美国文学百科全书》上册出版于1855年，作为当时最有说服力的作品，这大大证实他的成功。这本著作的后记写道，“这是它自己的本质——强烈但毫无夸张矫作的现实”（620）。达纳的确在其中感受到了“黑暗”，见证了水手们被鞭笞的事实，他在《七海豪侠》中许诺“要为这群曾与我长期朝夕相伴的人民抚慰不满，减轻痛苦”（108）。就像许多追随他的叙事性文学新闻记者一样，他的形象被自己的这段经历政治化了，接着1839年他在《美国法官》杂志上刊登了文章《被虐待的水手》，这一年他毕业于哈佛大学法学院。两年之后，他出版了《水手之友》，这部作品对水手们的相关法定权利进行了普及指导。这便是他贵族主观意识与平凡水手思想结合的结果。

到了1890年代，美国新闻记者们逐渐发现自己陷于两种新闻记者类型定位的矛盾中，或者说，纠结于两种不同的风格要求中，即是尽量简洁中立，还是遵循记者任务性质要求——就是说，想要呈现一篇完整的叙述，就必须尽可能地完善和丰富细节。其中有不可打破的传统。但是后者问题在于——需要“完整”叙述——它涉及认识论层面的问题，怎样才能详尽完整地叙述？这个问题一旦提出，作者的主观想法就会在认知中从里到外地呈现出来。在这个认知中，现象世界有着无穷无尽的不稳定性，每个对细节的甄选，都是挑选个人认知中最终确定并且唯一的结果，而这也反映在早期的叙事新闻之中，类似像布拉德弗和朗斯特里特的作品。这对于两种现代新闻记者定位类型都是真实存在的，当然，会有程度上的区别。正是这种有意或无意的对故事与叙事模式的更为开放的意识塑造的坚持，使它们与信息散漫模式得以区分。在那种故事类型中，依然存在着传统的专题报道、旧式叙事新闻，以及对真实事件的煽情化叙述。区别在于现代叙事性文学新闻试图避免刻板印象，抛弃对人与人之间区别的偏重，无论是文化、种族还是社会层面等等。就像康纳里所提到的传统专题报道和叙事性文学新闻之间的关系那样，“尽管有些文学新闻和后来为人熟知的报纸专题报道有着很大的相似之处，但它以其可预测性和陈词滥调，避开了这种文章类型的演化定则”（“Third Way” 6）。

在任何情况下，当叙事文学新闻记者面对选择客观性事实新闻还是主观性事实新闻时，我们都知道他们会如何选择。报道或叙事模式都有着悠久而古老的历史，在众说纷纭的叙事模式中建立叙事性文学新闻的起源，这一点是极其重要的。事实上，在《罗马每日纪闻》大约1800年之后的神秘历史回应之中，1873年到1890年期间《太阳报》城市编辑约翰·B. 鲍嘉（John B. Bogart）给一个年轻记者建议，而后成为传奇：“狗咬人，这不是新闻，因为它经常发生。但如果人咬狗，这就是新闻了。”（O’ Brien, 241）这一建议类似于《罗马每日纪闻》中对狗的描述，它追随它去世主人的尸体跳进了台伯河。在鲍嘉所述中，罗马狗的拟人化行为和美国人的“圣徒化”行为都指出了叙事性文学新闻记者会拥护支持正成形的意识形态。

此外，在两种新闻派系的作品中，我们可以看到各种意识形态问题最终都会反映在对象客观化新闻和叙事性文学新闻的发展中。这提出了一个根本的认识论问题，怎样才能最好地解释这个现象世界？原则上，客观新闻似乎能更好地做到这点，因为它有意排除党派偏见。但一些批评人士指出，通过将读者排除在话语参与之外来剥夺读者的权利，这是自相矛盾的。叙事新闻则恰恰为读者参与度提供更多机会，因为它的目的是减少主观和客观的距离，而不是分离它们。通过这样的方式，或者通过间接地经历被剥夺权利的个体的生活，叙事性文学新闻记者经常从一个认识论的问题到一个社会问题，发现自己在挑战主流政治、经济和社会意识形态等失败之后，逐渐被政治化，因此他们能抵抗那些视为理所当然假设的意识形态强加的桎梏，不像普利茅斯种植园的威廉布雷德福总督，他无意中发现自己超越了上帝伊甸园的精神禁锢。这并不是说客观性新闻无法挑战主流意识形态，它的优势在于它的真实可信，它在读者群持有中立态度，读者看的并没有那么重要。这也不是说这种新闻优于其他形式。但纵观历史长河，信息散漫的模式地位却是一直高于故事模式，更确切地说，是客观性新闻地位高于叙事性文学新闻。然而，两者的优势同时也是负累，为解决这一问题，人们倡导新闻事业多样性，这样才能更好地解释现象世界。这是客观化与理想化并存的哲学家柏拉图所理解的，他放低了理想化的眼光，并以一个叙事性文学新闻记者的身份来审视这个世界。

19 世纪末期，拉夫卡迪奥·赫恩、斯蒂芬·克莱恩、哈钦斯·哈普古德和林肯·斯蒂芬斯都纷纷避开柏拉图式的抽象风格，并转变为倡导详实风格的新闻理想。事实上，哈普古德和斯蒂芬斯正式否定了新柏拉图式哲学理想。斯蒂芬斯和哈普古德分别在 1880 年代和 1890 年代赴德国，学习以黑格尔道德体系及美学为形式的近代柏拉图哲学。然而他们却发现了波西米亚生活方式的煽情主义。对于他们这种未来的叙事性文学新闻记者或是倡导者来说，容易让他们迷失于煽情主义之中，因为煽情主义实为另一种版本的客观文学，这一点将在下一章中作更为详细的探讨。

第四章　叙事性文学新闻、煽情新闻及黑幕揭秘新闻

艾伦·特拉亨伯格（Alan Trachtenberg）在对斯蒂芬·克莱恩（Stephen Crane）关于城市速写（该文章得到了除叙事性文学新闻领域的专家学者之外的所有人的认可）的研究中，给克莱恩的著作与雅克布·里斯（Jacob Riis）的《另一半人如何生活》作了截然相反的定位性分析。他认为，克莱恩的著作产生了“主观性的交换”，而将雅克布·里斯的作品归于“煽情性”新闻叙事，因为读者不被允许进入贫民的内心世界，不被允许拥有自己的观点与见解”（“Experiments”273，271—272）。但是一本名为《美国文学新闻大全：新流派代表作家》的著作收录了一些文章，这些文章批驳克莱恩（Robertson 69—80）和里斯（Good 81—90）是文学新闻的实践者的观点。此外，《美国文学新闻大全：新流派代表作家》的编辑托马斯·B. 康纳里（Thomas B. Connery），在这本文集的前言（“编者的话”）中援引艾伦·特拉亨伯格对克莱恩著作的研究（5）。那么问题是，是否正如同康纳里编著的文集所述，里斯和克莱恩属于同一个流派？或是里斯支持并从事哗众取宠的噱头新闻的写作？抑或里斯仅仅是一个揭发黑幕的人，而克莱恩却对人类处境有着深刻的洞见，至少从他沿用传统文学标准这一点中就可以看出。

诸如此类的问题并非仅仅针对里斯和克莱恩。有学者认为，杰克·伦

敦（Jack London）的著作《深渊里的人们》是一部叙事性文学新闻的著作，因为这部著作运用了现实主义小说的技巧，并且有意地在新闻报道中加入了记者的主观态度（R. Hudson 1，4）。但是他同时承认，杰克·伦敦对于20世纪初英国伦敦东区贫民窟里无业穷人生活的报道，反映了一个“黑幕揭秘者的愤怒”。那么这本著作是否可以凭借这个原因被认为是揭秘黑幕的著作?《深渊里的人们》能否被认为是煽情的黄色新闻的代表？正如我所说的，杰克·伦敦将这个概念大而化之，以自身的公民责任来赞同社会主义，“有些事情的发生是无可争议的，‘东区贫民窟的儿童长大后就变成为堕落的成年人’，没有男子气概，无精打采；只是一个软膝狭胸的生物。在与来自其他区的入侵者抢夺生存地盘的残酷斗争中被打倒在地”（31）。很显然，贫民窟的人民没有任何机会。这样的文章是叙事性文学新闻吗？罗伯特·V. 哈德森（Robert V. Hudson）认为是的，因为他在自己的断言中引用了这篇文章（19）。那么，它是黑幕揭秘新闻还是煽情新闻？是兼而有之或只是其中之一？

在关于这些新闻类型异同的论述中，一个人研究终止的地方也正是另一个人开始之处，关于开始与结束之间的界限并不清晰：很显然，煽情新闻与叙事性文学新闻非常相似，因此煽情新闻使得叙事性文学新闻独有的美学情趣变得模糊不清。叙事性文学新闻又和黑幕揭秘新闻相像，然而毫无疑问，黑幕揭秘新闻同煽情新闻也有异曲同工之妙。此外，叙事性文学新闻自从在内战后时期出现就一直处在不利地位。如果把叙事性文学新闻作为新闻学术研究的一个领域，那么它可谓是最新的学术研究领域。此前，“叙事性文学新闻”这一新闻报道形式一直被学者们忽略，直到1960年代令人深刻印象的新新闻主义的出现，才使得叙事性文学新闻被人们所重视。因此，任何关于叙事性文学新闻的思考与研究，都是在大量关于煽情新闻与黑幕揭秘新闻的重要学术研究的基础上进行的。

所以，如果叙事性文学新闻没有被误解为煽情新闻或黑幕揭秘新闻，那么就有必要去搞清楚是什么因素使得叙事性文学新闻有别于其他类型的新闻，有别于其他非虚构论述。同样需要明白的是，虽然关于新闻类型的学术论述已经被越来越多的人认可，但是如果我们想要为这些新闻报道形式建立更充分的历史背景，“学者们就必须意识到这里还有很大的探索、研究空间”（Connery，“Research Review” 1）。根据叙事性文学新闻与更传统的、论述的随笔的联系，以及和其他非虚构散文的关系，本章会试图更形象地将“叙事性文学新闻”形式定位成一种表达方式。

同样希望在本章中更全面论述的是：为何煽情的黄色新闻是一种客观性新闻？在美国南北战争后，现代叙事性文学新闻是怎样出现的？它的出现，不仅仅是针对客观性事实新闻，也同样针对黄色新闻。这些研究很有必要，不仅是因为那些相互矛盾的新闻类型在世纪之交的出版物中独占鳌头，还因为它们还会继续扮演着重要角色。近些年，《国家询问报》《纽约客》的内容以及备受赞誉的黑幕揭秘新闻就是很好的证明。

在本章中，我会探索此类新闻与传统的修辞方式，以及与更为传统的论述随笔之间的联系，并探究叙事性文学新闻与煽情的黄色新闻的关系，并且揭示它与黑幕揭秘新闻之间不为人知的关系。

理解叙事性文学新闻与其他非虚构文学形式异同的方法之一，就是用不同且恰当的表达方式定位叙事性文学新闻。不仅仅因为“叙事性文学新闻”是一个存在争议的术语，也因为并非所有的非虚构文学形式都遵循同一种表达方式。我将四种传统的表达方式（说明、议论、叙事、描写）简化为两种：论述性的（包括说明和议论）和叙事性的（包括基于时间的叙事和基于空间的描述）。然而，我这样做并不是想要效仿亚历山大·贝恩（Alexander Bain）在1886年定义的四种基本现代表达方式。我并不是想要将它们重新定义、分类（Connors 362—364）。相反，我将四种表达方式简化为两种，通过对文学表达形式的分类，对不同类型的非虚构文学形式做出原始与本质的区别。

“叙事性文学新闻”被用于尚存争议的一些文章中，以及被诸如康纳里、克拉里、雅格达等作家使用，这一名称存在的问题之一就是它会逐渐被边缘化，就像随笔作家亨利·路易斯·门肯（H. L. Mencken）那样，他从事于另一种较传统的论述性随笔的文学新闻写作。诸如此类的区别十分重要，虽然有观点认为，论述性随笔同样是文学新闻，但是，坚持这样的观点面临风险和批评责难：第一，可能会受到文学精英的谴责与批评，因为这种观点认为此类文学新闻贬低了或一度被认为贬低了文学（有着诗歌与戏剧传统的文学）的价值，在18世纪到19世纪的前50年里，它才被认为是超过了小说的“主导形式”，是兴起于中产阶级的文学门类（Pattee, *History* 417）；第二，由第一点也可以推知，将我们探讨的这种文学新闻归类于更为人熟知的论述类型，会导致叙事性文学新闻在论述性文学新闻的遮蔽下继续被边缘化。

最后，问题在于论述模式与叙事模式的区别。并不是说二者间的界限是严格而稳固的。事实上，叙事性文学新闻通常是可以自由论述的。但是这种照惯例有深意的“随笔”也毫不犹豫地采用了现实主义小说这一类的叙事手法。尽管门肯主要是一名论述型作家，但是他却在自己的作品里大量地运用了小说写作中常见的具体意象。例如，在批驳那些自认为是批评界权威批评家的言辞中就有生动体现，他写道：“这会（would）毁了他，此举无异于戴着赛璐珞的假领子，或是搬进了新泽西州的联合山，或是在餐桌上提供火腿和卷心菜。这同样会（would）毁了他，就如同用托咖啡杯的浅碟喝咖啡，或是和一位镶着金牙的家庭女仆结婚。”（68）“will”的过去式“would”的附加功能，将“赛璐珞的假领子”“火腿卷心菜”“用托咖啡杯的浅碟喝咖啡”以及“和一位镶着金牙的家庭女仆结婚”这几个具体意象转化为假定的结果，门肯可以从中得出他的结论，并且以叙述手法表达出来。如果将这些意象套用在简单的过去式叙事句子“这会毁了他……”，论述式的结论就可以通过叙事手法表现出来。

这是一个表达重点的问题，而在写作时能够轻松地驾驭界限模糊的论述性表达方式与叙事性表达方式的作家正是E. B. 怀特（E. B. White）。1938

年，怀特曾为《哈泼斯》撰稿过一段时间。他在其中一篇文章中描述了自己在缅因州的自家农场用木板封住屋顶的故事。在描述这件事的时候，他使用了小说的写作手法：

> 离寒冬的到来还有一段时间，我爬上谷仓仓顶，用干净杉木制成的瓦片砌屋顶。谷仓高一米五。邻居家的屋顶都摇摇晃晃，不结实。为了能看见远处的风景，我造了一些脚手架，架上已爬上了豆茎。我在屋顶上似乎度过了很长的一段时间，漫长而枯燥。幸好凭借着“意外运气”坚持了下来：在酷寒到来之前的那些晴天里，我一边工作，同时看到了牧场的风景、郁郁葱葱的森林、浩瀚的海洋、小山丘以及我的那片硕果盈盈的南瓜地。我整日待在谷仓，有条不紊地为谷仓修葺房顶。而此时，英国首相张伯伦先生与法国总理达拉第先生正在精明地盘算着彼此的利益，进行讨价还价的交易。(20)

在怀特修葺谷仓仓顶的时候，他找到了一个思考国际局势的绝佳角度。从叙事模式到论述模式这两种模式的转换贯穿他的整篇文章。

区分门肯大量使用的论述模式与斯蒂芬·克莱恩大量使用的叙事模式并非是为了说明门肯的作品不是文学新闻。门肯运用的“文学新闻”的表现手法一直遭受批评，这种方式已经被大量运用到叙事性文章——无论是克莱恩的 1890 年代纽约城市速写，还是最近的作品例如杜鲁门·卡波特的《冷血》都可以体现这一点。相反，也许如此理解“区分二人表达方式”的目的更为合理：为证明确实存在叙事性文学新闻与论述性文学新闻，或者是为证明存在叙事性文学新闻与论述性文学新闻（如果对于后者批判性的审视强调的是表达方式的话）。这两种分类是为了强调表达方式的不同并提醒人们，迄今为止欠缺一个从文学新闻的角度来进行学术思考的讨论。同时，也为了证明不应该认为这种形式的分类有着严格而稳固的界限。作为中立的协商结果，叙事性文学新闻与论述性文学新闻两种新闻形式的同时存在，可以看作是支持者与反对者之间取得突破性的谈判结果。因此，区分门肯与克莱恩作品的问题就可以归结为区分哪种形式在文学新闻领域占有支配地位的问题。然而同时也有像E. B. 怀特那样的作家证明，两种文体并没有严格的界限并且挑战了严守表达方式和句法规则的传统修辞学家。如此理解应该有助于区分更传统的论述性的与叙事性的非虚构和新闻。

虽然叙事性文学新闻、煽情新闻、黑幕揭秘新闻可以使用小说写作技巧，但是显然后两者不会被这种写作技巧所束缚。相反，它们的写作可以更接近叙述的表达方式，这种表达方式与舒德森的新闻“信息模式”（89）有着或多或少的联系。我们习惯上将这样的黑幕揭秘新闻称作客观新闻。因为它们通过陈述事实来让受众信服，或是正如瓦尔特·本雅明（Walter Benjamin）描述的那个问题：人们相信这类消息的真实性是因为“信息……提示可验证性”（“Storyteller” 88－89）。当此种“信息模式”的风格被黄色新闻或是煽情新闻模仿复制后，这两种新闻同样让受众觉得真实可信。关于这个结论的一个臭名昭著的例子就是一篇刊登在由威廉·鲁道夫·赫斯顿（William Randolph Hearst）创办的《纽约新闻报》上面的煽动性报道，该篇报道了1898年美国战舰“缅因号”沉没的有关情况：

> 海军副部长西奥多·罗斯福宣称，他深信“缅因号”战舰在哈瓦那港的沉没绝非偶然。
>
> 《纽约新闻报》悬赏50000美元寻求证据，来证明有某些人或某政府蓄意造成美国战舰“缅因号”的失事以及258名船员的遇难。
>
> 怀疑“缅因号”被蓄意炸沉的言论甚嚣尘上，所有的事实证据均表明此次事件绝非偶然。
>
> “缅因号”舰长西格斯比与驻西班牙总领事李强烈要求停止关于“缅因号”沉没原因的舆论猜测，直到他们完成调查。他们深信整件事情的发生是由于内部出现了奸细。

> 过了很久，华盛顿方面的报道称事故发生前，西格斯比舰长曾担心某些意外发生，例如有人在舰艇上埋藏水雷。在舰艇沉没前一天，海军部官员一整天都是用英国通信密码，而非惯常使用的美国通信密码通过电缆进行通信。(Zalinski 1)

很明显，这些夸张的猜测旨在煽动公众的愤怒情绪或是借机炒作：即使媒体报道称有些官员发出警告，“应该停止关于‘缅因号’真相的公众舆论，直到他们完成调查”。《纽约新闻报》引用了这些官员的原话并且进行夸张演绎，称“有关人员确信存在背叛行为”。自始至终，这篇报道展现的是编辑无端的自以为是，并且惊动了美国政府官员。在一个模仿本雅明“提升可验性”概念的诱人的信息模式中，作者通过注明“完全没有与该事实相反的证据出现”让事实变得具有吸引力。最后，“没有任何证据表明美国‘缅因号’战舰被蓄意炸沉”，这一言论就被顺理成章地省去。显然，这件事未经审判就判定为有罪的了。

相似地，用通栏大标题的形式来揭露事件经过：“‘缅因号’的沉没是我们敌人的‘杰作’”。罗斯福对推测深信不疑，并且随后推测成为了“普遍的怀疑”，因为“没有发现任何与推测相悖的证据”，以至于经验丰富的官员们同样确信“有通敌的情况出现”。由于没有支持性的事实，所以，结果是对犯罪的假设或是推测战舰沉没是“敌人的杰作”。然而虽然这篇头版报道耸人听闻，但它具有信息模式的特质，哪怕这信息是有问题的，因为它是论述性而非叙事性的。在这里，先前更为传统的四大表达方式为阐述和争论提供了妥协的空间。舒德森所建议的“信息模型”其修辞倾向是经验的可验证性。然而，由这种争论模式所带来的试图煽动情感的愤怒和诱导情感上的劝服，让“缅因号”的例子产生了很大问题。

相似地，这种对信息、论述的强调也反映在黑幕揭秘新闻当中，就像林肯·斯蒂芬斯（Lincoln Stephens）做的那样。例如1903年他揭露明尼阿保利斯市政治腐败的报道——这只是他黑幕揭秘运动调查报道《城市的耻辱》中的一篇。这篇文章大部分篇幅的论述模式就反映在它的导语上："无论是哪里发生的任何关于市政的非同寻常的事，无论是好是坏，你会发现，这件事一定和某个人有关。民众是不会做的，帮派、社会团体、联盟或是政党也不会做。他们仅仅是工具，'统治者'（不是领袖，我们美国人不是被领导，而是被驱使）统治人民或者出卖人民。"（42）然后斯蒂芬斯继续揭露事实来支持自己的观点。换句话说，斯蒂芬斯用事实说明了明尼阿保利斯市长从有罪者那里收受贿赂。尽管重点文章采用了论述模式（从原则上来说，在文章中提出的任何观点都必须得到论证），广泛使用了类似"美国市政"和"美国人民"等之类的大词，但是最终是对诸如"大手套分类账簿"之类的物证的分析报道，这个账簿是斯蒂芬斯收集的可以证明市长收受贿赂的证据。（*Autobiography* 381）在此情况下，揭露模式和辩论模式交替使用，但正是被验证为事实的那部分揭露内容才使得该报道具备信息模型的属性，具有说明的性质。

煽情新闻和黑幕揭秘新闻因此可以区别于叙事性文学新闻，在表达方式上独树一帜，它们绝大多数采用论述的表达方式。但是这样一来就放过了那些大量（但并不一定是唯一地）使用叙事手法的论述，或是正如康纳里提到的，"通过使用类似于小说的叙事手法和修辞技巧，将一个主题塑造发展成一个故事或是一个故事梗概"（*Sourcebook* xiv）。有研究认为，叙事性文学新闻在认识论方面所致力的，并与煽情新闻相对立的东西就是，此类叙述还可以进一步被区分，即使某些例子同样运用了叙事模式。这是因为叙事性文学新闻一方面试图拉近记者的主观性与读者之间的距离，另一方面试图拉近记者的主观性与客观世界的距离。从叙事性文学新闻的这一优势来看，这样的新闻报道能激发情绪反应，因而读者、记者和客观受众会对某些描述性的比喻有着共同的理解。

这种想要拉近主客观世界距离的认识论意图说明了是什么将叙事性文学新闻从煽情新闻中区分出来。尽管煽情新闻可以包含小说的写作技巧，但是它的目的并不在于克服个人主观性与作为他者的客体之间的隔阂。作为评论家、摄影师和作家，约翰·伯格（John Berger）认为，煽情性摄影就是“减少个人亲身体验，从摄影者那里获得纯粹的相框式的景象。摄影者作为可靠而独立的观察者，体验激动或震惊，传递给观者”（“Another Way” 63）。黄色新闻也同样具备这种功能并且对摄影和叙事文本这两种媒介同样适用：都是试图利用共同的兴趣点来吸引受众，从而传递普世价值观。“缅因号”沉没的例子说明了这个观点。伯格关于煽情性摄影的定义也基本适用于论辩性的新闻报道，并同样适用于叙事模式的新闻。例如琼·霍华德（June Howard）指出，在弗兰克·诺里斯（Frank Norris）1897年的一篇文章概要中，“粗鲁”的概念被强化到另外一个程度，远离了原本的含义（80）。诺里斯文章的标题和主旨阐明了叙事的要点，通过一篇关于一个普通工人晚上回家的故事来解释“粗鲁”：

> 他整日都在邻近煤气厂和煤场的一个肮脏的街区工作，周围都是起重吊车、打桩机和挖泥机，巨大的引擎、蛮力，身边到处是大量的花岗岩、生铁；一切材料都是数量巨大并且未加工的，体积庞大，让人难以承受的重量。
>
> 因为长时间和这些事物接触，他已经变得和它们一样，高大、结实、野蛮，粗鲁愚蠢，不讲道理。(81)

通过将这个工人描述为“粗鲁”“愚蠢”“结实”“不讲道理”和“野蛮”，诺里斯并没能拉近自己（以及暗示亦包括他的读者）的主体与作为客体的他者的距离。因此，诺里斯减少了他者的经验，让受众作为安全的、单独的观察者获取激动或震撼。从某种意义上来说，诺里斯充满优越感的描述重新演绎了精英式的自负，并且和其他的叙事性文学新闻产生了鲜明的对比，例如拉夫卡迪奥·赫恩（Lafcadio Hearn）充满同情的对辛辛那提码头非裔美国人的生活的描述。

诸如此类存在于煽情新闻与叙事性新闻之间的差异，让人不难想象有时作家们可以轻而易举地将二者区分开来，有时又有意识或无意识地强化自我与客观的差异。前者的一个例子就是诺里斯的一篇新闻报道，关于警探在码头等待一艘载有一名涉嫌谋杀而被澳洲警方通缉的罪犯的船："房间地板上有四张床，康罗伊睡在其中一张上，假装在读《腓尼基人弗拉》。其他警探在一旁坐着，任青焰在煤气炉上跳动。他们大都是粗壮有力的男人，有着红脸颊，神情愉悦，与你想象中的警探截然不同。"（*Frank Norris* 120）在这个例子中，诺里斯避免使用一些修辞手法，那些手法试图使得那些"他者"变得残忍粗暴。他充分发挥想象力，使人物形象贴近读者生活，力求让人物真实合理，而不是虚构一些负载作者主观价值观的木偶。的确，诺里斯拒绝使用那种耸人听闻的陈词滥调。一位生活在1890年的读者也许期待从书中看到一个真实全面的警探，而非只是夸张展现其粗鲁残暴的一面。

好在诺里斯关于"粗暴"的描写堪以补救，至少部分上对于叙事性文学新闻来说是如此。诺里斯用"结实""野蛮""粗鲁""愚蠢""不讲道理"等词语描述完这个工人之后，接着，他又继续描述该工人的行为："他现在正在回家的路上，一双巨大的手掌半张着在身体两侧摇晃。"在途中，他发现了一株紫罗兰，于是弯腰摘下了它。"它那么美，发出植物特有的芬芳，不禁让人想起一切美好优雅的事物。"这个工人似乎不确定是什么造就了这朵美丽的紫罗兰，"他本能地将紫罗兰放进嘴里，在硕大的牙齿之间慢慢地咀嚼着。这是他知道的唯一方法"。这段原本想要对"粗暴"重新定义的描写有点让人摸不着头脑，尤其是最后一句话，给人居高临下的感觉："这是他知道的唯一方法"。这个工人要么被同情，要么只是"粗鲁"的代名词。无论如何，这个工人都符合诺里斯对"粗鲁"的新定义。如果诺里斯运用了欧内斯特·海明威或是斯蒂芬·克莱恩的特有表达方式，略去最后一句话，他就能使这个故事有一个开放式结局，引起读者对该故事深意的探讨与猜测："他本能地将紫罗兰放进嘴里，在硕大的牙齿之间慢慢地咀嚼着。"当然尽管这个工人仍然会被认为是"粗鲁"或被同情，但是他同样会被看作是一个在漫长的体力劳动日结束后，依然对自然的赐予充满兴趣的人，通过将故事背景设置在城市使得该故事更意味深长——城市，似乎与自然对立。这与一个树林里的孩子折下黄樟树的树枝，或者摘下薄荷的叶子放进嘴里不同，事实上，也许恰是诺里斯不知道紫罗兰是可以食用的，而且历史上也曾被当作呼吸清洁剂、祛痰剂和防腐剂，也可以做汤和潘趣酒的配料。此外，紫罗兰的花瓣可以加糖作为甜点的装饰，或用它来增加果酱的香气（“Violet” 498—499)。如此充满情感的描写就是叙事性文学新闻的特点，而且的确，这个“粗鲁的人”似乎知道一些诺里斯还不知道的事情。

伯格的分类有助于在叙事模式中清楚地区分煽情新闻和文学新闻。然而，这两种形式与黑幕揭秘新闻之间的关系却更加模糊。部分原因在于，黑幕揭秘新闻总是被煽情主义所污染，正如一个当代新闻历史记录所指出的：“有些像《麦克卢尔》一样的调查性杂志，其中包含了基于事实有过深入研究的文章，其他则是随波逐流，主打缺乏研究和细节的煽情新闻。”(Folkerts and Teeter 323）当然，这里也有一个重要的在传记中找到的联系证明。林肯·斯蒂芬斯在《商业广告》中鼓励叙事性文学新闻，在他的自传中称为“描述手法”(242)；他转向黑幕揭秘新闻，在《麦克卢尔》杂志担任记者和代理编辑期间的1902年10月，他发表了《在圣路易斯的特威德时光》，该篇揭露那个城市的腐败。他的文章在一个月后跟随艾达·塔贝尔(Ida Tarbell）的《标准石油公司历史》出版在同一刊物上；这两个人经常被称为“黑幕”新闻时代的到来标志①。他们因此得到称赞，尽管斯蒂芬斯承认揭发黑幕长时期以来都是记者干的事（*Autobiography* 357)。

重要的是，《麦克卢尔》所刊登的文章和其他杂志所从事的黑幕揭秘新闻之间有着质的差异。正如吉恩·福克特斯（Jean Folkerts）和老德怀特·L. 滕特（Jr. Dwight L. Teeter）所描述的那样，采集好新闻的重点在斯蒂

---

① Emery and Emery 271; and Tebbel 284—286.

芬斯为《麦克卢尔》杂志写的关于匹兹堡腐败的文章中有所反映。在致信给他的同事和《麦克卢尔》的同事股东约翰·S. 菲利普斯（John S. Philips）时，出版人萨姆·麦克卢尔（Sam McClure）说："我希望在出版之前可以仔细阅读这篇关于匹兹堡的文章……我认为，首先应与看待一篇新闻报道和报纸文章一样，不应该存在任何偏见。"同样，麦克卢尔写信给他的一个编辑维拉·卡瑟（Willa Cather），谈到另一位记者的报道："如果特纳在写作上有任何缺陷，这是几乎所有作家都会有的缺陷，这是一种与纪实的不合。"（H. Wilson 192）在福克特斯和滕特的判断中，《麦克卢尔》所发表的是"基于事实的经过深入研究的文章"，而其他出版物则是随波逐流，主打缺乏研究和细节的耸人听闻的煽情故事。从这一点可以进一步发现，在一个巨大的叙事模式之中，黑幕揭秘新闻和煽情新闻有着特殊的关系：黑幕揭秘新闻可以是耸人听闻或是真实负责的。实际上，黑幕揭秘新闻可能与叙事性煽情新闻或叙事性文学新闻重叠。对于在同一叙事模式中新闻报道能不能同时被称为黑幕揭秘新闻和文学新闻，或是黑幕揭秘新闻和煽情新闻，也毫无事实依据，但显然，有一部分原因是因为叙事性文学新闻自身的认知问题为煽情新闻提供前提，尽管煽情新闻从根本上来说是叙事模式。

可以被同时看作是叙事性文学新闻和黑幕揭秘新闻的一个例子是斯蒂芬·克莱恩的《在煤矿深处》，它于 1894 年刊登在《麦克卢尔》杂志上并支持斯蒂芬斯的立场。在斯蒂芬斯之前，就有一些对黑幕揭秘新闻报道手法颇有经验的记者在《麦克卢尔》杂志上刊登过作品。该篇揭露了宾夕法尼亚州的威尔克斯巴里·斯克莱恩顿地区的煤矿环境。粗略一瞥也能看出，它本质上是叙事模式，而不是论述形式。在 46 个段落中，也许有 5 个基本上是论述性的。其中，有 4 个是关于矿井底下骡子的话题（598—599）。第五个则是一段关于克莱恩对于他在地下所见之重要性所作的论述高潮："矿井与地核之间的深度神秘又可怕"（599）。但是，在关于骡子的生活的四段中，只有两段采取了论述的形式。的确，作为题外话，他们的目的是考虑骡子在地下的命运，但在另两段中，当克莱恩讲述两个从矿工那听来的关于骡子的轶事时，此类题外话就不会显得与故事无关，而是再次从根本上被重新定义为叙事。

克莱恩用来描述他煤矿之行的一些形容词带有耸人听闻的意味，例如他说他“惊骇”于满地淤泥以及“可怕的”菌类生长湿地，这也是事实。(599) 但主要的是克莱恩对其反应的描述，在其描述中并没有通过强调矿工地下生活和正常人生活之间的差异来达到震惊的效果。相反，他试图引发一种同情反应。他在叙事的开头写道：“碎煤机分散于山坡上和山谷里，如同巨型捕食怪兽一样吞食着阳光、草地以及绿叶。出气孔的烟雾肆虐污染了空气中所剩无几的凉意与芬芳，余下的植物看起来暗淡无光，痛苦不堪，奄奄一息。沿着山峰线望去，几棵满是病态的树木蚀刻在云端，在这片阴沉土地之外的天空中，难以置信地出现了一抹蓝。”(590) 这段描述起初对大多数读者来说有当头一击之感，克莱恩把读者置身于“巨型捕食怪兽”，“肆虐污染”的空气和“奄奄一息”的植被的迷乱世界中。这可能是耸人听闻的，尤其这样有价值负荷的词——“痛苦不堪”和“肆虐”。读者会跟随描述走势，从山谷到“山的山峰线”，发现起初时的感觉更像是一种象征意义上的共享经验，“几棵满是病态的树木蚀刻”或伫立在读者熟悉的云上。读者从云端来到难得的蓝色天空，“难以置信地出现在这片阴沉土地之外”。换句话说，读者发现自己带着一种旁观和远距离的视角，回顾了他们熟悉的经历。然而，这仍然是“遭受肆虐破坏”的土地和“奄奄一息”的植被。此外，从好的方面来看，在有机会还原熟悉的蓝天之前，他们会开始把象征意义延伸至煤矿之中。

这段描述预示某种际遇的来临。一般来说，它或许因为其“痛苦不堪”而逃脱煽情主义的嫌疑，而这从本质上来说都是感性的，不同于“遭受肆虐”和“奄奄一息”这类同样是描述性的形容，它旨在将读者引回到用其肉眼就可甄别的熟悉经历中。如此对客观事物的描绘是将事物本体的复杂性、深度以及模糊性处于明确的视觉对比之中，其中黑暗与光明、好与坏皆被遮蔽性地共存于更好与更坏之间。这类文字代替了明显以揭露煤矿下糟糕的工作环境为目的而构思出来的煽情描写。

这种本体经验的复杂性以及自身模糊的本质，还反映在克莱恩对待矿工的观察之中，在矿工身上他发现了一种令人惊讶的友谊：“他们帽子上的小灯发出颤动的微光，笼罩着他们前行的四肢。我们可能面对着可怕的幽灵。”（594）如果克莱恩以这段描述戛然而止，这段描述就可能会被认为是耸人听闻的：以与惯常经验的大相径庭，来引起兴奋或震惊。相反，克莱恩继续写道：“但是他们对我们的指挥喊道，‘嘿，吉姆’，他们咧嘴大笑。”（595）矿工以意想不到的友好态度来欢迎他们，而意想不到是因为矿工们最先被认为是一种深地怪物，显然这是当时自然主义文学的共同主题，克莱恩是其最重要的贡献者之一。克莱恩提供了他的向导和矿工之间的对话，进一步探讨了这种现象经验的模糊性。这一叙事策略是极具意义的，因为克莱恩避免了常规记者的侵入式采访，避免了受访者被迫转移自身天然定位的脱节式采访。相反，克莱恩试图深入煤矿做一名观察员：

> 钻孔工人与我们的向导说着话。他回头看着他的背后，吼了一声：“你什么时候去测量这个，吉姆？”他命令道，“你想要我死吗？”
>
> “嗯，我本来今天会测量好的，只是我没有拿到卷尺。”另一个回答。
>
> “那什么时候好？你最好快点，”矿工说，“我不想死。”
>
> “嗯，我会在星期一做好。”
>
> “好！”
>
> 他们在玩笑争执。
>
> “你要从这开始一点点测量。”
>
> “是吗？”
>
> 必须仔细观察才能明白他们不是在彼此大吼。模糊的灯光使他俩的喊话看起来好像两只狼在咆哮。（595）

这段文章值得注意是出于以下几个原因。第一，克莱恩记录了他的所见所闻，但不像为采访而采访的记者那样生搬硬套。通俗地说，他提供了“生活片段”。第二，对话发生在一个带有隐喻意义的微光之中，因此早些时候的相视一笑会带来心理上的共鸣，“令人惊讶的咧嘴大笑”是对克莱恩向导的问候。在那黑暗环境中的微笑有着照明作用，难怪克莱恩会推断出“争执”至少在一定程度上是“玩笑”。第三，克莱恩承认他“必须仔细观察才能发现他们不是在彼此大吼”。一个耸人听闻的记者想要维持矿工是地下鬼怪的形象，而不是懂得微笑又幽默打趣的普通人，尽管矿地处境艰难，他们会避免过于贴切的描述，以便强调差异（而不是共同点），因而使读者对此感到震惊。当克莱恩坦白作为记者的意图时，他就敏锐地意识到这一点，微光“创造”了两只狼在咆哮的“效果”。

这是模糊叙事带来的灰暗效果，但也并非无可取之处。这种模糊性，与拉夫卡迪奥·赫恩对非裔美国人在辛辛那提的生活状况描述并无他异。克莱恩的叙事性文学新闻引起了共鸣，因为他沉溺于对本体复杂性描写的悖论之中。这个悖论在不断地尖锐化，克莱恩在“两只咆哮的狼”后的下一段提到，在矿井中的其他地方，“令人惊讶的魔鬼微笑和眼神闪烁在惨白的灯光所及之处”（595）。其中，“魔鬼微笑”显然是煽情意味的。但是，当我们得知这些微笑是一种友好的表达，还有他们的玩笑争执，以及矿工们不好的形象是受灯光影响的时候，那么故意耸人听闻的意味自会减弱。这是基本的人性，尽管他们曾被认为是怪物。如果矿工确实是邪恶的，那么他们更多应该是弥尔顿所说的可怕的人间撒旦。克莱恩希望在他的黑幕揭秘新闻中至少有一点文学的考量价值（如果够权威的话）。

可确信的是，克莱恩对煤矿深处的文字处理并不是没有潜在的耸人听闻缺陷。也许最明显的就是文章最后一段的最后一个句子，牵强附会，故做说教。他写道：“在这场险恶且绝非无声无息的奋战中，载重卡车一个接一个地出现，摇摇晃晃，吱吱作响，绵延不绝。它们负重爬坡，将一车又一车的石料喂进碎石机那冷漠且贪得无厌的巨嘴，黑暗的贪婪，苦力之神圣。”（600）这段话若是以叙事的形式描述的话效果更好，它可以早早地戛然而止，并且以模棱两可的“贪得无厌”来结尾，就像诺里斯的“粗鲁”本可以从轻描淡写中获益一样。那么结论就会是这样的：“在这险恶的奋战中，不可阻挡的载重车一辆接一辆，嘎吱作响，一次次满足碎石机的贪得无厌。”（607）除了挥之不去的耸人听闻的“险恶”之外，这最后一段描述，相对地，没有故意让读者震惊，以及也没有增加他们与地下的人间魔鬼间的区别。相反，给读者留下了想象的空间，例如机械式的“贪婪的碎石机”是更丰富的隐喻，或许是指生存的冷酷无情或人类本性的贪婪。这些可能性、复杂性及丰富性都要比单纯的说教更好。这样的结论将更加引人入胜，因为它能让读者与他们不知道的东西联系起来。不幸的是，克莱恩自己的想法只会让情况更糟。作为结论，他以更强的语言攻击煤矿主。但是这个段落被麦克卢尔杂志的编辑删减成“过于苛刻的大企业”(Stallman and Hagemann，*New York City Sketches* 289)。但更重要的是，作为叙事性文学新闻的一部分，描述的成功之处反映在作者克服了单一的耸人听闻的想法，传达了对他者主体性的理解。

这种研究表明，杰克·伦敦（Jack London）《深渊里的人们》确实是黑幕揭秘新闻，但从根本上讲是煽情新闻，而不是叙事性文学新闻。显然，在创作小说以及涉及作者主观性的过程中，他模仿了叙事性文学新闻的表面属性。这是对作为一个社会主义者的作者本身主观性的阻碍，因为它阻碍了主观意识与客体之间缩小差距。杰克·伦敦这样说道：“无可争议的是，‘东区贫民窟的儿童长大后就变成为堕落的成年人’，没有男子气概，无精打采；只是一个软膝、狭胸的生物。在与来自其他区的入侵者抢夺生存地盘的残酷斗争中被打倒在地”，显然他已经认定他们的处境，并且已毫无回转之地（31）。同样，当外国移民者来到这座城市，“如无意外，那些他不可避免要呼吸的空气都足以消磨他的意志，打垮他的身体，让他无力与其他充满朝气的年轻人竞相涌往伦敦城区，开始一段肆意破坏、毁灭自身的旅程”(31)。这样一群逆来顺受的人不可能统领世界,永远处于权力意识形态控制中。杰克·伦敦的这种说教态度只有一种耸人听闻的意图:吓唬读者至地狱,而这与地狱之火的训诫毫无不同。

伦敦的努力也不仅限于这类论述式写作。他对船上的司炉工是这样描述的:“一个年轻酒鬼、未老先衰者,身体缺陷让他无法承担司炉工的工作,或是清理排水沟和工作坊。对于死亡,他了然于心,但毫不恐惧,从他出生的那一刻起,他经历的所有似乎都是在不断磨练他,对于悲惨不堪但又无可避免的未来,他麻木不仁,毫不在意,我也无法动摇。”(27)这个人不是一个苦力群体,他不能得到救赎,只有看到一株生长在城市景观的紫罗兰并摘下它,才好像找到了生命的救赎。事实上,杰克·伦敦没有能力克服他对伦敦东区生活的厌恶,只能承认他的失败。他无法理解在该地区的他者主体性。他在东区写的信中写道:“我曾读到过苦难,也看过不少,但是这打败了我可以想象的一切……我的书已经写完四分之一了,我想赶紧写完它,然后离开这里。我想我要是在伦敦东区再住上两年我会死的。”(“To George and Caroline Sterling” 306)杰克·伦敦正试图逃避他者,或至少不接受它。在一封写给他的追随者安娜·斯特朗斯基的信中,他承认了后一点,并表露了他写《深渊里的人们》的动机。“我写的这本书不会是一本大书。在两个星期零几天内,我就完成了一半。写这本书第一是为钱;第二是让书造福全人类。”(309)金钱是他的第一个动机。伦敦逃离他者的经历与詹姆斯·艾吉(James Agee)在大约30年后,去往阿拉巴马州南部与贫穷的白人一起生活的经历一样。艾吉没有写那种《财富》杂志期望他写的那种模式文章(Fishkin 145)。因为艾吉敢于深入底层人民生活,敢于用情于那些底层民众,而这都是杰克·伦敦所不能及的,所以艾吉才有了现在更亲民的《现在让我们赞美名人》。

然而,问题不在于里斯是否与克莱恩或伦敦处在同一阵线。相反,问题正是他和其他作家在利用修辞策略来缩小主体性与客观对象之间的距离这个问题上做得好还是不好。修辞成功的地方在于缩小能指与所指间的差异，在于避免差异扩大，从而展现其共同之处。这是一种定义叙事性文学新闻的方法之一，并与煽情新闻进行区分。当然，这也是一种学者间可供争辩的开放性领域。但是这种争辩只能帮助进一步完善我们对叙事话语的理解，并确立其在新闻和文学史中的位置。

至于黑幕揭秘新闻，它可以在重演叙事模式中，重现与文学或煽情新闻相同的认知问题。它强化主体与对象之间的差异，抑或试图缩小它们的距离。若是后者，它与叙事性文学新闻重叠。这一点克莱恩的煤矿文章就是个例子。大体上，他已经成功地缩短了两者的距离，少数论述式段落和偶尔出现的煽情式价值判断都被他“密切关注”的整体修辞抵消掉，以区分叙事“效果”和我们更为复杂的人类现实。这是叙事文学记者在崭新的20世纪的野心，并在1960—1970年代的新新闻主义中得到进一步发扬。

第五章　从1910年到“新”新闻时期的叙事性文学新闻

漩涡越转越广阔，
猎鹰再也不能听到驯鹰人的呼喊；
一切土崩瓦解；
中心无法维系；
世界上到处弥漫着混乱的气息，
暗红的血潮四溢，
将天真无邪的礼仪淹没……
狮身人面的形体，
似太阳般漠然而无情的凝视，
正迟缓地移动其腿股。

——W. B. 叶芝《基督重临》

琼·迪迪恩（Joan Didion）在《向伯利恒跋涉》的前言中，关于叙事性文学新闻的描述，提出了两个反映其态度的主张。第一，她说“我不做照相机，也不为高价稿酬去写我不感兴趣的东西，我所写的都是无偿的，并且反映我的所思所想”（xv）。第二，她指出，“这本书之所以叫做《向伯利恒跋涉》，是因为几年来由威廉·巴特勒·叶芝（William Butler Yeats）的诗歌体裁所确定的模式……不断萦绕在我耳旁，仿佛用手术根植在那里。那广阔的漩涡，那听不到驯鹰人呼喊的猎鹰，如太阳般漠然而无情的凝视；这些都成为我的参考物，对抗着我的所见、所闻、所想，而这些意象似乎在阻挠着我，套用任何固有的模式去写作”（xiii）。

她的这些感想是有启迪作用的。第一，她不能将所谓不受主观影响的相机式的观察用在她的写作中（尽管这一点也没有相机能做到），她不屑于写那些她没兴趣的主题，或者说是陌生的主题。因此她回归到自己主观想法之中，并且从其所想的核心出发，来选择她的写作主题，即便是无偿的或几近于劳而不获，她都努力想要去理解她所报道的现象世界。迪迪恩那时试图去缩小她自己与客观世界的鸿沟，并且努力回归本质，即她的主观性。第二，她的主观性已经让她对客观世界做出一个结论，在她独特的解释里，这个客观世界就像叶芝那广阔的漩涡里不听主人呼喊的猛禽。到处冷漠无情，迪迪恩总结道，“中心无法维系”。如果她确实以这些意象为参考物的话，那她就不会给出固定的批判结论。要是客观现象世界不是未定的（假设可以摒弃我们的主观性和使用的语言框架），那主观的不确定性和语言的独立性就已经证实了上述的观点。第三，迪迪恩回到她的修辞模式创作——讲故事上，并以她的主观性和语言为导向。

在 20 世纪，有大量叙事性文学新闻的历史，以及迪迪恩在她报道中关于对主观性角色的理解和对明确的评论性结尾的抵制，这构成了一个三棱镜，通过它，可以回顾历史。利用这个三棱镜——一个解释性的历史框架——在这段时期，作为记者的部分尝试，作为一个专业研究者，我遵循着叙事性文学新闻的进程，以此来缩小主观性与客观世界的间隙并对抗着主流，而客观新闻正尝试去扩大这个间隙。于是我便探究了这种对评论性、确定性结尾的各种尝试的抵制。

我引用了由学者托马斯·B. 康纳里提出的部分史学标准，即美国现代叙事性文学新闻的三个重要阶段：1890—1910 年代；1930—1940 年代；以及 1960—1970 年代的新新闻时期（preface xii - xiii）。在本章，我大约集中在 1910 年到 1970 年代的时间范围内，并重点研究后面两个主要时期及其间歇期。这样做是因为考虑到 1930—1940 年代的第二个主要时期已有足够的历史学方面的研究，它们有助于进一步定义叙事性文学新闻，并总结与 1960 年代新新闻的联系。我只是简单地考察了新新闻的作者们，因为这块领域自从其出现，评论界就已有很充分的描述与报道。相反，为了强调叙事性文学新闻的历史连续性，我的关注点便是更早的时期与 1960—1970 年代的联系。

1915 年弗雷德·刘易斯·帕蒂（Fred Lewis Pattee）在《美国文学史》中间接提出了一个原因，即 1910 年代以来，为什么记者所从事的叙事性文学新闻开始走下坡路了？批评界也发生了改变，它逐渐否认新闻的进步性改变也可以是“文学性”的这一观点。在书中，帕蒂在对既是记者又是自然主义文学倡导者的作者们进行研究，合并了新闻和文学自然主义：“在 19 世纪末期，迎来了美国文学，但突然毫无预料的，一群绝大部分是记者的年轻人，一时间似乎承诺了他们要革命。”（396）在他们当中，包括了弗兰克·诺里斯、哈姆林·加兰、斯蒂芬·克莱恩以及理查德·哈丁·戴维斯。帕蒂补充道：“这只是昙花一现。其中许多成员现在已经死了……其他像 R. H. 戴维斯，最后转向了历史小说和其他传统的领域。”（396—397）从评论的转变中可以发现叙事性文学新闻在它第一个鼎盛期后的没落。

如果新闻正在被文学否定，那么也可以反过来说：新闻正在否定文学。这一点可以在新世纪的第一年，斯蒂芬斯和哈普古德脱离《商业广告》的事件中得到证明。在某种程度上也是因为主编 H. J. 赖特对叙事性文学新闻失去兴趣，他似乎更钟情于“新闻中的客观图片”（Hapgood，*Victorian* 172）。而且，文学和新闻的彼此背离也反映在“一战”后对即使不是沙文主义也算是爱国主义的主流腔调中。“一战”期间，由于 1917 年的《反间谍法》和 1918 年的《煽动叛乱法》，报纸处于被严密监控和审查之下（Emery and Emery 329—331），诸多记者都乐于成为战争宣传员（Schudson 141—

142)。结果，“在战争期及以后，记者开始把一切看作幻觉，因为‘事实’报道显然是具有自我意识的艺术家产生幻觉的产物”（Schudson 142)。与之相应的是，从某种程度上来说，停战后是要加大力度去写“客观”新闻的，这也是一个今天仍然盛行的风格。之后客观新闻的概念被沃尔特·李普曼（Walter Lippmann）形成理论推出，他被认为是“对理想客观性的最英明和最有力的发言人”（Schudson 151)。在一篇他与《纽约世界》的主编查尔斯·梅尔兹（Charles Merz）合著的文章中，两人指出，“越是不满目击现场的可靠性，尽可能客观地反复检验其结果就越迫在眉睫”（“A Test of the News” 33)。这样一个新闻文体的概念意味着，固有的主观性文学新闻注定要失败。

要不是第一个主要的叙事性文学新闻时期已经过去，这种新闻在1910—1920年代就仍会得到实践与出版。主观性试图融入现象世界——无论是记者还是读者的主观性——会以不同的方式和程度反映出来，但却仍然存在于修辞中，这是作者在书写带有小说色彩的意象时所做的选择。哈德和拉德纳就属于第一个“间歇期”的作者。其他的包括在1910—1920年代的理查德·哈丁·戴维斯、约翰·里德、伊丽莎白·科克伦（Elizabeth Cochrane)、达蒙·鲁尼恩（Damon Runyon），在1920—1930年代及以后的多萝西·戴（Dorothy Day)、E. E. 卡明斯（E. E. Cummings)，莫里斯·马基（Morris Markey)，本·赫克特（Ben Hecht）和欧内斯特·海明威[①]。当然，其他的一些作者，如里德和戴都在从事公共性的和意识形态分明的事务，这明显影响了他们写作。以笔名“内莉·布莱”闻名的科克伦，作为一个早期黑幕揭秘者为世人所深刻铭记，但她也写过关于一战东部战区的精彩报道，它们堪称这个时期的叙事性文学新闻（Kroeger 400，406—407，410)。鲁尼恩主写有关体育运动和广阔社会图景的新闻。马基是成立于

① 见汉弗瑞关于里德的研究，阿普盖特关于科克莱恩的研究，保利关于鲁尼恩（《达蒙·鲁尼恩》）的研究，罗伯茨关于戴的研究，克拉里与雅格达关于马基和赫克特的研究，以及韦伯关于海明威（《海明威的永久记忆》）的研究。

1925年的《纽约客》的第一批作者之一，这本刊物是叙事性文学新闻文体的重要平台。不是所有的作品都能作深入探讨。但是这几个作品表明，一些记者仍然重视主观性的方法。

戴维斯对第一次世界大战初期的描述，大约出现在帕蒂解雇戴维斯的时候。那时他还是一个历史小说家，这有效地锻炼了戴维斯，让他从历史转向文学新闻。实际上，自从1890年代戴维斯成为美国最著名的战地记者之时起，他就已经是一名叙事性文学记者了（Bradley 55，60）。事实上，因为他写出了速写稿《罗德里格斯之死》，他或许已经是最著名的叙事性文学记者了。这篇文章记录了在美西战争爆发之前，西班牙军事当局对古巴爱国主义者实施死刑。他也是镀金时代有绅士风度的吉布森人的模范（Rogers 337），同时还是斯蒂芬·克莱恩的好朋友。当克莱恩被他的一个熟人中伤时，戴维斯挺身而出，捍卫了克莱恩的荣誉（Churchill 195）。直到1916年戴维斯去世前不久，他都一直从事叙事性文学新闻，这让他为这段时期的各种文学形式架起桥梁，填补沟壑。

例如他在《伦敦新闻纪事报》中对1914年德国军队进入布鲁塞尔做的报道。另外一个例子是他的《与盟友一道》，它是基于那些最初的新闻急件编纂而成的。暂且不谈他已经十分熟悉的历史小说，戴维斯在《伦敦新闻纪事报》的第一句话中就暗含了主观性，他写道，“进入布鲁塞尔的德国军队已经失去了人性”（“German Army Marches” 445）。为了消除难以描述的自身主观性与读者所暗示的主观性之间的间隙，他所做的尝试是有启发意义的。在第二句话中，他补充道，“当这三个率领军队的士兵骑自行车进入丽晶大道并询问火车北站的去路时，就可知道他们迷路了。当他们走过那里，人性的音符也随之离开了”（445）。戴维斯所做的是描述一个行人的场景，仿佛在一个周末，三个骑自行车外出并迷路的德国士兵礼貌地询问去火车站的方向。但是根据普通读者自己的经验可以知道，这种场合的礼仪被一种隐含的东西削弱了，这种暗示便是这些士兵穿着灰色的迷彩服，并且可能正当他们驶入布鲁塞尔时，他们的背上携带着毛瑟枪。读者可以理解当他们经过时，经过的还有由假定的制服和卡宾枪所预示的人性的音符。接着，在确定读者理解的基础上，即在特拉亨伯格所说的“交换主观性”的幻觉的基础上，戴维斯引导读者进入了一个他发现他也不能描述的地方：“在他们之后，也就是24小时之后要来的不是簇拥的人群，而是一股像潮汐、雪崩或者冲断筑堤之洪水般的自然力量。在这一刻军队穿越布鲁塞尔，就仿佛康乃莫峡谷的洪水横扫约翰斯敦……它越过大海，卷起层层神秘可怕的浓雾，向你袭面而来。”（446）

在他描述如洪水般的德国军队时，戴维斯减少了夸张的明喻和暗喻，因为他自己的主观性难以理解他所看到的东西。他声称，他希望他的读者知道，1889年约翰斯敦的大洪水以及浓雾的“神秘”和“可怕”向“你”扑面而来，来自海那边的读者。而且，在援引约翰斯敦的洪水一例时，他将描写诉诸自身经验，或者说是对于那个事件的主观性经验：作为一个年轻的初出茅庐的记者，他已经为费城的一家报社报道了这次灾难。（Ziff 176）

接着戴维斯对德军作了细节描述，这些细节创造了一种潮水般的意象，或者说是，当上游堤坝垮掉后涌向康乃莫峡谷的水墙意象：海洋般的灰色制服，面无表情，呆滞麻木，精密地行军，大部队齐步高效前进，有时他们还齐声唱歌。“步兵们唱着‘祖国，我的祖国。’每唱一句他们走三步……当旋律落下，寂静被铁靴划破时，接着的是再次响起的歌声。”（447）戴维斯所写的修辞转义利用常识和常识所发现的吸引力。最后，他再次用只言片语总结了他无法解释的隐喻：“但是现在经过26小时，带着雾的神秘和蒸汽压路机的执拗，灰色的军队已经隆隆驶过。”（448）在各种隐喻的碰撞中，他的主观性已经让他含蓄地承认，避免主观性是不可能的。

同样，为了把读者的主观性引进一个对未知宇宙的认识，戴维斯在《与盟友一道》中用了一个对比，即读者所熟悉的日常单调生活和他无法描述的事物之间的对比。例如戴维斯描述比利时鲁汶伟大的中世纪大学图书馆的焚毁，以及在德军有计划的恐怖活动中，对许多城市居民的草率处决。这篇文章如果未被质疑，那与10年之后欧内斯特·海明威会有惊人的共鸣。戴维斯描述这环绕花园的白墙：“那些长期向南栽培着的梨树，枝繁叶茂，果实累累，铺展在墙上好像一个烛台的分支。”（*With the Allies* 89）（在《意大利，1927》这篇刊登在《新共和》上的文章里，海明威写道：“背靠着房屋墙，有一些梨树，它们的枝干像烛台一般抵触着白墙。”[350]）接着，在已经确定读者熟悉那些日常生活迹象后，戴维斯试图使读者抛下这些迹象去到一个不熟悉的未知场景：“这里像一个舞台上的场景，是不真实的，不人道的。帘布上的熊熊烈火发出咕噜声，迸发的火苗噼里啪啦作响，星星格外平静美好，而这都似乎是绘制的背景；从黑暗的废墟中传来的步枪声来自空弹夹，那些颤抖的店主和农民也没有在几分钟内真的死去，他们，还有家园似乎都将会重新回到他们妻子和孩子的身边。”（95）

这篇文章的最后一段或许是冒着煽情主义的风险，才会被其他人当作指责戴维斯写作的由头（Bradley 64）。但是即使它犯了煽情主义的错误，它也反映了记者试图逃避自己对平凡、甚至平庸生活的渴望的主观性，而这种生活不可避免地随着伟大的中世纪图书馆毁于一旦了。戴维斯，一个坚定的战地记者，战火纷飞中洒脱的吉布森人的典范，19 世纪理想主义价值观的长期后卫（62），已经退一步承认自己囿于主观性中，或者就像一位学者所说的这位前吉布森人：

> 仿佛到最后，戴维斯已经长大了。他最后的作品暗示了他对于世界的假设已经动摇……他看到文明国家进行着没有原则的战争，一场威胁要压倒过去所有的战争。他不得不放弃他关于时代的概念，即认为历史是最好的结果。
>
> 这场战争却促使他作为一个作家写出了自己最成熟的作品，并挑战着已经弱化他作品数十年的先入为主的观念。（Bradley 65）

戴维斯转而更意识到主观性的角色，而且明确宣称他已突破了所谓客观化新闻的限制进而选取一种更开放、更主观的写法。在布鲁塞尔沦陷后不久，他被德军以间谍罪逮捕。像鲁汶的店主和农民一样，他面临着被处决的危机。幸运的是布鲁塞尔的美国大使干预此事。但是戴维斯在下面这篇具有更广泛认识论意义的文章中，展开了他对这段经历的描述："这是一段个人经历，但因其是事实而被告知天下，它展现了战争不为人们所熟知的另一面，它不为人们所熟知，因为它肮脏、令人讨厌。刺刀上膛、军号争鸣，飞行员来来往往。"（*With the Allies* 31）戴维斯对语言的选择也是一种启示。在个人经验中，存在着主观性的开放性认知，他所述"事实"直接挑战了基于"事实"的报道，排除了明显的主观性的表达。他也避开了战地英雄的豪言壮语，他似乎凭直觉就知道未来会死在西部前线的战壕里。他看穿了长期以来这种模式的虚假，这提供虚张声势战地新闻的战地记者模式的人（Ziff 174，180），在19世纪末，曾被他认为是在捍卫着他的文学新闻理想。（确实，大部分的作品都被认为是"沙文主义"以及"帝国主义"[Bradley 56]。）在他生命的最后时刻，戴维斯有了一个转变，并像许多文学记者一样被经验所政治化。这一点首先反映在这本书的标题上："与盟友一道"。它也再次反映在"鲁汶燃烧"的结尾里，在他渴望看到鲁汶的人质"还到他们的妻儿手中"后，他轰然瘫倒在主观性难以诠释的即将来临的暗黑的绝望之中："你感觉它仅仅是一个噩梦，粗野残酷。于是你想起德国皇帝已经告诉我们它是什么。这是他的圣战。"（*With the Allies* 95）圣战，根据定义，应该是救赎，而不是成为难逃一劫的鲁汶居民的世界里那残酷而随意的噩梦。并没有像黑格尔所言，历史一定会行进到一个幸福美好的结尾，歌唱祖国，我的祖国，德国（极权主义的超级盟友）"德意志，高于一切"。

1910年到大萧条时代之间，在叙事性文学新闻的夹缝中出现的其他例子是年轻记者本·赫克特的速写稿，他更知名的头衔或许是剧作《头版头条》的合著者。1920年代，他为《芝加哥每日新闻》写专栏。正如许多新闻专栏作家一样，他孤傲地游离在那种随笔式叙事文体的边缘。那些像赫克特一样为大都会报社工作的人，其写作的传统可以追溯到17世纪末伦敦的内德·沃德的写作，不过少了沃德的俗语。尤其是在多数叙事文学新闻中。但就赫克特而言，比较并未止于此。他的叙事性描写已经堪比荒诞幽默的斯拉夫作家尼古拉·果戈理（Nokolai Gogol）（Kerrane and Yagoda 407）。赫克特在他的自传里承认，《世纪之子》受的影响来自果戈理——以及布雷特·哈特（Bret Harte）、理查德·哈丁·戴维斯、纳撒尼尔·霍桑，马克西姆斯·高尔基（Maxim Gorky）、奥诺雷·德·巴尔扎克（Honore de Balzac）、盖伊·德·莫泊桑（Guy de Maupassant）、埃德加·爱伦·坡（Edgar Allan Poe）、威廉·梅克皮斯·萨克雷（William Makepeace Thackeray）和“一个奇迹般的人物——亚历山大·仲马（Alexandre Dumas）”（84）。因此他来到有文学倾向的新闻写作领域。而将他比作果戈理是特别贴切的，因为赫克特对他非常入迷，以至于把他的法国狗“Googie”取名为果戈理。

赫克特在文学研究上自学成才，总是偏爱俄罗斯文学（*Child* 69），部分原因是他的家族（以及他第二任妻子的家族）是俄裔犹太人，所以有时也可以把他当作斯拉夫人。例如，在《匕首金星》中赫克特叙述的《伟大的萨尔维尼的故事》中，萨尔维尼是在杂耍巡演中的飞刀者。在他表演过程中他抛刀的目标是他的妻子——露西娅，她就站在他抛刀的目标位置。萨尔维尼的问题是他妻子一直在发福。在飞刀者所住酒店的房间里，赫克特描述了运动指令的声音（“一，二，一，二，再高点，二”）混和在相邻房间里留声机的音乐声，这是她正在试图减肥锻炼时放的。但是萨尔维尼惋惜她的运动已经是无济于事的了，因为她无法控制她的食欲。随着露西娅变得更加肥胖，他发现在表演中很难不击中她：“因为八年来我一直抛掷在150磅的目标上，并且我的表演不能改变。”（192）同时，留声机的音乐声成为一种对萨尔维尼强迫性的提醒，即他预计最终无法避免的失败：用小刀给了他的妻子致命一击。在此前提下，他在一个摇摇欲坠的冒险时刻中说：“总有一天她会为自己感到抱歉。是的，总有一天她会明白她正在对我做些什么。她吃得体态如此肥胖，以至于她整个身体都是我能掌控的目标。”在那时，这位飞刀抛掷者说，“伟大的萨尔维尼”将被毁灭。这个故事是这们结尾的：

> “我告诉你，为什么她不停地吃？因为她不再爱我，不，她这样做就是故意要毁灭我。”
>
> 同时伟大的萨尔维尼用他的双手捂住耳朵，正当这台留声机继续无情地发出声音，“一，二，一，二，再高点，二”。(192)

这显然是一个幽默。也显然是个荒诞的幽默。它也不一定是以萨尔维尼超重的妻子为代价。这种荒诞感来源于更深的层次，即萨尔维尼，一个喜欢以自我为中心的、自认为是“艺术家”的人，从来不去考虑为什么他妻子永远不能满足她的食欲。如果她用她的生命，年复一年，作为她配偶的刀靶，她能不着迷于吃吗？还是有其他什么原因？赫克特从来都没有说。恰恰相反，他来了一个契可夫式的简短结尾，给那个时刻一个轻描淡写的证明（即便是隐含的证明），这就足以在读者中引起各种可能性的共鸣感。“伟大的萨尔维尼用他的双手捂住耳朵，正当这台留声机继续无情地发出声音，‘一，二，一，二，再高点，二’”，赫克特用不确定的当下嘲讽我们的思维。

这一时期有点儿反常的作品是E. E. 卡明斯（Edward Estlin Cummings）于1922年出版的《巨大的房间》。一战期间，他被囚禁在法国的一个拘留所中，当时的描述是不同寻常的，这里有几个原因。首先，这是在卡明斯被称为不用大写字母与标点符号的著名诗人之前，在写实故事方面的几次尝试之一。卡明斯根本不顾市场反应及所谓排版的标准化。其次，作品的反常也是因为卡明斯从来不是一个记者，因此他成为绝大多数作家中的特例，一次次避开记者审查条例的检查。所以，他的写作也说明了坚持过于严格分类的危险。再次，这份作品可以明显地被看作是回忆录和叙事性文学新闻。一方面，对内来说它是卡明斯自己的回忆。另一方面，对外来说他从事这种与叙事性文学新闻相联系的社会写照工作，描述了作为监狱的“巨大房间”里他狱友的生活（90）。因此，《巨大的房间》表明了回忆录和叙事性文学新闻以及其他小说形式之间是可以互相渗透的。

这部作品还预示了亨特·汤普森在1960—1970年代，还未曾服用致幻药的时候的荒诞新闻的一些特质。像汤普森一样，卡明斯在对待他周围的环境和情况上是桀骜不驯的。作为一个心灵的流浪汉，他接受涉嫌从事煽动通信的逮捕，以此作为一个机会来逃离污浊平庸的官僚机构。在战争面前，他是一个为美国红十字救护队或部分防疫线工作的志愿者。例如，在他被逮捕后，他开始与他的英国司机交流，随后是这种情况下的沉思：

> “你难道不是因为做了什么事而被关起来的？”
>
> “可能吧。”我慎重含糊地回答，不失自尊。
>
> “呃，如果不是你，可能是B（一个也被逮捕的同伴）做的。”
>
> “可能吧。”我回答，尽力不表现出热情。实际上我从来没有如此兴奋和自豪过。我，确定地说，是一个罪犯！噢，噢，感谢上帝解决了一切问题——对我来说不再有防疫线了！不再有A先生和他在日常清洁，仪态上的教导了。我不由自主地开始唱歌。(9)

还是在其他地方，卡明斯看似轻描淡写地讲述了将狱友厕桶里的尿倾倒入下水道的晨间工作：“在这里，桶满后就被倒掉：有例外，有时，一两个尿桶可能被监视者［首席助理］直接倒进［监狱长的］小花园里，据传监狱长正为他的女儿种植玫瑰。”(87)

此外，正如50年后的汤普森，卡明斯也有一个进入模拟寓言的阶段，效仿约翰·班杨写了《天路历程》，其中的章节标题受班杨激励：“我开始了朝圣”“一次天路历程”“探索山的方法”以及“恶魔亚玻伦”（《天路历程》中一个邪恶的魔鬼），“亚玻伦”在《巨大的房间》里是卡明斯对监狱长的代指，他的玫瑰花园是在监视者指定下犯人尿桶的接受地。就像卡明斯将他待在监狱里的七个月描述为一次朝圣，之后亨特·汤普森也将他在拉斯维加斯的恐惧和厌恶描述为一次对所谓美国梦的追求，副标题为“野蛮之旅——心中的美国梦”。他写的是流浪汉题材，主角是一个口齿伶俐的、嗑药的假英雄，故事的最后他发现美国梦是假的。卡明斯和汤普森延续了叙事性文学新闻史中存在的某种传统。

在此期间，欧内斯特·海明威开始在文学领域有所建树，在叙事性文学新闻崭露头角。像戴维斯和赫克特一样，海明威跨越了几个时期，在第一次间歇期和第二个主要时期内写作，进入1950年代后，又有一次实践的暂停。早期的例子是1920年代的《意大利，1927》，这篇文章是海明威为《新共和》而作，以第一人称叙述了法西斯主义的意大利。《意大利，1927》之所以值得注意，部分是因为后来海明威把它编纂在他名为《祖国，你在说什么》的短篇小说集中。但仍引人注意的是，它第一次发表时刊登在一本专门针对新闻分析的杂志上，与其说是分析，不如说是客观新闻，旨在呈现一个超越主观性的权威解释。《意大利，1927》夹在这样两篇文章之间，摆出一种挑战当时主流新闻范式的姿态。在这篇文章中，海明威和他的旅伴，因他们的汽车车牌表面上看起来不干净，而被一个小法西斯官员罚款，这相当于一次勒索。当海明威吵着要投诉并抱怨如果车牌上有任何灰尘也是因为意大利路面问题时，法西斯对他们再次罚了款（313）。这件事之后，海明威充满嘲讽地写道：“天黑后我们开了两个小时，晚上在蒙通过夜。那里看起来是非常令人兴奋，干净整洁，理智友爱……自然，在这样短暂的一次旅途中，我们没有机会去看看这个国家或人民是怎样的。”(353)

在这篇反讽文章中，海明威否认传统新闻“外带”出来的客观性概括，所谓的“外带”正是他们为了捕捉一个社区或国家的情绪而做出的努力。与此同时，他坚持给出批判性的结论。一段白天生活片段的轶闻显然利用了描述和对话（“他用不可擦笔写着，撕下纸条并把它递给了我。上边写着

‘25里拉’”［353］）的叙述技巧，试图去缩小主观性理解和客观对象的鸿沟。白天生活的片断反映了一种相对于客观新闻的更为显著的高度主观性，它使人回想起了哈姆林·加兰在自然主义方面的立场，即“它是个人的事情——关乎个人经历某些特定事情，并将个人叙述融入其中”。那时海明威仍在文学自然主义的传统模式下进行写作，这类写作者也包括很多他在文学性新闻方面的先辈。海明威把个人经历融入某个事物之中，导致没有全知式结尾。这反映在结论的讽刺上：他不能自负到对整个国家及其人民妄下结论。相反，他以一个小法西斯官员的勒索为据进行暗示。这就像苏格拉底的问题，一个不确定的未来会发生什么的问题。

海明威没有像许多文学记者那样将主观性摆在明显位置，这显然至少有两个原因。第一，作者运用小说修辞艺术“表现其精神和意识塑造”。（Weber，“Some Sort”20）可以确定的是，所有的写作，包括客观新闻在内，都有一个意识塑造的问题。不同的是程度问题，与叙事性文学新闻相反，客观新闻试图否认对意识的塑造，靠抽象又精炼的语言来构成客观性。客观新闻试图超越或者忽略主观性从而成为一种促进新闻生产的手段。第二，海明威的影响强化了他的文章与那些先辈及其后辈的对比。他们均以抽象又精炼的语言进行写作。例如，前面一篇文章提到，“墨西哥寻求在美洲中部的霸主地位，”林顿·威尔斯写道，“事实上，24小时内，激进分子本可以被推翻，假如政府可以控制的话——但实际上它却没有抓住时机，直到后来才把握住，然而已经太迟了。美国军队占领了巴拿马城并以自己最有效的方式解决了这一事件。数人丧生；大量的人被驱逐出境。和平秩序恢复了，但是这一问题还没有结束。”（350）这些“激进分子”“抓住时机”的失败，“以自己最有效的方式解决这一事件”的“美国军队”，“数人……丧生；大量的人被驱逐出境”，以及“和平秩序……恢复”，反映了这种语言的提炼——尼采式的简洁——这便是将主观性疏离客观世界之后，导致主客鸿沟加大而带来的语言风格。这种写法使人回想起了斯蒂芬·克莱恩的观点，即主流新闻中，客观化新闻中出现的所谓死亡率，死去的个体最终仅仅是“被杀总人数中的一个单位”（“Regulars Get No Glory” 171）。海明威的“感知细节”与林顿・威尔斯的“掌握”抽象事实形成了鲜明的对比。同样的分析可以应用于海明威文章后面的一篇关于美国参议院缺乏领导的报告（“Washington Notes” 353）。

此外，《意大利，1927》揭示了海明威早期与法西斯主义的冲突。最后，他对法西斯主义的反感反映在西班牙内战期间，他那本代表共和党立场的报告文学和小说《丧钟为谁而鸣》里。他在《意大利，1927》里描述的经历表明了他由于加入了主观性而被政治化。

与此同时，此段期间内，在以写小说叙事艺术见长的叙事性文学新闻方面几乎少有建树，比如洛厄尔・托马斯的《与劳伦斯在阿拉伯》。通过模仿文学新闻的属性，他们形成了一个似乎更为流行的伪文学新闻写作。就托马斯而言这应该不足为奇；他从来就不是一个充分受人尊敬的记者，高调的人更感兴趣的是自我吹嘘。在某种意义上，他是美国新闻史上的 P. T. 巴纳姆，而他自己本人并未被历史所关注。事实上，一个新闻历史学家描述他的作品为废话连篇的“顺口溜”（A. Lee 564)。《与劳伦斯在阿拉伯》是一篇伪文学新闻，托马斯写的历史小说被“纯属远逝的古老想象”所框定。托马斯讲述了他与 T. E. 劳伦斯的第一次会面时的滔滔不绝，并承认其写作目的为历史演绎，“那是我第一次打造的有现代人格形象的成熟原型，一个将会和罗利、德雷克、克莱夫及戈登一起载入史册的人”(6)。托马斯没有就此止步。他宣称在“一战”期间“出现了两个非凡人物”，劳伦斯和埃蒙德 H. H. 艾伦比将军。“华丽的冒险和丰富多彩的人生会为未来的作家提供一个黄金主题，如尤利西斯、亚瑟王、勇猛诗人理查德、行吟诗人以及其他年代的编年史作家。”在书的最后，托马斯把劳伦斯比作马可・波罗(408)。显然，作者受了意识形态的影响，把自己框定为一个浪漫主义史诗的记录者。这意味着：他们用了一种已有的框架来看待世界，托马斯寻求的是明显、明确的结论，而不是巴赫金那无法达到评论性结论的“不确定的当下”式的批评性结论。

这种感情的迸发与劳伦斯自己选自《智慧七柱》的《沙漠造反记》截然不同。劳伦斯写得散漫不经，他同时提供了文学新闻中常见的不寻求结论的小说式场景构建：

> 我们最终停靠在吉达的外港，离开白色小镇，它悬挂于天空又反现于宽阔湖面上的海市蜃楼之间，阿拉伯散发的热气像一把出鞘的刀，让我们哑然无言……这里只有灯光和阴影，街道上白色的房子和黑色的间隙。前面，是内港里苍白阴霾的光泽；背后，是一堆堆毫无特色的沙子的炫光。跑上小山边，隐约感受到远处的热雾。(1)

劳伦斯的风格完全不像托马斯那样哗众取宠、吸引注意力，所以在《沙漠造反记》中一点都没有提到托马斯。这是对滥用浪漫煽情，亦或是意识形态暴政的反抗，也正是文学性新闻抵制的东西，甚至在喧嚣尘上的大萧条时代也一样反对此种叙事。

大萧条的降临促使人们反思已有的新闻实践。一些记者再次避开客观形式，转向更为主观的表述。观察是极其重要的，因为客观性修辞在社会转型与危机时期显得更为格格不入。相反，一种试图帮助人们理解他们主观思想的叙事方式则需求更大，尤其是处于转型和危机核心的主观性：简而言之就是叙事性文学新闻。而且，这种主观形式很少与激进政治有交集。此外，1930年代大萧条时期报纸所刊登的政治话语中，那些脱离了人们主观认识的客观世界，使得报纸意见影响力大跌。

正如詹姆斯·博伊兰（James Boylan）指出的那样，许多报社在大萧条中的“失实”报道，旨在淡化大萧条的影响，以此来响应政治家和领导者们不要造成美国公众恐慌的号召（159）。其中一个比较突出的号召是1929年赫伯特·胡佛总统在华尔街崩溃之后做出的：“如果我们过度报道，可能会造成一种比实际情况更糟的感觉；……如果你只是把自己局限于对已发生了的事实的陈述，如此，当国家和各级政府及其他方面的努力报告说他们已经开始采取措施并有所作为的时候，那才是对主题最有帮助的新闻形式。”（Hoover 401）胡佛不仅迫使记者去约束他们的报道，而且敦促他们只能报道政府救助工作的积极面。胡佛提到的“主题”当然是事后的讽刺。因此，他叫记者“局限于对已发生事实的陈述”掩盖了对毫无情感色彩的所谓客观新闻的追求，就是将主观经验的“事物”或客观化了的经验，都变成所谓“客观化”新闻。博伊兰就此时期的美国报纸指出，“大多数人似乎准备保持着谨慎的沉默，直到萧条停止”（161）。于是，太多美国报纸不再是大萧条时每日状况的见证者，一位来自《托莱多刀锋报》的愤怒又勇敢的报纸编辑在1933年美国报纸编辑协会会议中“提出了一项决议，指责报纸已经诱使公众陷入了一个‘不真实的虚假的经济安全中’，并倾向于‘阻碍读者得知各个地区经济和财产状况的真相’”（Boylan 162）。因此，费城公报的一个编辑为他的同事们辩解，因为“出于一贯的谨慎，没有把已知的事实告知读者，比如银行可能倒闭等”（162）。决议被搁置，协会授权董事会公开该程序的副本，而董事会拒绝这样做。实际上，美国报业已经被定义为大生意，“编辑已经骄傲地接受了银行家的称颂，因为其‘稳定了他们所服务的社会，经济和商业社区结构’，并‘拒绝成为歇斯底里的媒介物’”（161）。结果也许是可预见的。“1930年代末的民意调查表明，3亿美国人中，将近三分之一的成人怀疑美国媒体的诚信。”（Stott 79）一个反主流的媒体反映，在1936年总统罗斯福竞选连任时“超过百分之八十的媒体反对罗斯福，而他以最高的百分比胜出”（Stott 79）。

一些有力的研究揭示了为什么叙事性文学新闻在这段期间内渐显其用，威廉·斯托特指出：“对1930年代的许多人来说，报纸形式本身显然是妥协的……报纸的间接性——在事实与发表报道之间的间隙——给篡改留下了太多空间。”（83）含蓄地说，那就是客观新闻的“客观化”，把经验转化为客观事实，并用一种貌似中性实则主观的东西对此进行篡改。

主要是在杂志方面，叙事性文学新闻将发现一个更加积极的呼声，尝试提供“主观新闻”，但是一个不同意义的“主观”正是胡佛总统所希望的。这段时期里的叙事性文学新闻通常被称为“文学报告”。该术语出自阿尔弗雷德·卡辛在1941年出版的专研美国文学现实主义的《扎根本土》中。在该书中，卡辛是那个时代里为数不多的、捍卫主观新闻形式的声音之一（491）。但是“报告文学”一词早在1930年代就已经被使用了。“报告文学是一种三维立体报告。作者不仅凝聚现实，帮助读者感受事实。最好的报告文学作家是充分感知这种形式的艺术家。他们通过自己的想象来构思文章。”（North 121）当时他写道，约瑟夫·诺斯是著名的左翼刊物《新大众》的编辑。在编者按中可以发现记者的塑造意识，而意象之下是我们的共同常识。

正如博伊兰指出的，“1930年代早期的纪实［报告］……旨在破坏现状”（175）。海明威、埃蒙德·威尔逊、舍尔伍德·安德森、艾斯肯尼·卡德维尔（Erskine Caldwel）和詹姆斯·艾吉都是提出抗议的进步分子。怀揣着对文学新闻的热忱，当他们试图以更加开放的态度认识现象世界的时候，他们发现根本做不到所谓的主客观的分离。（这在海明威小说里意义非凡，情感的超然反而助他声名大噪。）那将使他们成为社会活动家。

然而，不是所有的作家和出版物都能促进社会的发展。一个明显的例外是一份出现在1925年《纽约客》建立伊始的作品，它是一则早期的叙事性文学新闻，因为其在随笔写作方面很大程度地避开了明确的政治立场。《纽约客》文学新闻的主要影响来自它后来的招聘编辑威廉·肖恩（William Shawn）在1933年写的“记录和评论”专栏。“文学新闻需要的规矩和条件已经成熟”，因为肖恩给足时间让记者改进自己的作品（Sims，“Joseph Mitchell” 84）。《纽约客》的许多记者是《纽约先驱论坛报》的专栏作家。《纽约先驱论坛报》那时的编辑是斯坦利·沃克（Stanley Walker），他鼓励记者在绝大多数报纸可以承受的范围内写更多有深度的专栏。但是正如诺曼·西姆斯指出，每日的截稿日期使这种努力变得困难起来，很多人认为在《纽约客》写这种专栏的机会是不可能有的（“Joseph Mitchell” 84）。做更加主观的新闻实际也是哈罗德·罗斯（Harold Ross）创立《纽约客》的初衷。他曾说过，他刊登的“是解释不是速记”（Kramer 61）。除了莫里斯·马基（Morris Markey），《纽约客》还吸引了E. B. 怀特、约瑟夫·米切尔（Joseph Mitchell）、莉莲·罗斯（Lillian Ross）、A. J. 列伯灵（A. J. Liebling）、约翰·麦克纳尔蒂（John McNulty）和圣克莱尔·马克威（St. Clair McKelway），他们都是1930—1960年代这种新闻形式的支柱。这份名单中还包括约翰·赫西（John Hersey）在内的自由职业者。

此外，专栏作家们继续他们的叙事性文学新闻版面，享受着专栏提供的更大的自由。例如，供职于《纽约客》与《生活》的梅尔·伯格（Meyer Berger），或许他最能让读者提起的文章是发表在《纽约时报》“关于纽约”专栏里的（acknowledgments xi）。他在《纽约时报》中的作品含有都市生活里的生动肖像。在一个故事中，他回忆艾尔·卡蓬（Al Capone）如何斥责“上帝”，这也是作品的同名标题。一位上了年纪的非裔美国演员理查德·贝瑞·哈里森（Richard Berry Harrison）在剧作家马克·康纳里的《绿色牧场》里饰演“上帝”，他通过一个中间人有机会与“头号公敌”相遇并拍照，而此时卡蓬正在去联邦法庭审判的途中。他们被介绍认识，当卡蓬看到哈里森是黑人便斥责他：“卡蓬的脸一下子耷拉下来。他粗暴地把‘上帝’掀到一边。‘滚去地狱吧！’（卡蓬）咆哮着。”至于哈里森伯格观察到：“这个老人的眼睛里噙着痛苦和羞辱的泪水。他的双手紧紧抓着帽子。他注视着远去的枪手的背影。‘他不必这样做。’他说。”（180—181）三年后，在神圣的圣约翰大教堂圆拱形屋顶下的哈里森葬礼上，伯格回忆起这一幕。大约7000个哀悼者对这位老人充满敬意，这位在对黑人和白人都有吸引力的广受好评的戏剧中扮演“上帝”的人。正当他的同胞演员们抬着哈里森的灵柩走下大教堂的台阶时，伯格写道：“在长石上的护送灵柩仪仗队行动之前，一条道路开通了，涌动的人潮回忆起马克·康纳里最有力的一句话：‘让路！为上帝耶和华让路！’”（185）这里伯格暗示的是，这个被羞辱者同时是尘世和天国的继承者。但是否也能这样说卡蓬便是另外一回事了。

同时，旅游、体育主题类和犯罪故事也在两次世界大战期间形成了它们的现代风格。重要的是去辨认它们，因为它们与类似叙事性文学新闻类的模式重叠。需要注意的是，叙事性文学新闻作为一种广泛的社会写照，很难去进行局部定义。但是叙事性体育报道，如像林·拉德纳（Ring Lardner）所写的，至少是典型的叙事性文学新闻形式。另外一个从 1920 年代中期到 1930 年代的专写体育故事（也是一般专栏）的作家是韦斯特伍德·佩格勒（Westwood Pegler），他是为《芝加哥论坛报》写作的芝加哥大学的一位成员。从 1920—1930 年代的旅游故事也包括卡尔顿·比尔斯（Carleton Beals）写的拉美游记，和弗雷娅·玛德琳·斯塔克（Freya Madeline Stark）写的阿拉伯游记。接着是关于真实犯罪的故事。再次，杜鲁门·卡波特所写的并不是创新性的叙事性文学新闻，尽管有他的自我推销。例如希克曼·鲍威尔（Hickman Powell）出版于 1939 年的《90 次犯罪》，它是对纽约市黑帮非法卖淫活动的层层揭露（Kerrane and Yagoda 97）。

无论持有显性或隐性的意识形态观点，叙事性文学新闻写作者具有的共识就是对报道中主观性的地位持更加开放的态度。1930 年代初，试图缩小主观性与客观世界差距的尝试体现在同一事件不同版本的报道中。例如 1931 年埃蒙德·威尔逊为《新共和国周刊》写过一个有关曼哈顿共产主义者示威游行事件的报道。同事件报道也出现在《纽约时报》中。在匿名的《时报》文章中（它本身证明脱离了主观性），这位记者写道：“同情明显站在警方这一边。有人从附近建筑物的窗中向骚乱者的头砸东西和水袋。”（“2,000 Reds” 1）对于这一相同的事件，威尔逊在 2 月 11 日《新共和国周刊》中刊登的署名（他的署名蕴含了充满个性的书信体遗风）文章中写道：“有人从阳光大厦的高楼上抛下一个装满水的水袋，散落在雕像周围的人群中。水袋在空气中径自分开，人们好像观看着旋风瀑布。”（“Communists and Cops” 346）博伊兰对这两篇文章指出，“《纽约时报》的记者看见这个下落的袋子并赋予其一种意义，该意义以上层建筑的政治情绪作为结论。

威尔逊让这个下落的袋子仅仅携带其自身的信息”（171）。博伊兰的分析值得进一步的探讨。首先，这个袋子“携带其自身的信息”暗示了一种公开的主观性写作的结论：这个袋子“自身的信息”是不确定的。其次，越是提高主观性，就越能意识到或者反映出施加“政治情绪的结论”实为其自身的局限性，不像《纽约时报》的记者很大程度上从抽象的客观化中背离了自己主观性，从而最终导致情感的貌似真实的具像化。

此外，当威尔逊在第一段以第二人称直接向读者讲述时，他试图缩小主观性与客观化之间的鸿沟，让读者参与进来，他指出“在没有冲破警方防线和提供无懈可击的凭证的情况下，你不能靠近这栋建筑”（“Communists and Cops” 344）。此外，他将那些外出吃午饭的办公室职员和共产党人相提并论，并将这一群体与“唯一健康的标准尺寸人士”警察相比（345）。然而也许这并不能取悦办公室职员——他们似乎被暗示是“不健康的”——但在某种主观意义上来说，他们可以在另外一点上都松一口气：原来这些粗野的共产党人，确实有着与自己一样的人性。但这就是他们的原因就在于在这个混为一谈的过程中，资产阶级阶层的主观性与无产阶级的混合成一种象征性的政体，而这种政体是分离的。这种分离就表现在那“严防死守的公园”，从“男装店、施拉福特的苏打、利吉特药店、到拿扫街和百老汇的自助餐厅”开始（346）。威尔逊首先在外形差别上把办公室职员与共产党人合并，把他们与警察的身材相比。其瘦小的身材正如无产阶级所处之境遇。威尔逊将办公室职员们从其最熟悉的客观世界，从男装店、施拉福特的苏打矿泉水店、利吉特的药店、自助餐厅中分离出来。这是他叙事策略的一部分，让办公室职员体验另一种主观性，成为失业的无产阶级，他们仅仅渴望一个曾经熟悉的世界，但因为失业或者地域严格戒备，世界因为禁欲而遥不可及。当威尔逊谈到办公室职员和无产阶级被置于同一物理空间时，他说：“在那个狭小而充满敌意的场景里，共产党人们生出一种简单的困惑——一种变得越来越糟的困惑。”（346）对于办公室职员也一样，或许更甚。

显然，在威尔逊试图巧妙处理主观性的过程中，他有了意识形态的安排。接着他致力于体现主观性形式的努力。威尔逊这样做并尝试让他的读者也这样做。意识形态的手有时是沉重的，以至于威尔逊会跨越叙事性文学新闻和煽情叙事的界限。他也在后来的文章中这样做了，在区分这两类警察时力求平衡，但仍然以野蛮的讽刺漫画作结：“警察们似乎分成了两类：一类是强壮而善良的完成自己规定责任的人，虽然令人满意但是不热情；一类是被雇来的瞪着眼睛的蠢家伙，坦白来说是可以呼来唤去的牲畜。”（345）威尔逊并没有达到林肯·斯蒂芬斯所言的“叙述理想”，如“呼来唤去的牲畜”这样的描写就并没有做到“对他们进行人性化的报道，以至于读者在被描述者身体上体会到了自己的感受”（Steffens，*Autobiography* 317）。威尔逊的目的是为意识形态服务，为了将其转移到政治行动上，但是在这样做时这篇文章的部分情节倾向于伪叙事性文学新闻。然而，这篇文章还有潜在的方式以纠正强大的意识形态。正如琼·霍华德表明的，其余的则是“性的、暴力的、无意识的、不受控制的和无法控制的，无产阶级的、罪犯的、最重要的是——野蛮的”（80）。实际上，威尔逊这时已经巧妙地转换了角色，站在所谓权威的角度，再次演绎美国文化精神中的陈词滥调，并将警察也贬低为野蛮人。

尽管意识形态之手如此沉重，威尔逊从来没有完全失去他主观性的视野并依此得到最后结论。即使无可叙说，博伊兰也看到威尔逊在下面这篇文章中立即写到的“困惑……变得越来越糟”：“从公园的另一边，传来一声可怕的女人的尖叫声。”（346）没有解释。正如博伊兰所说，它只承载叙述本身的信息。这声尖叫是一个共产主义者用警棍打了她一下所致吗？在无法辨认的混乱中，是一个办公室职员在共产党人中发现她的吗；或者更糟糕的是，有人发现她已经和一位共产党人分享了她的主观性（或许以及她的精神基础）了吗？或者仅仅如大卫·布罗姆维奇（David Bromwich）所说，考虑到评论家欧文·豪（Irving Howe）对此事的立场，这只是“不必要的”或“无关紧要的”细节？“我们称为无关紧要或者不必要的细节似乎看起来都特别正确，我们认为它仅仅就在那里发生，虽然严格来说它缺乏任何正式或者戏剧性的逻辑。”（7）我们容易忽视这句话的另外一个意思：这个女人是一个“可怕”的女人，她的叫声是不可怕的吗？有对任何一个或者所有问题的答案吗？威尔逊没有告诉我们；他让我们自己来面对一个不确定的主观性的东西，在有限的认知中不可能从无知里挖掘出什么来，不像在《纽约时报》那篇文章里“关于政治情绪的结论”，一种抽象的客观性。读者正面临着巴赫金的不确定的当下。此外，不像问题的开始，作为客观新闻主义仪式所设置的，记者被要求去询问——谁、干什么、何时、何地、为什么和如何做——为了找到表明没有结论的答案，威尔逊拒绝读者回答这些问题，他要求读者主观性的质疑和参与。像这样的不确定的当下，正如凯西·N. 戴维斯（Cathy N. Davidson）在对巴赫金的解读中指出的，“至少在想象上，通过为个人对文本的回应授权，来为迄今为止无力的个体授权”（303）。

1930 年代，文学新闻持续追求着类似的叙事理想。这段时期内有其他参与人员如玛莎·盖尔霍恩（Martha Gellhorn）和欧内斯特·海明威对西班牙内战的报道。威廉·斯托特（William Stott）指出，这类报道对社会、文化及经济状况带来的挑战会越来越不明显，并随着 1930 年代社会的发展，最终被政府所吸纳过去。当“新政上台，它使纪实写作制度化，将具有批判精神的报道进行了‘招安’，成为巩固新政的一部分”（92）。他表明有两种他称之为颠覆性的和官方批准的“纪实报告文学”。后者由官方认可的联邦作家计划（FWP）赞助。联邦作家计划由美国公共事业振兴署（WPA）推出，并在 1935 年到 1941 年期间实施。政府组织雇佣作家、记者、编辑以及失业博士、学生进行有目的研究。这是大萧条期间为了使美国人重返工作岗位，罗斯福政府有关部门的一份努力。他们的主题从广义上来说，是“国家价值观的重申”（Penkower vii），在其他主题中则体现在地区和文化历史作品上，以及体现在民族研究、民间传说收集和美国每一个地区的旅游指南系列作品上。

联邦作家计划（FWP）曾经雇佣了多达6600位作家。究竟有多少作品能被定义为叙事性文学新闻尚未确定。但是该计划的作家跨越了相当大的写作范围，实际上他们也被鼓励站在人性化的角度有声有色地写作。例如对于旅游指南系列来说，它不仅仅是旅游说明的采集。这样的说明实际上是该系列的一部分，同时作家可以作为民间传说以及关于社区和不同行业工作者的个人描述来投稿。用它自己的方式来说，它是美国社会现实主义的一种形式。直到出现更深入的研究，能在里面发现叙事性文学新闻的痕迹。这通常让人想起小说家卓拉·尼尔·赫斯顿（Zora Neale Hurston）的《凝望上帝》，这是一部出版于1937年的早期女性小说。赫斯顿也为联邦作家计划工作，收集南方的黑人民间传说（她是一位有经验的人类学家），并受聘于具有叙事性文学新闻特色的佛罗里达旅行指南。事实上，她将一篇最初为联邦作家计划写的关于描写农民工的文章收入了《凝望上帝》中（Bordelon 122）。

在佛罗里达旅行指南的稿件中她有如下描述，在她的家乡，“你看到的伊顿威尔镇”，住着工薪阶层的黑人。正如其名所示，一个人必须花时间去了解一个社区：“梅特兰一直延伸到赫斯顿的角落，然后便是伊顿威尔镇。就在威利·西维尔黄色油漆房的前面，为了多铺上几英里成为伊顿威尔镇的中心，石砾路已经不再是石砾路了。或者从一个陌生人的角度看，你可以说这条路延伸在高速公路17路到441路的周围。”（124）正如学者帕梅拉·博德伦（Pamela Bordelon）所说（123），除了散文“抒情”的力量，赫斯顿也使用了现在已经成为叙事性文学新闻的一种叙述方式，即想象把读者置于一个他或她可能不会注意到的位置。伊顿威尔镇，一个只有136人的可能会被忽略的小镇，但是它是杰克逊维尔和奥兰多冬季公园之间旅客的必经之地。这是一个没有铺设道路的黑人社区，一个仅仅因为“延伸在周围”而吸引外来客的地区。但是对赫斯顿来说它意义要深远得多。

> 经过店铺，就来到寡妇达希的橙树林里。你会看到那网状的门廊，“双屋脊的”房子，她和她的新丈夫……路的左边，除了马其顿浸信会教堂的人们生活在那边，还有在大樟树后面阿美特·琼斯的庭院里玩槌球的人……路的两边都有后街。右边的两条后街满是蹲在橡树下的小房子。这些老房子是小镇的第一个梦想蓝图……他们称之为绿荫遮蔽的土地，这里穿过了校舍西街，经过几片小树林，再穿过吉姆·斯蒂尔漂亮的橙树林，就在贝尔湖边。这是伊顿威尔镇最著名的居民房，有世界上最大的鳄鱼。(124—125)

赫斯顿也没有忽视自己的主观性，但是她指出了她所生活的“湖上的大谷仓”，因此她再次含蓄地承认，哈姆林·加兰在《崩塌的偶像》中所说的主观性在叙事性文学新闻中应用得非常恰当：“写你知道的最多和关心的最多的东西。这样做你才会忠于你自己，忠于你的位置、不枉费你的时间。”(35) 作者是如此熟悉这片社区，寡妇达希的“新丈夫”，在阿美特·琼斯后院玩槌球的人们，满是樟树树影的院子，“作为小镇第一个梦想蓝图的”小房子以及“伊顿威尔镇最著名的居民房，世界上最大的鳄鱼”。赫斯顿几乎催生了魔幻现实主义，其中明显掺杂了她在佛罗里达对黑人社区研究的经历。这是圣经故事里的樟树之地、梦想之地，盎格鲁-撒克逊古神话史诗中白人格伦德尔的鳄鱼之地。从任何意识水平上来说，这是赫斯顿让白种人尝试不同的、非裔美国人生活的一种叙事手段，一个非常吸引人的具有深度的再现神话原型的手段。赫斯顿的情况不足为奇。除了记录民俗传说的作品之外，她还写了《摩西：山上的人》。这是一篇出版于 1939 年的对犹太圣经中关于黑人的民俗解读。

但目前还不清楚有多少联邦作家计划的作品可以被认定为叙事性文学新闻。也许更重要的是，这项计划的开展，旨在国家以文本的形式展开的全国性文化调查。正如阿尔弗雷德·卡津所说：“为什么这么多 1930 年代和 1940 年代早期的文学状况，必须通过这些纪实写作的形式才能得以研究？”

(“Imagination” 490—491)。例如，在国家“收编”这个队伍之前，一个突出的例子便是作为小说家、诗人、历史学家、民俗学者和文学记者的卡尔·加摩（Carl Carmer）。最后三个特征才是说明卡津观点的重点。1920年代，来自纽约的加摩在阿拉巴马大学担任英语教授。1934年他出版了《坠落在阿拉巴马的星星》。该书讲故事般地叙述了他在该州发现的不同文化，包括黑人、白人和法国人后裔以及在其鼎盛时期的三K党。加摩描绘了塔斯卡卢萨的生活：乡村舞蹈、营地复兴会议、松脂及种植园的生活，“该死的”法国人后裔和一种私刑，以及白人试图阻止加摩进入种植园等等。

正如《坠落在阿拉巴马的星星》表明的，要是认为这时期大部分国家普查式的作品能具有比较开放自由的意识形态认知，那就大错特错了。斯托特认为出现了两种纪实报告文学，一种是有助于促进社会运动的“吹鼓手式的”，另一种是他称之为“描述性的”、更“保守的”形式（238，240）。因为“吹鼓手式的”报告文学主要被毫无掩饰的意识形态驱使，斯托特指出，一些评论家逐渐意识到坚持中立思想（尽管不一定客观对象化）的报告文学的必要性。正如内森·阿希在1935年的一篇评论中所说，新闻之所以兴起就是为了“让读者自己去下结论”（108）。这样，在某种程度上，威尔逊试图去做的，正是他描述的仅具有事实本身信息的下落的水袋，尽管威尔逊的左派同情心在更大程度上会让他变得更好。符合国家文化普查要求的作品出现在大萧条时期，这样一种描述性的报告文学通常被叫作“寻找美国”，这是1937年阿希出版的《漫漫之路》的副标题。这本书描绘了在1930年代中期他开车越野旅行的故事。一般的评论家因其充满说教味道而认为该书是不成功的（Stott 250）。然而，阿希的作品却已开始成为一个流行的亚类型，舍尔伍德·安德森也正是从此开始为《今日新闻周刊》写专栏。它们被收录在出版于1935年的《迷失的美国》中（Stott 245—246）。

创建安德森专栏的主意来自雷蒙德·莫利（Raymond Moley），他是总统罗斯福智囊团团员之一，也是《今日周刊》的编辑。莫利建议安德森到全国各地旅游，和人们交谈，写下他们的看法。莫利告诉他：“人民必须有解释的权利，并且被聆听。总统以及那些高级政府机关里的人听到的是奉承和诡辩。他们读到的是华盛顿新闻记者写的东西。但是他们不知道农民跟他的邻居说了什么……我希望你可以帮助我们，让这些人的想法被听到。”（3）很明显，华盛顿种类多样的主流新闻风格对于目前的任务是不适用的，莫利需要一种可以更加公开地尝试表达或反映“农民的”和“邻居的”主观性新闻，这是被客观性净化后的客观新闻无法做到的。莫利另一个具有启发性的评论是，他把安德森称为一个“没有斧头要磨，没有事业要发展”的记者（3）。这段话反映出对纪实性报告文学的渴望，不论本身就存在问题的主观性如何努力地伪装成中立观点，他的意图就是在于描述性，而不是把它作为一种手段或方式。

在安德森的系列作品以书的形式出现的同一年，艾斯肯尼·卡德维尔（Erskine Caldwell）出版了他周游全国的故事《一些美国人》。在书里他劝告他的读者避开纪念碑、街景和其他旅游名胜。“值得旅行上千里去看和了解的是人们和他们的活动……通过参观国家的不同方面……关于人们的故事会在不断变化的版本中被发现。”（4）“去看一看……人们和他们的活动”让人想起早期叙事文学记者们为缩窄主观性与客观事实之间的分歧所做出的努力。另外，卡德维尔的“不停变化的版本”揭示了一个不可能完成的任务形式：“不断变化的版本”本身就是对结论性认识世界的反抗，揭示了生活的不确定性。斯托特补充道，那本《我所见的美国》在1930年代结束以前成为了“最主要的非虚构小说模式”（251）。

除了这些对描述性文学新闻的努力外，无论是安德森还是卡德维尔的写作，都没能完全避免公开意识形态立场。就像斯托特所说，卡德维尔在“华丽的灵丹妙药”（242）这个问题上是感到内疚的。讽刺的是，在《一些美国人》里，卡德维尔警告过国人要反对这种灵丹妙药（9）。在安德森和卡德维尔的报告文学中，一旦他们加入了自己的主观性，就会无法避免地选择政治立场。比如，安德森说：“我不能用客观的语调。”但是他同样承认他主观性的局限：“对于不能得到更多这样的故事，不能得知与我交谈的人

的真实感受，我深感自责。”（ix）

诸多线索都表明，安德森和卡德维尔为了将他们的主观性与其采访的客体取得交换，需要具有多大的叙事雄心壮志。40 年以前，斯蒂芬·克莱恩在《苦难的实验》里说，他在看到一个像是无家可归的人之后就想描写无家可归是怎样的。“也许我可以发现他的观点或者类似的东西。”（34）安德森在《迷失的美国》里表达了一个相似的想法：“我经常在我默默无名的时候，更会感受他人，更能为他人着想。”在安德森作品集的第一个前言里，他提出了叙事性文学新闻必不可少的发展趋势：“在事实的革命之前必须先有情感的革命。”（11）换句话说，只有在情感或主观性上对某事物有反应，有是否值得去报道的价值判断后，才会对事实有真正的理解。而要做到这一点就须事先有安排。安德森有一个与巴兹尔·马驰所遇到过的困境类似的境遇，巴兹尔·马驰是威廉·迪恩·豪威尔斯的小说《冒险新财富》里虚构的记者。马驰“离开眼前生活的想法……阻碍了马驰完成对周游全市经历的描述”（Borus 180）。安德森展开第一段关于煤矿城镇生活的描述，面对相似的情况，他在他的反思录里试着去克服它：“那些故事透过那些男人和女人们的眼睛盯着我。他们朝我大喊。我不应该以这种方式写作。我应该留在这里，留在这座煤矿城镇的其中一个棚户里。我应该好好地去了解这些男人、女人和小孩。为什么我要忙着从这个城镇赶到那个城镇?”（5）当一个人从事于客观新闻的时候，他可以很轻易地从一个城镇赶到另一个城镇，他的主观性是闲散的。

卡德维尔也表达过他力图缩窄他的主观性和客观化世界之间距离的尝试，他说：“旅行不应该与观光和游览混淆，后两者是消遣闲置财富。”关于这一点，也许可以补充上它们是闲人的消遣。他接着说道：“真实意义上，旅行者应该是能从所遇之人那里获得同情理解和共识的陌生人。”（9）与之相似的是特拉亨伯格所说的“主观性的交换”。在一个例子中，卡德维尔描述了一个住在南方某州的贫穷而饥饿的佃农白人家庭。其中有个细节描述了两个饥饿的婴儿正吸吮母狗的乳头。对那个家庭的描写是卡德维尔最引人入胜的部分，然而当他形容那个家庭的一名成员——一位小女孩时，并没有描述她是如何饥肠辘辘的，而只是说她的希望，或者说仅仅是她言语里流露出的所谓可怜的抱负："那女孩在炉边，撩起她用装玉米的麻袋制成的短裙，让炉火的温暖照在她的身上，说着'如果你知道去哪里找的话，应该能不费力地找到一些能吃的东西'。她的姐姐看着她，但什么也没说。然后那女孩问了自己一个问题。为了一碟子猪肉香肠我有什么做不出呢?"(235）但是卡德维尔的叙述受到的最大困扰还是来自他那开放式的意识形态架构。这再一次证明，尽管叙事性新闻尽可能去抵制一个封闭性的结论，也难免像卡德维尔一样，陷入对共产党人的同情。比如在作品的最后一章，卡德维尔呼吁美国农场遵循斯大林模式进行集体化，他当然并不知道集体化在苏联变得多么恐怖。以上那段文字尽管是描述性的，对保守派构成了叙述的挑战，那些保守派呼吁剥夺没有能力养家糊口的穷人的政治权利。换句话说，他没做到像他的共产党同事约瑟夫·诺思（Joseph North）呼吁的那样，"通过形象化的手段来发表社论"（121）。这不是说这些文字可以完全避开意识形态。但是他们可以抵制它，而在这种抵制中，他们可以让读者发挥自己的想象去得出他们自己的结论。

安德森在抵制意识形态的诱惑方面做得更好。他似乎感受到意识形态对于客观新闻的危险。在对所谓主流客观性新闻的批评中，他的一段叙述写到美国主流新闻与大萧条中受害者现实的分离。这是一个叙事性文学报道挑战客观主义对记者主观性造成影响的例子。在中西部的一个城镇，一个对大萧条受害者所遭受的困境抱有同情的医生，和一个对此毫无同情可言的报纸编辑把安德森带进了一个乡村酒吧，那里是失业者及其配偶的聚集地。安德森把那儿和"我少年时期所知道的老酒吧"相比较，把它描述成一个"新型聚集地"，在那里"不存在酗酒"，大概是因为几乎没人买得起（225—226）。整个晚上，医生和编辑都在为他们观察着的这一切所具有的社会意义而争吵。在争吵的过程中，编辑的主观性和他所看到的一个专业客观化世界之间的差异出现了。"但是这些农民，"他说，"总是喜欢为小事无端地发牢骚。”这位新闻人起了个好头，他继续说道，在一些州里，有人提议说接受救济的人应该被剥夺选举权。他支持这个看法。“一个乞丐就是一个乞丐。”他说着并向我眨了眨眼睛。他继续说起人和机会的话题。“我不在意会发生什么，因为一个拥有真正实力的人是能够生存下去的。”(229)

那位身份不明的编辑将他自己与那些失业者分离开来，并且以假想的第三方视角挑剔地审视他们。他的主观性和世界的分离可以在以下这段话中清晰地表现出来：“‘我是一个个人主义者，’他说。‘你千万别听这个医生的话，他是一个多愁善感的家伙。’”(227) 那位编辑当时的意思是：作为一个个人主义者，他（的体验）与其他人的体验是截然不同的。相关的诉讼也在说这种感性是不对的。因为理查德·哈丁·戴维斯盼望鲁汶的人质不要被射杀不过是一种过于感性的希望而已。伤感归伤感，他们对他人那种设身处地的感觉是可理解的。

寻迹美国的主题写作促进了叙事性文学新闻追求更精彩的叙事方式，它的发展比汽车的发展还要迅速。在1930年代末，法勒和莱因哈特出版社开始组织出版美国之河系列，这个系列有24卷，记录了美国主要河流沿岸的生活和风俗。加拿大出生的小说家，也是这个系列的第一个编辑康斯坦茨·琳赛·斯金纳（Constance Lindsay Skinner）说：“这是一个文学的而非历史的系列。这些书的作者是小说家和诗人。如今在美国，他们无处不在，身上承担着阐释世界的真正责任。”（n. pag.）比如，塞西尔·赫尔斯·麦凯斯（Cecile Hulse Matschat），一位知名的植物学和园艺学作家，写了《萨旺尼河：奇怪的草地》一书。麦凯斯以第三人称“植物女士”的身份，记录了萨旺尼河和奥克弗诺基沼泽附近居民的生活。

> 在一个春天的早晨，两个人划着平底小艇来到沼泽中央。他们没有听到荒野之声，没见到美丽而阴郁的水面，也没注意到阳光不时给灰色的柏树镀上银边，绿湾的叶子在照耀下闪烁动人。他们的注意力

都集中在一条柏树根——树膝上，沼泽地居民这样称呼它，“晒太阳的大水蛇”，这条蛇浮出水面的高度大概是植物女士头部的高度。她坐在船头，船头碰到树膝便停下来，幸好没有晃动到小船。(12—13)

这个“有序的”或“集成式”系列有一个缺点，那就是作者往往力不从心。麦斯凯在描述植物时极具创造力，可是有时她对忠实地记录沼泽附近居民语言的努力就太过个性化，让文章看上去更像诙谐的顺口溜，或者像是关于乡下人的“斯纳非·史密斯”连载漫画。至于蛇，她的导游说：“‘这个春天有好些个淘气鬼跑出来。’他朝水里吐口唾沫，‘特别多，但水里没有!’”(13)

这种有序的系列尝试，确实反映了非虚构文学是多么专注于美国这个主题。就像卡津提到的：“无论这种文学运用哪种形式——对于国家发展和建设，都是一则公共事业的振兴指南，是对怀疑主义以及20世纪‘轻浮’传说的回应；那些半煽情半商业的新民间故事，不无喜剧化、漫画式地重塑了远逝岁月里的传奇人物；那是美国历史中那些被剥夺者无尽的史实记忆。它证实了一个国家的自省精神是多么杰出。”(*On Native Grounds* 486)的确，当卡津写下“那些半煽情半商业化的新民间故事，不无喜剧化、漫画式重塑了远逝岁月里的传奇人物”的时候，他心里想的也许是麦斯凯在萨旺尼河上的努力。显然，并不是所有写作都配得上说有文学价值。尽管如此，像卡津在《扎根本土》里所述：“那部著作从未按常规出牌，它甚至可能在未来的很多年里都统领该场景；要不是因为其不定形的特质以及经常机械地生搬硬套，这部著作或许是对1930年代之后美国精神发展的最完整表达，它阐述了那些年文学的整体性质，这一点没有其他著作能做到。”(485)就算一篇叙事性文学新闻不能在未来的很多年里“统领那个场景”，它也已经被证实是持久的，而且会随着新新闻而再一次得到繁荣。

当安德森和卡德维尔考察那些被边缘化的、贫穷的南方白人佃农群体的生活时，他们就预料到有一部作品会成为所有类似作品中最具纪念意义的，那就是詹姆斯·艾吉在1941年出版的《让我们赞美名人》。1940年代对于叙事性文学新闻来说是重要的，这一时期有两部作品，一部是艾吉的，另一部是约翰·赫西的。《广岛》成书前于1946年在《纽约客》上首次出现。两本书在美国叙事性文学新闻的历史上都至关重要。首先，它们多方面承续了1930年代叙事性文学新闻形式的功能性和叙事性张力；其次，又蕴含了1960年代新新闻主义的特质；最后，两部作品分别代表了两个端点，并由此展开一种主观性如何在缩小、沟通主客观世界中发挥作用的运作谱系。

艾吉和拉夫卡迪奥相似，后者于1890年到达日本后，在1936年受命写作，他发现自己不能以《财富》杂志编辑想要的态度去对待此次写作。正如谢莉·费舍尔·费什金（Shelley Fisher Fishkin）所说：“这些文章的语气基调‘轻松愉快，纡尊降贵’……；对穷人形象的描绘从某种程度上是为了讨好与取悦《财富》的有权势的富裕读者。”（145）事实上，这已将那些人看作是耸人听闻的野兽。但是当艾吉进入三个阿拉巴马州农民家庭的生活中后，他发现自己无法把主观性从故事中撤走。相反，他在序言里承认自己写这本书是为了“了解一部分让人难以想象的生活状态，并创造出适合它的记录、交流、分析和防御的方法”（xiv）。他希望结果是“为那些人的现实状况做出努力，读者被卷入的程度一点也不比作者和其笔下人物要浅”（xvi）。这里，最明显的是作者意图的流露，“读者被卷入的程度一点也不比作者和其笔下人物浅”。再次，文学新闻的目的是在“讲述者、听众（读者）和主人公（们）”（Berger，“Stories”286）中分享主观性。

《让我们赞美名人》出版于1941年。在书里艾吉表明了他的意图：通过努力理解别人的主观性来承认自己的主观性，比如佃农乔治·格杰的主观性：“乔治·格杰是一个男人，诸如此类。但显然，想要尽可能如实地（通过实例）去描述他，这方面是有限的。我了解他，但仅限于目前所了解的范围，也只限定在一定的方面内；而所有这些完全取决于他是谁，同样也取决于我是谁。”(239)在承认其主观性所扮演的角色后，艾吉认识到了自身的局限性。因此，在他承认对于格杰“我了解他，只是在某种程度上了解他”的时候，就相当于承认了世界的不确定性，这个世界观是不会轻易给眼前的事物下结论的。问题是除此之外还有什么？那依然是不能确定的。艾吉补充道：“对于最终的目的（提供真实的解释），现存的书卷仅仅是预示和片段，是实验，是并不和谐的序言。”(xv)正如费什金所说：“这里给我们提供了那些激活艾吉写作的内在因素：他意识到他的书只会在某种程度上是‘真实的’，它承认它自身的非完整性。”(149)

尽管艾吉的《让我们赞美名人》是叙事性文学新闻在1930年代初盛行后期“有用的”例子之一，它旨在警醒社会，当它在批评圈里成为经典之际，其实也预示着1960年代的到来（Fishkin 147）。因此作为一个作品它穿越时间实现了它的目的，像克莱恩的《苦难的实验》一样，尝试着以交换主观性为结果，或以共享主观性为结果，不仅仅靠从远处看一个被客观化了的“另一半”的生活，而且也试着通过特拉滕伯格的“感觉到的细节”去体验它。

1940年代的前半段无疑是属于著名战争报告文学的一段时间。利布林让《纽约客》刊载了大量伦敦和诺曼底登陆日的新闻；欧尼·派尔（Ernie Pyle）在类似于《勇敢的人》的作品里写了欧洲和太平洋战役；罗伯特·J. 凯西（Robert J. Casey）写到了南太平洋战争，他的作品和其他人的作品一并被收集并刊登在《鱼雷会合点》中；而从1920年代就为《纽约客》撰稿的莫里斯·马基（Morris Markey）在一架航空母舰上完成了战争写作。在战争的大后方，约翰·多斯·帕索斯（John Dos Passos）在他“寻迹美国”旅行见闻讲稿续集《美国》里继续探寻着这个国家，这本书于1944年出版。但也许最值得纪念的是赫西的《广岛》，这本书在战争结束后出现。如果詹姆斯·艾吉的《让我们赞美名人》是对社会变革有实际作用的叙事新闻，很明显，约翰·赫西的《广岛》就属于斯托特“描述性的”范畴。像阿希所说的，它成功地利用中立语气，让“读者自己下结论”——菲利斯·弗拉斯（Phyllis Frus）把这种中立性引为此书的一个主要缺陷，但她依然承认它“或许是第二次世界大战阶段最著名的新闻作品”（*Politics and Poetics* 92）。即使读者完全不在广岛，也可以通过作者的主观性认识了解广岛。弗拉斯补充道，“它是一个用美化后的主观性叙述为模型的极好例子”（92）。它也是被德怀特·麦克唐纳德（Dwight Macdonald）称作“变性的自然主义”的极好例子。和《纽约客》上的叙事性文学新闻一样，由于它的“临床的”分离，它有着“道德上的缺陷”（“Hersey's Hiroshima” 308）。弗拉斯研究的结果是认为这种写作不过“使要写的事物具体化，并引起读者（也包括作者本人）的俯视态度”（*Politics and Poetics* 93）。因此，弗拉斯误认为《广岛》从根本上是煽情主义的，她认为它符合约翰·伯格（John Berger）对煽情主义的定义：“认为《广岛》一书就正是约翰·伯格定义的煽情主义新闻，即“将他人的经验缩减到一个纯粹规设好的视镜中，此时的观察者在安全的遥远的位置上获得阅读的颤栗和震撼。”（“Another Way” 63）间接之意，在俯视造成的距离感中，读者其实别无选择。

弗拉斯说的很多都很有道理，但是她忽视了文中可以被称为“缩简了的”的主观性，这种主观性存在于假设好了的一种极端主观和极端客观的谱系之中。为了让自己的叙事有思考性，他将自己的主观性放入有价值判断的极好的隐喻里，体现其“规设意识”。赫西观察到：“现在每个人都知道，幸存的人是其他许多生命的延续，并且见到了比他想象中还要更多的死亡。”（2）再后来，赫西承认有些东西他不知情，因为他报道中的一部分，被弗拉斯称为“被美化后的客观叙述”的内容，反映在赫西自己也不否认的审美主体性里：“想要知道有过那段经历的孩子们心里有多么恐惧，那是不可能的。”（90）赫西承认自身主观性的局限。问题不在于赫西是否把那些爆炸幸存者的经历客观化了。但毫无疑问，在某种程度上确实是那样的。而对于其他文学新闻记者来说，在不同程度上也是如此。其中一个例子就是海明威在他的报告文学，比如《意大利，1927》，其风格因缺少坦率的情感而备受指责。

《广岛》的叙事存在于反省式的主观性和“变性客观”的图谱之间。它可能比较偏向客观化，但它的叙述目的始终在于缩窄主客观距离，这既是因为在小说写作时在修辞上的选择，也因为赫西偶尔对他主观性的承认。最后一点，同时也是最重要的一点，当面对难以说明的事情时，他便使用隐喻的修辞手法，比如，说活着的人是在延续了许多人的生命。在他自己的道路上，赫西在尝试克服主观性和客观化之间距离的方向上纠结着。显然，他需要走很长的路。

到了 1940 年代中期，康纳里在他所列的分段标准中暗示，叙事性文学新闻的中期已经走向衰落。原因并不明确，但是仅仅是第二次世界大战中科学的胜利这一点就足以表明，实证主义者的设想几乎打败了作为解释世界的合法认知立场的主观性。并且，到了 1940 年代末和 1950 年代初的时候，文学批评的倾向几乎固化了新批评主义模式。考虑到新批评主义在文学作品本身寻找意义，对于叙事性文学新闻公开承认自身现象学起源和大量生产这一点来说，这并不是个好兆头。

虽然如此，在该形式第二次机遇到来的间歇期，《纽约客》继续出版描述性作品，比如约瑟夫·米切尔（Joseph Mitchell）的文章。米切尔跟克莱恩的文章没什么不同，都是关于纽约乏味生活的写作。就像诺曼·西姆斯所说的那样，“米切尔和他的一些在《纽约客》的同事们，在 20 世纪中期的那几年里，对继续保持叙事性文学新闻的活力有所贡献”（“Joseph Mitchell” 83）。虽然米切尔的文章被米切尔自己称作“墓地幽默”，其特点再次反映出对缩窄主观性和客观化的他者之间分歧的努力。比如在一篇关于麦克索利在曼哈顿酒吧的文章里，米切尔的描写主体是“一群人数越来越少的顽固老头，主要是爱尔兰人，自打年轻的时候就在那里喝酒了，所以现在他们感觉自己好像拥有那个地方一样”（“Old House” 3）。米切尔含蓄地提出了一个问题：这些整日泡在酒吧里，并觉得他们拥有了那个地方的上了年纪的爱尔兰人的主观性是什么？

战后时期这种形式的作家还包括莉莲·罗斯、A. J. 利布林、玛丽·麦卡锡、梅尔·伯格和欧内斯特·海明威[1]。利布林和罗斯是战后《纽约客》的中流砥柱。利布林在第二次世界大战前就在《纽约客》工作了，写一些描述纽约生活的文章，也为其他出版物写关于战争的文章。他战后写作的主题如果要说跟以前有什么区别的话，就是视野变得更加广阔了，包括《在内华达州的派尤特族印第安人》和《路易斯安那的厄尔龙州政府》。莉莲·罗斯也同样显得多才多艺。1950年，她把欧内斯特·海明威塑造成一个严厉苛刻的形象。海明威被描绘成一个拥有痛苦自我意识、却装作自己不具有自我意识的人，并故意常常在公共场合用自己携带的酒瓶喝酒，以标榜自己的特立独行。像包括利布林的《路易斯安那的伯爵》在内的很多冗长的《纽约客》文章一样，罗斯对海明威的描写后来也以书的形式出版了。

麦卡锡的写作让人很难把她的作品当作严肃文学新闻来看待。而海明威颇具讽刺地显示出在叙事性文学新闻里对待新闻的矛盾态度，为此下文对两者有更深入的解释。首先，值得注意的是，麦卡锡的写作并非具有广泛社会意义的形象描写，比如体育和犯罪故事，很难用抽象主题去界定，但依然受读欢迎。也就是说，他们帮助保持那种样式的活力，尽管它们如同克拉里和雅格达所观察到的，“在文学发展轨迹的另一边”(97)。吉米·加农（Jimmy Cannon）和W. C. 海因茨（W. C. Heinz）是两位体育记者，他们在写故事方面很杰出（Kerrane and Yagoda 115，461）。著名犯罪新闻是约翰·巴特罗·马丁（John Bartlow Martin）的作品，他在1940—1950年代之间，经常向《真正的侦探》投稿。1950年，他出版了《谈屠夫》，一本关于犯罪的故事集。而在1953年，他出版了《他们为什么杀人?》，写了一场由三个青年人制造的谋杀，这本书被称为卡波特《冷血》的先驱（Applegate 165）。

玛丽·麦卡锡在本质化审美方面，很难让她的报告文学被当作叙事性

---

① 见阿普尔盖特关于伯格的研究；曼塞尔关于麦卡锡的研究。

文学新闻来严肃对待。在一篇1953年发表于《哈泼斯》杂志的文章《穿制服的艺术家》里，她回忆起她遇到的一位反闪族的陆军上校。在她被公开认可的主观性中，麦卡锡试图通过她自己对事件的主观理解，运用小说写作相关的技巧，来把读者从被动的旁观者转变为政治参与者。比如，在故事中，陆军上校试图从穿着打扮的角度，解释麦卡锡作为进步分子观点的形成原因。他记录下她浅绿色的生丝裙子，她的凉鞋，她束成髻的头发，这些都可以说明她是一个波西米亚人："通过他的眼睛折射出我奇怪的映像，在那里我是一个艺术家，我的存在像染工的手一样彻底地给他的眼睛上色。"（233）因此，她必须为"他人"把她看作"他者"来看待这一想法进行辩护，如此，读者就能从她的视角了解被置于边缘化框架中的感觉。

然而，同样重要的是，这个故事提示读者自己做出回答，这个回答恰好揭示了叙事性文学新闻是如何因为新批评主义和文学形式主义的重压而被忽略的。麦卡锡在一篇发表于1954年2月《哈泼斯》上的文章里辩解说，她的第一篇文章是一个真实的故事。她之所以做出这样的回应，在某种程度上是因为一个大学英语老师给她写了一封信，问她："你希望给象征打上多么贴切的标签？"比如在这句话里"粉中带有两块绿色阴影"。（"Unsettling" 250）在《上校大麻里的不安》里，她坚持说那个故事不是虚构的，而且无论故事里含有多少象征事物，都是为了让它变得更真实。尽管如此，她发现自己为故事真实性的辩护行为，正是反映了学院派英语文学，在文学批评中处于对新批评主义和各种文学形式主义的多种摇摆不定。

1950年代有关海明威文学新闻的众多例子中，一篇文章揭示了他对这种形式的矛盾态度。而且，在所有在此讨论过的作者中，他是最有问题的，因为他从不揭示自己的主观性。他都是通过间接的途径表露自己。1956年《看》杂志登出了他称之为《关于那本大书中我们明天回去工作之前事情会怎么发展的情况报告》（"A Situation Report" 472）。文章中他写道："新闻就是写下每天发生的一些事，我从小就被训练这样写作，而且只要用精准的报道诚实地完成写作，便不致于堕落；在这本书完成之前，除以上所说的之外就没有别的了。”

他的矛盾反映在他为《看》写的那篇文章的性质中：在他没有写那本“大书”期间，有关“每天都发生的事情”的叙述。在每天都发生的其他事情中的，是“玛丽女士［他的第四任妻子］离开了，我像一头山羊一样寂寞，而且想到城里去”，和一群海军军官一起。他确实去了，并且用一张纸记下了这件事，所以当他说“在这本书完成前”不存在新闻时，他似乎忘了他正在做的事情：写新闻。他是否意识到其中的讽刺意味并不清楚。但显然新闻，或者这里正在讨论的文学化了的版本比他本身要好得多。他不禁再次尝试着缩窄很少被揭露的主观性和客观化的世界之间的分歧。

也许它和海明威最后出版的作品《流动的盛宴》一样，也是一本类似于叙事性文学新闻的作品。更准确地说，那是一本他的巴黎岁月的回忆录。但它对其他人的描写，比如他带有报复性地塑造了格特鲁德·斯泰因（Gertrude Stein）的形象，把此书放在了叙事性文学新闻的位置上，因为它对外指向的是社会环境，这与对内指向的自我回忆录形成对照。玛丽·海明威注意到，书里很多内容是关于其他人的。“玛丽回忆说她觉得作品令人失望，她在他写完手稿后帮他打字。‘关于你的内容并不多，’她反对道，‘我以为这会是一本自传。’”玛丽总结道：“他试图通过他人的反观来塑造自己的肖像，通过别人的想法来展现自己的生活。”（Weber，“Hemingway's Permanent Records”44）在这种情况下，海明威当然可以避免直接地面对他的主观性，并以间接的方式接近它，这一点从根本上影响了这本书作为叙事性文学新闻的成功。无论如何，考虑到海明威与新闻业的矛盾，他最后出版的书之一（该书于他1961年自杀后三年出版）竟是新闻作品，也是一件稀奇且具有讽刺意味的事。他的矛盾反映出文学和新闻之间悬而未决的关系。这种悬而未决的关系继续使这种形式历史化，用叙事性文学新闻所不允许成为的形式去定义它。

这一时期，属于既继承1930年代叙事传统，又开启1960年新新闻主义大潮的，这样一个承前启后的作品应该是约翰·霍华德·格里芬（John

Howard Griffin）1961年出版的《像我这样的黑人》。白人记者格里芬通过药物改变肤色后，在1959年年末用了一个月的时间，以一个黑人的身份走遍了整个种族隔离的南方。后来他因为努力而被表彰纪念。通过这次旅程，他回想起斯蒂芬·克莱恩在“苦难实验”中所做的努力——试图去设身处地地理解他者的艰辛生活。但显然格里芬更有野心：“除了变成黑人以外，一个白人还有什么其他办法能了解真相呢？我所看见能跨过我们之间鸿沟的唯一方法就是成为一个黑人。”（1—2）这是目前为止最清晰地道出叙事性文学新闻试图做的事是什么的声明之一，缩小分歧，在这里指缩小不同种族主观性之间的分歧。的确，尽管《像我这样的黑人》很明显跟社会描写有关，它也许提供了一个最引人注目的例子，说明叙事性文学新闻和自传任何时候都是这么完美融合。

假如无视叙事性文学新闻在20世纪早期留下的这些影响，按康纳里的分期理论，1960年代出现叙事性文学新闻的第三个高潮，所谓“新新闻主义”就无所谓“新”了。新新闻存在于成长于那个时代的人们的记忆中，而且很多新新闻的作者还依然健在。作为那一代人的骄傲，他们会很轻易认为这种形式有资格得到我们更多的关注，并凭借它自身的魅力而与众不同。但它确实不过是一段久远历史中的一部分。之所以能区别于以前的新闻，是因为它享有批评界的巨大赞赏。可肯定的是，世纪交替的时候，关于新闻和文学的辩论中曾有过批评界的赞誉。但似乎将1960年代之前那段记忆全都丢失了，这反映在对“新”新闻出现的感知上。现实中，这种形式是文体演变的一部分，它和之前的新闻享有很多共同的特征。新新闻和1930年代、1890年代的版本所共有的特点是，它是为了响应社会、文化改革的重要性和危机而发展起来的。这些都反映在公民权利运动、暗杀、对中产阶级文化流行的破坏、毒品文化、逐渐提高的环保意识，当然还有越南战争等。

比如哈罗德·海耶斯（Harold Hayes）担任编辑的《时尚先生》《乡村

之声》和《滚石》等，它们在叙事文学报道中研究过这些问题。当然还有其他更加优秀的报道也有过类似研究，包括濒临灭亡的《纽约先驱论坛报》以及1968年在克莱·费尔克（Clay Felker）带领下《纽约杂志》再次复刊的周日副刊[①]。《纽约客》有了竞争对手。需强调的是，《时尚先生》在1950年代后期也刊发过叙事性文学新闻（Wakefield，“Harold Hayes” 32）。有众多作品以书的形式写叙事性文学新闻，其中便有杜鲁门·卡波特1965年出版的《冷血》，以及汤姆·沃尔夫（Tom Wolfe）的《电冷酸实验》。

此时期“新新闻记者”一词的命名来源并不太明确。它被认为是来源于皮特·哈米尔（Pete Hamill），他间断性地从事所谓新新闻写作记者，在1960年代中期试图描述新新闻的趋势（Zavarzadeh 63）。正如学者约翰·J.保利（John J. Pauly）提到的，“新新闻一次次地扰乱现有的关系”（“Politics” 111—112）。在美国人就越南战争、毒品文化和中产阶级价值观这些富有争议性的话题展开辩论时，这种关系便有所体现。比如，卡波特在《冷血》里对美国梦的全面抨击。沃尔夫将肯·凯西（Ken Kesey）和他的同伴们称为“快活的恶作剧者”，他们一边吸毒一边周游全国。同一时期的其他作家也参与到类似挑战现有文化范式的批判中。其中，盖伊·特立斯（Gay Talese）在写作1969年最佳畅销书《王国与权力》这种大规模的长篇主题前，就写过名人和纽约；诺曼·梅勒在1968年的《夜幕下的大军》中写过美国反对越南战争；萨拉·戴维森（Sara Davidson）和她的朋友琼·迪迪恩写过1960年代和1970年代的社会危机和非传统的生活方式；理查德·罗兹（Richard Rhodes）写过1960年代的美国中西部；迈克尔·赫尔（Michael Herr）是那些令人信服地描写南越前线生活的叙事性文学新闻记者之一；同时，在一篇关于体育明星、政治野心家比尔·布莱德利（Bill Bradley）的文章赢得赞誉后，约翰·麦克菲（John McPhee）便开始写人与

---

① 见 Hellmann 6，7，72，101，126，142；Weber，*Literature of Fact* 9，18，24；Frus，*Politics and Poetics* 134；Mills iv - vii，xv；Wakefield，“Harold Hayes” 32 - 35；以及 Harvey 40 - 45。

自然的关系；接着就是亨特·汤姆森（Hunter Thompson）的“荒诞新闻”，一边吸毒一边报道世界，在这方面汤姆森做得比沃尔夫好。

与此同时，报纸专栏作家也保持着叙事性文学新闻的书写传统。他们并不知道他们在做什么“新”的事情，因为他们正在做的正是他们一直以来都在做的事。之前在讨论1890年代芝加哥叙事性文学新闻传统时提到过一个例子，是关于麦克·罗依克（Mike Royko）的，他与他40多年前的前辈本·赫克（Ben Hech）一样，都描写芝加哥的日常生活，这种生活反映了很多其他的东西，也反映了工作中的男人和女人的生活（*Slats Crobnik*）。

新新闻记者所讨论的具有争议的问题的核心，与叙事性文学新闻的倡导者在1890年代所发现的问题相同：主流新闻本质上的客观化让它无法充分地对改革和危机做出解释，并从中得出意义。这是那段时期新新闻实践者们常常提到的主题，而他们试图公然远离主流新闻的举动也不是罕见的。比如，特立斯1960年代的许多短篇作品被集结出版为《猎奇之旅》一书，他是最早被公认为新新闻记者的人之一。他说：“新新闻，虽然经常读起来像虚构小说，但它并不是虚构小说。它应是跟最可靠的报告文学一样可靠，它追寻的真相比仅仅通过编辑验证的事实真相更多。”（vii）特立斯是响应斯蒂芬·克莱恩对美西战争观察的众人之一，他观察到报纸里的伤亡人数不过是现象论者眼中的“事实”，但却不能公平地对待每一个死去的士兵。这样的事实反而只是“被杀的人总和里的一个单位”（“Regulars Get No Glory” 171）。此外，就像约翰·赫尔曼所观察的，特立斯的“更多的真相”是“对一种需求的关键性陈述，这种需求导致新新闻记者抛弃了传统新闻限定。当下社会，人们渴望理解事实，而不仅仅是知道事实”（3）。

探索这个问题的新新闻实践者还有诺曼·梅勒。梅勒在写《夜幕下的大军》时轻蔑地对那些主流新闻报纸说，“或许现在当我们放下《时代》杂志，才能明白发生了什么”（12）。他在别处也对主流新闻有所攻击，“大众媒体包围了五角大楼上的示威队伍，它们造就了一片错误的森林，并约束了历史学家”（243）。越南通讯记者迈克尔·赫尔很快意识到利用传统主流新闻的规则报道战争是徒劳无功的。赫尔响应克莱恩道：“新闻界拥有所有的事实（或多或少）；它拥有太多事实了，但从未找到一个有意义的方式来报道死亡，而这当然是它真正的关切所在。”（214—215）并且，“传统新闻除了说明火力即可取胜之外，就不再能深刻地揭示这场战争，它能做的只是把美国十年来最有意义的事件变成一块信息的布丁”（218）。

1965年经常被看作是一个决定性的时刻，这一年新新闻应运而生，过去的新闻修辞已被淘汰。我们可以看到那一年出版的，像杜鲁门·卡波特的《冷血》和汤姆·沃尔夫的《糖果色橘片样流线型宝贝车》这样的作品。如同赫尔曼观察的那样，“由沃尔夫和卡波特同时发展了的写作形式，一定不仅仅是个巧合，他们只是这个流派中最明显地响应了美国文化的独特转变”，一个可以反映文化变革和危机的转变（1—2）。同年，比如，可以看到琼·迪迪恩在加利福尼亚从事那种独立于纽约所出现的、所谓主流客观新闻的新新闻形式。当时她在《周六晚邮报》和《假日》上发表了题如《约翰·韦恩》《加利福尼亚生活方式》和《墨西哥瓜伊马斯》的新新闻文章（*Slouching* ix，41，186，216）的时候，同年1月份，约翰·麦克菲在《纽约客》出版了关于布兰德利的简讯，一年后那些文章集结成书得以出版（preface）。

但1965年并不是新新闻出现的时间。沃尔夫承认，他受到过特立斯的启发。特立斯曾作为传统通讯员为《纽约时报》工作，并从1960年起开始为《时尚先生》写作。沃尔夫特别把自己在新新闻风格上的发展，归功于受到特立斯于1962年出版在《时尚先生》上的一篇关于重量级拳击手乔·刘易斯的文章的影响（Wolfe，“New Journalism” 10－36；Talese，*Fame and Obscurity* viii）。此外，特立斯自己解释说，他写的新闻中具有文学自觉性。他回忆道：“我想成为一个作家多过于成为一个通讯记者。我喜欢短篇小说，特别是莫泊桑的文章。我想用短篇小说作家写作的方式来写真实的人，以展示出人物的性格……我想使用虚构小说的风格写作，但不想改变人物的名字。我想‘为报纸写短篇小说’。”（Wakefield，“Harold Hayes” 34）

1965年常常被看作新新闻出现的一个原因是因为《冷血》在该年发表了。卡波特在和乔治·普林顿（George Plimpton，也曾是一位新新闻记者）的谈话中宣称他创造了一种新形式，即“非虚构小说”（Plimpton，“The Story”）。《冷血》所做的，引起对于与现实小说有关、且适用于新闻写作技巧的批评争论（Hellmann ix），或者说是适用于所谓反映现象的形式。

所谓卡波特发明了一种新文体的说法后来又有所折衷。因为同一年，沃尔夫的《糖果色橘片样流线型宝贝车》在《时尚先生》上刊发，并在后来作为书名收入在他的新新闻系列中。1960年代，沃尔夫在《纽约先驱论坛报》当特稿记者时，已经在打破那种文体的边界了。当他发现他无法为刊物完成一项关于改装的高速汽车和特制车的采写任务时，他为《时尚先生》自由投稿的方式，变成了一种创造性的突破。最后，出于无奈，他把自己相关故事的笔记，以私人信件的形式寄给了《时尚先生》编辑。编辑对那封信赞赏有加，便把它作为一篇文章发表了（*Kandy-Kolored* xi－xiii）。从那以后，如同约翰·赫尔曼提到的，“汤姆·沃尔夫既是实践者，又是代言人，是最彻底地得到认同的新新闻的写作者”（101）。

也许最能把读者吸引到沃尔夫身上，并形成一种评论狂热氛围的，就是他语言的火花，这种语言似乎是对提倡使用标准英语的嘲讽。在一个故事中，他写到了1960年代赛车手小约翰逊，其中英语语言的运用极其灵活。在他描述税务员是如何逮到约翰逊非法出售私酿酒时，他写得好像令人喘不过气来了，对语法也不管不顾了：

> 最终，在某天夜里，他们把小约翰逊困在米勒斯维尔附近通往桥的路上，那里无路可走，他们放上路障。加大马力的汽车疯狂咆哮地冲来——突然他们听到一声汽笛鸣响，看到车窗上闪过的红光，他们以为是另一个特工，好家伙，他们像蚂蚁一样跑开了，并一路把路障、木板和锯木架都推开了，接着——我的天啊——该死！又是他，小约翰逊！穿着特工服，栅栏上还装了红灯！（“Last American Hero”129）

让人格外注意的还有沃尔夫对现象的观察，这种观察反映并标示出亚文化（它通常被纯文学圈忽略）的张力、讽刺和存在感，或者还有他在别处标识为“地位”或“象征性细节”的东西，比如手势、家具和服饰的风格（“New Journalism”31—32）。比如在《糖果色橘片样流线型宝贝车》里，沃尔夫描绘了塑造特制车年轻狂热者形象的“象征性细节”。在类似节段中：“唐·毕比对着喇叭说，‘我讨厌打断那段舞蹈，但让我们来一场直线加速赛吧。’他的喇叭连接着一个留声机，然后他放上一张河岸唱片公司制作的唱片，汽车竞赛的声音，主要是高速赛车在起跑线点火和吼叫声。没错，他确实没有打断舞蹈，但是一百个孩子在听到汽车竞赛的声音后走了过来。”（80—81）这种亚文化揭示了它圣歌般的诱人成分。

虽然卡波特所说也许并不完全可信，可毫无疑问的是，他在《冷血》中所达到的文学旨意，甚至是哲学深度都可与那些权威作家相匹敌。比如，《冷血》回应了陀思妥耶夫斯基的《罪与罚》。在佩里·史密斯准备用刀割开赫布·克拉特的喉咙并制造谋杀的暴行时，读者从佩里的形象中看到了罗季昂·拉斯柯尔尼科夫的身影。佩里的所做所为使卡波特形成自己的意识：

> 在我们把他们（克拉特一家）绑起来之后，迪克和我走到一个角落里，反复商量这件事。记住，现在，我们之间还有些不愉快。就在那时，我突然想起我曾对他十分崇拜，听他那吹不完的牛，我就觉得窝囊。我说：“好了，迪克，还有什么疑虑吗?”他没有回答我。我说：“让他们活着，这不会是什么小罪行。最起码要坐十年的牢。”他还是一言不发。他拿着刀。我要求他把刀给我，他给我了，于是我说：“好吧，迪克，看我的。”但实际上，我并不想杀人。我本想吓唬吓唬他，让他说服我不要这么做，让他承认自己不过是个说大话的瘪三。明白了吧，我和迪克之间就这么回事。我跪在克拉特先生身边，膝盖一阵

> 疼痛令我想起了那该死的一块钱硬币，羞耻、憎恶，他们竟然命令我永远不要再回堪萨斯州。但是直到我听到一声叫喊，我才意识到我做了什么。那声音听起来就像有人溺水了，在水底尖叫。我把刀递给迪克。我说："了结了他。你会感觉好些。"(276)

威廉·巴雷特（William Barrett）用在拉斯柯尔尼科夫的话同样可以用在史密斯身上："因此，拉斯柯尔尼科夫是出于不安全感和性格的弱点而杀人，而非气力过剩；他杀人是因为害怕自己什么也不是。"（137）而对于史密斯，理查德·希科克是他的一个刺激对象，且在某种意识程度上提醒他，事实上，他非常害怕自己确实只是个"无名小卒"。史密斯那时候的"虚张声势"根本上是个存在的问题，一种不顾一切去实现意义的尝试。调查侦探阿尔文·杜威早在听完史密斯的供述之后，就凭直觉察觉出了这点，"这次犯罪是一场心理上的意外，这实际上是一个非个人的行为"（277）。只不过，由于迪克·希科克与一个在内心中遭遇了生存困境的佩里·史密斯之间的对峙，克莱特一家需要为此付出代价。但是在俄罗斯小说《罪与罚》当中，结尾还存在救赎，而这在美国的版本中却是不同的。最终，人们在《冷血》中察觉到的是那种自命不凡的具体化厄运，即美国梦的死亡。

但如果卡波特能达到如此深度，《冷血》就不是没有瑕疵了。传统的主流新闻工作者往往用这些瑕疵来拒绝新新闻。这是因为新新闻记者拥有太多自由。《冷血》出版后，很快，卡波特就被指责虚构事件。假设这是真的，也仍然不能否定这本书总的来说是源于真实生活的。然而，这些指责依然很棘手，鉴于卡波特在他的感谢信中坚持道："这本书当中凡不是出自我自己观察的材料，要么是从官方记录引用的，要么是长期采访的结果。"（6）但是相反地，事件的参与者们对他的观察和采访结果抱有怀疑。例如，当卡波特细致地描述理查德·希科克（Richard Hickock）和佩里·史密斯（Perry Smith）的死刑时，他仅仅看到了希科克的；根据一名观察者所说，当史密斯被带上刑场时，卡波特躲开了（Plimpton，"Capote's Long Ride"

70)。这就是随意调遣主观性的强大诱惑。并且毫无疑问，这将继续是一个定期出现在叙事文学报道中的问题。

但是，能将早期实践者与新新闻记者关联起来的仍然是作者的主观性，以及缩小主体和客体之间距离的动机。他们在不同程度上都想在他们的作品中，给予他们的主观性更大的发挥余地，而不想虚伪地否认主观性。梅勒和迪迪恩的作品表达了对这段时期越来越重要的主观性越来越多的敬意。在梅勒1968年的作品《夜幕下的大军》中，主观性所扮演的角色获得了条件反射式的承认。在他谈到“现在我们可以放下《时代周刊》去看看发生了什么”(12)时，他是以自身来作为五角大楼的示威中发生的事情的替代物。他的主观性在1979年《刽子手之歌》对凶手盖里·吉尔摩的描述中再次被认可。正如菲利斯·弗拉斯说的，梅勒的反省——他承认自己写故事时的主观性，这有助于他克服将“他者”客观化、边缘化(*Politics and Poetics* 183)。相似地，在1968年的选集《向伯利恒跋涉》中，迪迪恩承认她在她的故事中尝试去“牢记成为自我的感觉”(136)。正如桑德拉·布拉曼(Sandra Braman)所说：“迪迪恩拒绝客观性的标准，这种标准至少在修辞上来说，推动着传统的新闻业。她的主观性被认为是一种从容的姿态，被认为是充满力量的，也是其可信性的来源。”(355)最终，他们试图通过承认自己的主观性来理解他人的主观性的，梅勒和迪迪恩最终都发现现实是如此充满不确定性，因此根本无从得出一个最终的结论。梅勒在《夜幕下的大军》中尝试预言美国的未来时也是这么做的：“把我们从诅咒中解救出来。因为我们必将终结在路上，那条路通往神秘。在那里，勇气、死亡和爱的梦能让我们安稳睡去。”(317)这充其量是一场模糊的睡眠，明显与将近一百年前拉夫卡迪奥·赫恩的《艾伯特·琼斯》相似。

迪迪恩在其选集《向伯利恒跋涉》中的故事同样以无果告终。她在书中探索了1960年代旧金山嬉皮社区的毒品文化。公社里一个叫迈克尔的3岁小孩点燃了一团旋即熄灭的火。后来迈克尔咬着一根电线，这只引来他母亲的尖声警告：“你会像米饭一样被烧熟的。”就是在那时，迪迪恩描述了在场的其他公社成员，以此来结束此篇："而且他们没有注意到苏·安在对迈克尔尖叫，因为当时他们正在厨房里，试图拾回一些从大火中被毁坏的、地板上掉下来的不错的摩洛哥碎食。"（128）准确地来说，迪迪恩写作中的不协调性是因为它们证明了要把现象性经验压缩到一个整齐的包装，或者换句话说，一个批评式结论是多么不可能的。面对她记录的证据，她反映出她的感受，或者说"成为自我的感觉"。在这里，表现为对她发现的情况的怀疑。

在最初发表于《星期六晚报》上的《做黄金梦的梦想家们》中，迪迪恩把她的眼界定在虚妄的承诺和诡异的加州梦上。迪迪恩写到了露西尔·米勒，一个被指控为了其律师情夫而烧死了自己牙医丈夫的女人。但她的计划出现了失误；她被指控、被审问、被判有罪、被发现怀孕了（孩子的父亲是谁仍不清楚），最后被判监禁。与此同时，那名妻子不久前死于不明情况的律师，和他 27 岁的挪威籍女家教结婚了。在其描述中，迪迪恩在描述露西尔在狱中分娩后便结篇了。她以其特有的轻描淡写的方式讽刺露西尔前情人与那个女家教结婚时报纸上（仍是在抨击新闻业的"公事公办"）的正式婚礼公告："新娘穿着一条白色的双面横棱缎长裙，手捧一大束用千金子藤饰带捆着的情人玫瑰。一顶小粒珍珠做成的花冠扣住她梦幻般的面纱。"（*Slouching* 28）因此迪迪恩似乎在宣布：我们在"梦幻般的面纱"下，发现了又一名年轻貌美的做着黄金梦的梦想家。现象世界的不确定性——这梦想很难说是金色的。

尽管亨特·汤普森（Hunter Thompson）常常被归为新新闻主义者[①]，他的"荒诞新闻"，就像被描述的那样，在和叙事性文学新闻的关联中占有非同寻常的位置。造成评价困境的部分原因是，尽管他的作品往往是叙事性的，但是又涉及过分的讽刺，同时，虚构与纪实的界限也不清晰。所以，据说他的作品被比尔·卡多佐（Bill Cardoso）——《国家观察者》的记者——描述

① Seekerrane and Yagoda；Kaul；Applegate；and Connery.（Sourcebook）

为“真正的荒诞”。汤普森在写1968年尼克松总统竞选时与他相识（Anson 24）。这个词出现在汤普森新新闻的多样性中。一定程度上，汤普森是当代的内德·沃德（Ned Ward）（包括那些粗口）。在1971年《惧恨拉斯维加斯》这个例子中，汤普森表面上在美国的赌博圣地找着美国梦，但讽刺性地引出了这样的问题：他真实的目的，到底是为了缩小主观性之间的鸿沟，还是为了用耸人听闻的愤慨将这鸿沟变大。答案很可能是涉及“荒诞新闻”与叙事性文学新闻之间关系。因为那个关系的另一方面，如果叙事性文学新闻的思想目的，是为了缩小主观性或“他者”之间的鸿沟，那么借鉴后殖民主义的批评理论，汤普森的荒诞新闻有殖民时期“他者”对帝国的回应的风格。具有讽刺意味的是，“帝国”（或者有时是美国梦）被迫看见自己那只有在被边缘化了的“他者”中才能看到的一面。

汤普森身上如此明显地反映出他的主观性，梅勒和迪迪恩也不应掩盖这个事实，即保守来说，其他的叙事文学记者同样沉醉于他们的主观性。弗拉斯因卡波特没能在《冷血》中使用第一人称而对其进行抨击。但如特立斯所观察到的新新闻主义，作者的参与程度是相对的：“它使作者能够像其他许多作家一样投入叙事中去，如果他愿意的话，或者像其他作家（包括我自己）那样担当起一个独立观察家的角色。”（vii）即便如此，仍让人回到叙事文学报道和主流客观报道的对比，相对于梅勒、迪迪恩和汤普森，特立斯、卡波特和麦克菲的写作主观性显得更为隐蔽些。在对比中依然反映出一种更明目张胆的塑造意识。

这些缩小主体与客体之间距离的努力的后果之一，是当他们熟悉了“他者”的主观性后，许多新新闻主义者会再次被政治化。梅勒的《夜幕下的大军》强化了他对于越南战争本已公开的反对。迪迪恩在她的书《萨尔瓦多》中反对美国支持萨尔瓦多的右翼政府，准确地说，在某种程度上，那是由她的主观经验、她个人对整个社会由警察武力带来的死亡恐怖感决定的。问题不在于她是否能完全感觉到它，而在于它是否是她有意缩小鸿沟来感受远处事物不能提供的感觉，这实为她的叙事理想。然而当她遭遇不确定的当下时，她的感受最后一定仍是不确切的。例如，当她被一次自己永远无法很好地总结的经历吓得离开萨尔瓦多的时候，她写道："我头也不回地登上飞机，并僵硬地坐着，直到飞机起飞。我没有系安全带，也没有靠在椅背上。"（106）

在他的后帝国式讽刺作品里，汤普森仍旧是美国坏小子。不仅表面上对美国传统价值大肆诽谤，还在他以药物为引诱的写作中，挑战被认为是报道世界应有的、正确的意识状态（严肃）的概念。对于迪迪恩来说，这个"中心"其实也站不住脚了。同时，卡波特逃避不了他的主观性与凶手佩里·史密斯、迪克·希科克的关系的后果。弗拉斯雄辩说，正如她对赫西所研究，卡波特实际上作为一个社会的他者，强化了将二位杀手塑造成流浪的、被边缘化的这一庸俗认识，因为他否认他的主观性。然而，一方面是客观化的主流新闻风格，而另一方面是像梅勒那样明显的或本能主观的叙事谱系，卡波特对于用小说技巧作精彩隐喻的选择（假设所有的语言都是隐喻），反映了一个更为开放的主观性对于客体的关注。这就是在史密斯和希科克被执行死刑后，卡波特转变成死刑反对者的原因。那时的梅勒、迪迪恩和卡波特都在寻找纯粹的象征，他们以自己的方式寻找，并根据他们的能力与他们所描写的人物保持一致。

新新闻主义实乃一种被长期实践的文体的一部分，而不是一个起点。不同于新新闻主义的是，在盖伊·特立斯、杜鲁门、卡波特、琼·迪迪恩与其他许多1960年代的人出现后，学者们开始认真对待。但尽管有学术的严肃努力，这种文体的大部分历史，甚至在21世纪初，都未引起多数学院的注意。事实上，特立斯、卡波特、迪迪恩和其他人都是漫长而卓著传统的一部分，这个传统起源于至少与柏拉图那般久远的西方叙事传统的多种形式和篇章。他们以及其之前的其他文学记者在这段时期内的作品就是这样写出来的。为了写出那些使人之所以为人的人性，"我"，无论是卡波特所掩盖的"我"，或是像梅勒那样蛮横把自己置身于读者审视下的那个

“我”，都要引入。确实，在客观化风格和本能主观风格的谱系间，既然所有客观化当中都含有主观性，问题就并不在于两者的鸿沟具体存在于哪里。另外，客观也存在于所有的话语中，无论它们有多么主观。否则后者就不是话语而是一种极端的唯我主义，零乱且不知所云。

诚然，的确存在颇具争议的例外，比如洛厄尔·托马斯的《与劳伦斯在阿拉伯》是一种采用对绝对远逝过去的叙事手法而写成的伪文学新闻。在托马斯作为一名近现代历史传奇小说记录者的姿态里，没有与“不确定的当下”的交锋。

无论如何，这里所定义和描绘的现代美国文学新闻，在本世纪基本上是指，出于对美国主流客观主义新闻所造成的认识鸿沟的抵抗而出现的叙事新闻文体。那种客观化就像皇帝的新衣一样，是一种装模作样，或者一种自认为得到了关键结论的幻想。主观性自己解除谎言，并且在解除的过程中，文学新闻记者拒绝得出最终结论。这为主观性参与和“他者”的交换尝试打开了大门。

上述文字解释了该文体形式的历史起源，但它并不能解释为何这种形式既长期被文学边缘化又被新闻边缘化。因此，还需对它进行深入研究。只有这样，我们才能通过了解它不被正视的存在，来加深对叙事文学新闻的理解。这种理解恰恰能让这种形式走得更远。

第六章　美国文学新闻的批评边缘化

1975年，新新闻步入发展中期。美国民众发觉自己已厌倦新新闻主义，总是将自身与1960年代的文化剧变以及在越南的挫败联系起来。批评家托马斯·鲍尔斯（Thomas Powers）在一篇反思文化疲劳的文章里，攻击了叙事性文学新闻的多变性。其中尤为值得注意的是，鲍尔斯在文中批评汤姆·沃尔夫（Tom Wolfe）："这种小说鲜明生动，而且还是所有作家的心头好，关于这点我完全没意见。而新闻被长时间禁锢在沉重的'靴子'里，沃尔夫还想从中找到和小说一样伟大的东西——但是，新闻，唉……只是新闻而已。"（499）他自鸣得意地问道："新新闻究竟出了什么事？"（497）

对于叙事性文学新闻的批评嘲讽已经屡见不鲜了，此类批评向来以传统的虚构类小说优于新新闻而傲慢自居。从鲍尔斯的言论可以看出，尽管在20世纪文学新闻被广泛实践，但对文学新闻持批评态度的仍大有人在。从好的方面来看，对于新新闻的批判态度是好恶相间的。但是，在更普遍的情况下，对于新新闻的评判态度是完全的敌对。而且，不单单文学界对于新新闻的形式有或好恶相间、或敌对的两种态度，新闻界、新闻从业者和知识分子也是一样。

直到1960年代，这些领域的批评家们才开始严肃地评价这种新新闻的形式。矛盾的是，之所以新闻业的共同体（新闻从业者和知识分子）会对新新闻的形式产生敌意或矛盾心态，我认为，是出于和文学界同仁们同样的理由。尽管他们的评价中存在着貌似不同的重点，但也有相似的目的：建立批评霸权，使叙事性文学新闻无法被严肃对待。最终，新新闻的形式会被证明是一种叙事意义上的残缺，对双方都是一种叙事上的瑕疵，对学界各批评学派来说也是一个提醒，提醒他们在各自孜孜不倦的研究中恰当回避这个最基本的问题。其实如此带有政治性的边缘化行为，在新闻业中却算是较晚出现的。早在 1920 年代，新新闻实践就已被理论界注意到，之后的 1940 年代出现了大众传播研究，很快，出于它自身的原因，新新闻的研究被广泛地构思、建立了起来。

在这个章节我将回顾评论家们或好恶相间、或怀有敌意的历史证据。首先，探究已被广泛思考的新闻学中的两种模型，一种是论述性的，或者说信息的模型；另一种是叙事性的，或者说故事的模型。在某种意义上，叙事性文学新闻是因为它太过广泛的概念而遭受批评的。特别是，我发现了一些导致新闻从 18 世纪以来文学优雅神坛坠落下来的复杂因素——假如新闻可以被认为曾经“坠落”过的话；接着我将探究 18 世纪在文学世界中占支配地位的评论立场，它脱胎于人们关于什么组成了文学的早期看法。同时也对在新闻与传播教育协会中占统治地位的评论立场有所探究。最后，研究从第一次世界大战结束后到伴随着新新闻出现的 1960 年代初，此时少数支持叙事性文学新闻的评论在数量上有所上升。在对新新闻的形式满怀敌意的人与少数捍卫新新闻的形式的人之间，建立起符合逻辑的辩证关系是很重要的。在两者的对话中，新新闻的形式可以得到更长远的发展。

尽管拉夫卡迪奥·赫恩关于 1870 年代非裔美国人生活图景的描述，以及斯蒂芬·加兰关于 1890 年代城市的图景的描述，都相对获得了学界一定的认可，但如果我们想要理解为什么一种现代的形式会被证明为有持久生命力的理论，这种进一步的研究就是必要的。它同时也可以帮助描绘、从而定义这种文体，而不仅仅是它目前所呈现出来的意义。从历史上来说，这种定义在以往是不被允许的，而且从认识论上来说，它从头到尾都无意参与到定义的过程中。

弗雷德·路易斯·帕蒂在写于1915年的美国文学史中，把身为记者兼作家的查尔斯·达德利·华纳（Charles Dudley Warner）描绘为“美国散文史的过渡人物”（418）。现在，华纳可能因为和马克·吐温一样是小说《镀金时代》的作者而被人铭记。一方面，帕蒂把华纳描述为“最后一位沉思型的《见闻扎记》式散文家”，这个名号的典型代表是华盛顿·欧文（Washington Irving）。另一方面，在19世纪晚期的散文中，华纳被描述为“带来一股清新自然之风和新闻业狂热的领导性力量”（418）。帕蒂关于华纳的评论反映了一种意识，那就是某种改变已经在19世纪的非虚构文学中发生。不仅如此，他们还隐藏了一个分水岭，这个分水岭不仅出现了，而且还把文学从新闻中抽离了出来。在20世纪，这个分水岭只会越变越宽。帕蒂探索这些改变的性质、探索这个分水岭的看法，不失为一个好的出发点。

令人好奇的是，在18世纪，某些美国新闻还被人们广泛地认为隶属于文学的范畴。这种看法是在一本名为《诺顿美国文学选集》的大学本科生参考用书中反映出来的。在1620年到1820年这段时间，这本书的第二版（1986）选入了24个18岁作者的作品。他们写了一些非虚构形式的文章（Baym et al. 1：vii－xii），其中包括了联邦党人的作品，企图说服读者采用他们提出的宪法体系。现在我们可能认为他们写的也就是一些随笔，但这些文章最初发表在纽约的报纸上时，却宣告自己等同于新闻作品。这也不是一些无聊人编出来的宣告，如果从新闻史的视角来看这段时期的话，它具有广泛的党派新闻时期的特征[①]。如果从20世纪晚期的视角来看的话，党派性在较早的时期里仿佛是文学创作和新闻采编的共同标准。

这本选集里的其他文章今天仍旧可以被认为是现代叙事性文学新闻的先驱。因为这些文章宣扬真实叙事的主张是从威廉·布拉德福德（William

① 见Motto 113；Folkerts and Teeter 104；F. Hudson 142；以及Sloan 69。

Bradford）的杂志《普利茅斯的历史》、玛丽·罗兰森（Mary Rowlandson）在印度做俘虏时的记录、萨拉·肯伯·奈特（Sarah Kemble Knight）在1704年至1705年期间的旅途的记录以及赫克托·圣约翰·德克雷弗柯（Hector St. John de Crevecoeur）的书《美国农夫书简》中援引而来的。事实上在这24个作者的文章中，至少有12篇或多或少可以称作早期的叙事性文学新闻。因为它们已经超越了自传的内在指向性，比如乔纳森·爱德华（Jonathan Edward）的内心挣扎，关于要不要发起关于当代殖民社会的讨论、描绘出当代殖民社会的肖像图。这种描绘的努力，无论是描绘社会意义上的肖像图，还是文化意义上的，都是建立在外在指向性的基础上的。

在20世纪后半叶，18世纪的非虚构类新闻文本在《诺顿选集》这本书中被提升到了精英文学的地位。更令人震惊的是，据《诺顿选集》一书反映，贯穿了大部分20世纪的、广泛贴着“新闻”标签的文章却不能获得同样的地位，因为它们被所谓的“传统文学经典”排除在外了。因此，读者们错失了许多著名的作家，其中包括詹姆斯·艾吉、约翰·赫西、汤姆·沃尔夫、琼·迪迪恩和杜鲁门·卡波特等等。唯一的例外是诺曼·梅勒，他的《夜幕下的大军》被引用过（Baym et al. 2：2091）。但《夜幕下的大军》也可以作为回忆录，这就回避了问题所在，而且证明了文学家还有更具政治利益的一面。

几个相关的要素可以说明，在18世纪到19世纪期间，这种评论的视角是如何变换的。第一个要素是高雅的、卓越的“文学”概念的发明。第二个要素是保守的新古典主义修辞学，它一直是“文雅（上流）”文学的基础，直到它的地位被“高级”文学这个概念篡夺。第三个要素是1830年代便士报的出现。第四个要素是一个可觉察到的思想上的变化，即关于什么是适当的“文学”的主题。第五个要素是19世纪实证主义者假设的出现，这是一个用来解释表象经验的关键范例或框架。第六个要素是在美国内战过后出现的一种新的思想，关于什么作品可以被认为是“文学”。这些要素混合之后的结果，导致了“新闻”的概念被广泛地构思、建立了起来。不管这个概念是客观化的版本还是叙事性文学的版本，它都使文学新闻被逐渐地边缘化。

高雅、卓越的文学概念的提出，说明了“通用的”价值观这个说法很大程度上是19世纪的发明物，虽然它的根源在18世纪。事实上，在18世纪的大部分时间，文学著作还是老样子，充满了或人道或彬彬有礼的字句。这一点可以从休·布莱尔（Hugh Blair）于1783年出版的《关于修辞学和纯文学的演讲》中看出来[①]。这些演讲是新古典主义修辞学领域中研究得最广泛的论述。而且很明显的，这些或彬彬有礼或精美的字句中还包括了那个时候的新闻作品，布莱尔有一篇对约瑟夫·爱迪生新闻作品的令人赞叹的分析，指出其中用华丽语句铺陈的部分就是一例（28）。可以看到塞缪尔·约翰逊（Samuel Johnson）有一点细微的变化。在他作为诗人的一生中，他描绘了托马斯·斯普拉特这个人物，后者是17世纪时的主教、传记作者和皇家学会的历史学家，也是“一个作家，他孕育的丰富想象力以及作品中优雅的语言表达，使他得到了他应得的文学领域的崇高地位”（“Abraham Cowley” 323）。因此这就是“文学”的理念有着神圣崇高地位的早期的例子。但就算斯普拉特对于许多领域都有着浓厚的写作兴趣，比如宗教、科学、历史、生物等，文学仍旧是他“一个人的文字王国，一个人的专业领域”（引用自《牛津英语词典》）（*Compact Edition* 1：1638）。

但另一个认为在18世纪时高级“文学”并不存在的说法，在《霍尔百科全书》中可以得到印证。《霍尔百科全书》也以皇家百科全书之名著称，由威廉·亨利·霍尔（William Henry Hall）于1790年代中期至晚期编辑而成[②]。霍尔的大部分成就在今天都已经被遗忘了，他身处不可一世的狂妄时代，前浪漫主义和浪漫主义使得理性相形失色。就在理性时代不断式微时，霍尔宣称要提供“最包罗万象的‘图书馆’，包含了所有用英文刊印的普遍性

① 见康纳斯、高登以及科比特所作的讨论。
② 《霍尔百科全书》并没有出版日期，编制人把出版日期定在了1790年代，被铭记的诞生之日在1795年。

知识的图书馆”（前言），包含了钱伯的《百科全书》（1728）、《不列颠百科全书》（1768年首发卷）、狄德罗和法国启蒙运动者的《百科全书》（1751年首发卷）中的材料。霍尔的事业不仅有着强大的野心，也为我们提供了一扇观察当时什么信息会被认为是“知识”的文化窗口。《霍尔百科全书》不仅被描述为“新的皇家百科全书”，它也的确有着皇家的赞助支持：它在某种意义上是“官方的”知识。显然，当时百科全书的缺位是“文学”作品清单的缺失。而百科全书所详细讨论的，正是新古典主义的修辞学。

根据《牛津英语词典》，“文学”和“高雅艺术”是合而为一的事业，并有着反映永恒和普遍价值的作用，是经历了19世纪前数十年的发展才逐渐形成的、一种较为普通的现象。比方说在1812年，自然哲学家、化学家、矿灯发明者、承继伊萨克·沃尔顿（Isaak Walton）的传统文学论作者汉弗莱·戴维爵士（Sir Humphrey Davy）写道，“他们的文学，他们的艺术作品建立了从未被超越的模型。”《牛津英语词典》援引了“文学”最早期的用法之一，这种用法“要求使用时，有着基于形式美或情感效应之上的考虑”（*Compact Edition* 1：1638）。当然，戴维是在有着伟大时代理想的英国浪漫主义运动时期写下那些话的。在那个时期，威廉·华兹华斯（William Wordsworth）寻遍了各种情感和“想象”的诉求，想要彻底了解作为“不朽的暗示”的诗篇的超凡之处。文学作为一种志向，在新纪元中得到体现——比如说文学的精神内涵，就反映在先验论者对待文学的态度中。例如，在交付给美国大学优秀生全国性荣誉组织并于1837年出版之前，爱默生（Ralph Waldo Emerson）在他的随笔《论美国学者》中呼吁开创荣耀的“文学”事业：“创作是神圣存在的证明”（863）。的确，爱默生呼吁对现象“自然”的检验。但是这种检验，必须是为了达到永恒、不受时间影响的真实的终极目标而服务：

我拥抱常识，并身处熟悉的事物之下，在事物的底处探索它们。如果给我深刻理解“今天”的洞察力，你或许就能看清过去和未来的

> 世界。我们能真正理解的，又是什么事物的意义？装在小桶里的一餐，盘子里的牛奶，街上的歌谣，有关小船的新闻，回眸一瞥，身体的形式和步态；让我知道这些事物背后的终极意义；让我知道隐藏在最崇高的心灵中的最高尚的存在，它总是隐藏着的，隐藏在郊野和自然的极致后面的东西。让我看清所有流浪于世间各处的最极端琐碎的事物，是怎样根据永恒定律即时生效的规则存在和发生的。还有商店、犁、账簿，所有可能引起轻微的波动变化的事物，所有诗人歌颂的对象；让世界在我眼中的形象，不再是迟钝的、无序的事物的混杂物，而是有着形式和秩序的整体；在这个世界中没有什么事情的发生是虚耗时间；在这个世界中，没有让人迷惑不解的东西；这是一个经过整体设计的、紧密联系在一起的世界，就算最远的山峰的尖顶，最低的壕沟深处，也都充满着活力。(68)

对于如此，世界据之运转的“永恒定律”，文学的雄心必须大到甚至可以质疑它所采用的资料是否亵渎了“永恒定律”。而在别处，关于记忆的讨论使他成为了一个现象论者。他说道，“易腐败的一方总是披上清正廉洁的外衣。看上去永远是美的化身。但它所根基的起源，甚至就是源于四周……在这起源中它呈现出蛆虫般的状态，它不可以高飞，不会闪耀——因为它就只是一只迟钝的蛆虫而已。但是不经意间，明明与之前一模一样的东西，不单长出了翅膀，那就是智慧天使之翅膀”(60)。

爱默生身上令人好奇的还有他所提出的那些观点——通过对亵渎的事物的检验而提出的观点——与像塞缪尔·约翰逊这样“冷酷迂腐的”（爱默生描绘的新古典主义者的特点）新古典主义者的观点完全相反的观点(68)。然而与此同时，爱默生又跟约翰逊一样，把自己独特的观点进行同样整体化的梳理。约翰逊在斯普拉特的讨论中，暗示这样做能帮他丰富完善具体化的文学概念。20世纪新批评主义的渊源，最终就是源自约翰逊的这种研究主题。除此之外，还有一位理论家巴赫金，他的研究方法追根究底也是“建构于……遥远而绝对的”，或神圣或可批判的过去，或是在“与开放性的无结论的当下有任何联系的领域”进行研究。我们开始注意的是，“文学”这个概念在语言学意义上的灵活性和可变性。比如说，对于某一个人，他可能亵渎了“郊野”和“自然的极致”，尽管如此，他也可以拥有对于精简扼要的“永恒定律”的渴求。作为文化记录，《论美国学者》通过对19世纪物质性经验不断上升的关注，反映了对学者和新兴文学家的严峻挑战。这种关注变成了实证主义者范例的一部分，也即是说，成为了观察世界的方法的一种关键范例。

1854年，爱默生的朋友兼学生，也曾是一个叙事性文学新闻记者的亨利·戴维·梭罗（Henry David Thoreau）对于高级文学的记述是，“我们能读到的最好的作品，就是文学”（*Walden* 86）。梭罗还曾批评他在肯考迪亚大学的同仁，没有应有的充分的文学素养：“就算是受过大学教育，所谓的受过教育的人，也对英文经典著作一点认识都没有。”（87）梭罗把英文文学提高到经典的级别，这是公认的不朽贡献。但跟如此杰出的观点形成对照，他对同时代的新闻报纸（还有其他的流行小说）却是持指责的态度。他这样记述道，“我们真是一些蝇头鼠辈，在我们智力的飞跃中，可怜我们只飞到比报章新闻稍高一些的地方”（88）。梭罗对于他同时代新闻的看法在这个贬损性的绰号“蝇头鼠辈”中就可以反映出来。这是一个对像在垃圾堆里打滚的猪一样最卑微的事物的蔑视、地域歧视的绰号（Sayre 287）。在这样被贬低的大环境下，在文学的荣耀不断上升的反衬下，新闻业只能更加可耻地没落下去。梭罗对于同时期的新闻的嘲讽在后来甚至变得更加尖锐了，继续利用这个认为大多数读者都是乳臭未干的“鼠辈”的隐喻，他观察到：“如果我们要看报纸，为何不直接跳过波士顿的闲言碎语，这样我们不就可以一劳永逸地读到世界上最好的报纸了吗？——而不是靠吸吮所谓的‘中立家庭式’报纸的流食活下去。”（90）在延伸隐喻的意义上，梭罗戏谑地暗示了家族独立拥有报纸崛起的负面影响，认为它们就像是母猪用它几无营养价值的乳液来养育它发育不良的孩子一样，对读者是没有益处的。而文学与新闻相互之间有着这样的憎恶和敌意是不足为奇的。

这种相互敌视导致的结果就是，在19世纪中期，高雅文学的概念既涵盖了文雅与人道的传统内容，又有望达到更新一层的艺术与真实的崇高地位，而从真实的角度，新闻必将被纳入其中。这种说法可以在杜依金克兄弟（Duyckinck brothers）1855年编著的《美国文学百科全书》中找到依据，这本书在当时对这个课题有着最广泛的研究，就算在20世纪中期，关于“文学”主题的研究也跟现在的研究不一样。从1800年到杜依金克兄弟的时代，在这段文学史中取一个片段，也就是被描述为“现在的世纪”（vi）的一个时期。这个时期的文学概念还是包括了18世纪诸多主题和流派所提出的文雅与人道的内容，比如说“神学及伦理学”“政治学”“法律”“演讲术”“历史”以及诗歌。但最值得注意的是，他们还将如“波尔丁、欧文、库珀、西姆斯、爱默生”等也纳入“小说及高雅文学”的范畴（vii）。以爱默生的情况为例，他的文雅书写亦被变相纳入文雅文学的范围内。不仅如此，小说，这种在18世纪早期被认为只有教养浅薄的人才会看的、倍受长于说教的约翰逊质疑的写作形式，也被列入文学名下[①]。有明显迹象说明新闻命运的衰落，尽管一些被杜依金克包括在内的作家，如爱默生、梭罗、奥古斯都、鲍德温·朗斯特里特及托马斯·班斯·索普等，都在广义上被看作是文学新闻写作者，无论其真实写作是论述性的还是叙事性的。所有这些期刊发表过的文章，都被选入20世纪的《诺顿美国文学选集》。能够显现文学和新闻两者之间差别的早期证据出现了。很明显，正在发生的这些就是关于何谓高雅文学之灵魂的纠结，所谓被广泛认为是新闻的，无论是日报型还是文学叙事类的，都被证明是输家。

随着19世纪高雅文学概念的浮现，它对新古典主义修辞学的主导地位造成了很大的威胁，那是一种要求用“高雅的”方式来考察现象世界的正确修辞。这种要求的举措之一可在《霍氏百科全书》中找到。这部大部头

---

① 见约翰逊（Johnson）《当代小说集》“Contemporary Novels”。

著作中找不到关于文学的讨论，却用相当大的篇幅将有关修辞的讨论放在演讲修辞条目里。或者，在“任何主题的、以劝服为目的的演讲艺术”词条（3：no. 121 [Y1r]）中。对演讲术的教导是新古典主义的一项明确传统，历史上众多的雄辩家皆为例证，其中以马库斯·图留斯·西塞罗（Marcus Tullius Cicero）和昆提利安（Quintilian）最为特别，当然还有塞内卡(Seneca)、赫莫杰尼斯（Hermogenes）、朗基努斯（Longinus）和亚里士多德等。的确，有关演讲词藻的平实风格（这种平实风格在过去的一个世纪里，由不止一位名人要士，如斯普拉特主教根据英国社会的基础情况，而加以倡导）[①]，就像新古典主义讨论的“低调”风格一样。因此，雄辩家们就企图往新古典模型里生硬地置入一些写作风格上的变化。在现代语言方面，英语也并不是运用得很好。杰弗雷·乔叟（Chaucer Geoffrey）在他的论著中注释道，“无论谁观察它，都会察觉到这种语言如今的形态跟它之前差别是如此之大，以至于两者看上去都不太像是同一种语言了”（3：no. 122 [Bb2r]）。那时乔叟的论述没有涉及古典修辞学表面上的不朽，他的这种立场，也并不是新闻也具有不朽性的良好预示。

18世纪的学者艾伦·麦基洛普（Alan Mckillop）关于那个年代也有些记叙，“关于新古典主义的训言回归到了亚里士多德、朗基努斯、霍勒斯还有昆提利安的学说，这些学说是由意大利文艺复兴时期的评论家们翻译过来的。（新古典主义的）规条可能来源于古人，比如说古典戏剧中关于时间、地点、情节的三一律，就被当作衡量现今作品的码尺……语法学院和大学的课程，随着他们对于拉丁语、希腊语以及无尽的关于拉丁语散文和诗篇练习的独特强调，不可避免地让受过教育的人都必须接受以古代作家为模仿对象”（xix）。如此一来，抛开对于平实风格日益增长的吁求不说，平实风格仍旧是按照新古典主义端庄得体的修辞要求而塑造的，呼吁大家

① 见肯纳尔关于“平实风格”的叙述。但确实平实风格的起源可追溯到宗派主义者，比如威廉·布朗德弗德对普莱茅斯殖民地揭露中对自己日记的介绍。

模仿被神化了的古人。

这就是体现在当时的北美殖民地，也就是后来的美利坚合众国的情况。会出现这种状况也有着残存的纯文学作用的因素在内。麦基洛普写道，“没有一种形式会突然无理由地破碎，而这种已破碎的形式还能凭借它留下来的虚伪威严，从 18 世纪晚期苟延残喘到 19 世纪。美国学者可能在自己国家被民众所接受的语言中找到这种形式，它形成于革命时期至内战期间，并深受政治和爱国精神的影响”（xxii）。而且还远不止如此。爱默生和梭罗肯定是过渡时期的代表，因为他们企图突破旧的文体，同时又继续“遵照”，或者这样说，再次坚定自己对于新柏拉图派哲学或整体性的信念。的确，梭罗于 1837 年以希腊语和拉丁语学者的身份从哈佛毕业，所以在《瓦尔登湖》一书中，他会在探究某些特别现象的“开放式的呈现”时，同时向古人祈求能拥有他们的深邃奥秘，这并不奇怪。比如：“难怪亚历山大行军时，还要在一只宝匣中带一部《伊利亚特》了。文字是圣物之中最珍贵的。它比之别的艺术作品跟我们更亲密，又具有世界性。这是最接近于生活的艺术。它可以翻译成每一种文字，不但给人读，而且还吐纳在人类的唇上；不仅表现油画布上，或大理石上，还可以雕刻在生活自身的呼吸之中。一个古人的思想象征可以成为近代人的口头禅。”（84）

因此一个人要是在美国内战之前大学毕业的话，他可能只学习古典修辞学而不学文学，因为文学尚未取得博学者的认可，从而尚未拥有一定的社会地位。举例来说，先驱性的英语文学教学项目 1855 年开始于拉斐特学院，学生被要求在学习两个学期的盎格鲁-撒克逊及现代英语课程前，必须先修完拉丁语、希腊语、法语以及德语的课程（Graff 37）。

同一时期，高雅文学开始崭露头角，在不断增强对新古典主义修辞学的对抗的同时，也从后者中借鉴可以完善自我的成分。技术的改变在持续进行，并帮助文学从“堕落的”、肤浅的新闻中分离出来，这种分离最终还是建立在阶级差别的基础之上。由于技术的进步而被改变的经济状况，也能显露出那种先后不同的分别。在 1800 年，一份日报的平均价格是 8 美元一年，这个价格跟当时一个熟练印刷工人的周平均工资是一样的（Mott 162，159）。只有有钱或财产丰厚的阶层才可以负担阅读报纸的费用。而因为技术进步带来的大规模生产，如今一份中等容量的日报价格，只有1800年的约十分之一。显然，这样的早期报纸只是为有钱人准备的。“这绝对是阶级分明的新闻；实际上每一份报纸的复制成本是6分钱……（这种高昂的价格）使得普通大众根本就没有途径去阅读报纸。”（Mott 118）

因此，在战后的美国，这样的报纸不但党派性明显，而且是为精英服务的，针对的客户要么是富人，要么就是如我们可以大致推测的，受过更好教育的阶层。这从联邦党人的报纸上都可以看出来。这些报纸要不有着奥古斯都时期作家的风格，要不就是建立在新古典主义修辞学的框架之内，是专为有钱阶层服务的。在这众多的富含修辞指示的报纸文章中，透露出来的是这些文章的行文风格等，都有着向过去的新古典主义致敬的本质，就像“普布利乌斯”（Publius），就是参考“普布利库拉”（Publicola）这个名字，后者是罗马共和国的奠基人之一。还有，联邦党人报纸的作者们，在选择他们的署名的时候，也是在一一对应反联邦党人报纸的文章的署名，诸如“凯撒”“布鲁特斯”“卡托”之类（Furtwangler 51）。最后，约瑟夫·爱迪生（Joseph Addison）在《旁观者》和其他出版物上的新闻作品都是用新古典主义的形式写就的，而且这些作品被证明是流行于有学问的人或富人之中的、无所不在的修辞风格的一个指导根源。就像詹姆斯·麦迪逊（James Madison），另一个同样知名的、联邦党人报纸作家一样（Furtwangler 89—91）。一个合适的、反映了上流社会阶层价值的新古典主义修辞学，占据了公共议论的主导地位。

然而随着印刷技术的进步，最终使得报纸能够以每份一便士的价格出售——也就是所谓的“便士报”——而且“新的经济水平也带来了更多的报纸受众”（Mott 215）。这种技术进步促进了独立报纸的崛起。独立报纸不再需要依赖党派人士的忠诚订阅，它迎合了新的经济水平下更多人的需求，也就是惯常所说的无产低阶层人民的需求。独立报纸的崛起，导致了报纸文章的修辞不再要求非得是奥古斯都时代的风格，或是迎合上流社会的审美要求。1833 年本杰明·戴在纽约成功创办第一张便士报的时候，他在报纸中精确地放置各种关于底层人民生活的警方新闻片段，因为他很明白自己报纸的市场定位。像下面这段来自戴的《太阳报》的短文一样，本杰明的报纸让那些文学品味仲裁者发现，他们自己站在了所谓的“暴民”的面前：

> 凯瑟琳·麦克布莱德因为偷窃女装而被捕。凯瑟琳说她刚在布莱克韦尔岛服完六个月的监禁，而她也不会再被送回布莱克韦尔岛，因为她在那里创下了给玻璃打孔的最好纪录。凯瑟琳的丈夫在她最后一次离开监狱的时候，带她到埃塞克斯街的公寓一起住。但这个卑鄙的家伙对她发火，拉扯她的头发，掐她的手臂，还把她踢下了床。凯瑟琳决定不再忍受这样的待遇，她出于纯粹的怨恨，在喝醉后偷走了那件女装。凯瑟琳已认罪。
>
> 比尔·多提因为极度的恐慌无法保持清醒而喝醉。比尔已认罪。（“Police Office”）

基于阶层区别的公共讨论很明显已经消逝了，虽然它是联邦党人报纸所崇奉的新古典主义和上流社会典雅风范的体现。

阶层在决定什么文章会被接纳进高雅文学的行列中扮演了很重要的角色。这种重要性体现在《时代精神》系列编年记录中：如跑马场纪事、农学、野外运动、文学以及舞台表演等。弗雷德里克·哈德森（Frederic Hudson）在 1873 年的新闻史中记述了描述自己工作的报纸，“美国出版发行的第一份体育周报”（341）。没有附加副标题，他就给这份报纸冠上了这样的名号。这份报纸刊登过的文章，就包括托马斯·班斯·索普（Thomas Bangs Thorpe）的志异奇谈《阿肯色州的巨熊》。还包括其他关于捕猎经历的写实性文章。实际上，《阿肯色州的巨熊》的确可以被当作写实性文章看待，因为它的叙述基于作者从一个住在阿肯色州边远地区的人那里听到的传说，当时作者和这个人正在同一艘汽船上一起旅行。《阿肯色州的巨熊》这篇文章现在还能在《诺顿美国文学选集》中找到，并因为这一入选而提升了其文学地位（Baym et al. 1：1534—45）。这个故事可能是第一次接受类似考察，研究得出的结果，让那时以及现在的文学仲裁者开始抱持一种更为开放的心态，从而让流行的新闻文章有资格被列为高雅文学之一。但新闻文章这样的地位会让人无法正确地认识新闻的本质，也就是索普的短文所体现出来的那种本质。这种本质在哈德森的描述中被戴上了面具，使得报纸好像就是指“体育”周报那样的东西。实际上，考虑到本应加上关于报纸精神的说明，在面对现实世界这一方面，报纸应该掌握令人敬佩的宽广视野，如跑马场、农学、野外运动、文学以及舞台表演等（都是报纸涉猎的范围）。但问题出现了，在1840年代，有谁能够承担起让自己同时沉溺于这么多种类的报纸作为休闲呢？哈德森说的这个“精神”就是众多“阶层报纸”之一（343）。当报纸在1850年代被转手（索普成了报纸的东家之一），报纸的副标题也被换成《美国绅士报》的时候，那种阶层定位被更直率地确认了下来。因此，索普的短文受到来自阶层“血统”的认可，这些文章进入受人尊敬的上流社会的会客厅也成为可能，即使他的短文主题可能会被上流社会的高雅审美趣味认为是“粗野不堪的”。

奥古斯都·鲍尔温·朗斯特里特的短文反映出他对新闻是否适合高雅阶层这一问题的关心。他是一个乔治亚州贵族、埃默里大学的创始校长，他对于乔治亚州普通民众的研究集中在他的著述《乔治亚之景》中。上面提到的他于1830年代首次刊登在乔治亚州报纸上的那些短文，是现代美国文学新闻的前驱。在他选集的序言中，朗斯特里特承认，他文章的主题可能会招致更为上流阶层的不快：“一旦想到那些反对使用粗俗、不文雅和时而不合文法的语言的作家，我就无法在这篇开场白中写下确切的结论。而有些作家，相信偶尔使用这种写法可以更好地表达自己的意思，这种语言表达方式更符合读者的阅读能力，（因为读这样的文章就好像）作家在代表读者本身在说话一样。”（iv）即使朗斯特里特承认他是在违背上流社会的惯例，他还是在那个世纪晚些时候指出了通往文学现实主义和文学新闻道路的方向。也就是说，狭窄的阶层分类已在可以公开出版的年代被抛弃了。当他写下他的短文是根据“更符合读者阅读能力的这种语言表达方式，（因为读这样的文章就好像）作家在代表读者本身在说话一样”中所指出的语言表达方式组成的时候，朗斯特里特已经承认他的文章是不会被享有特权的修辞学框架所接纳的，而是会被超脱语言现象之外的另一种修辞学框架，或在他控制范围外部的某种东西所包容。在普通人的话语迷宫中，反映了巴赫金的“不确定的当下”的观点。他心甘情愿地观察所谓的“外部”的现象，看上去好像没有受到阶层修辞学的阻碍。朗斯特里特的通俗修辞学，对通过“外部”观察而得出结论的做法的强调，反映了新兴实证主义者范例的影响。而另一个最终驱除掉新闻的文学身份的原因是，在这个世界上对于应该报道什么、如何报道的理解的改变。

但朗斯特里特的文章仍旧体现出另一个要为新闻文采的退步负责的要素。即使朗斯特里特追求的是“不确定的当下”，但他还是用他自己的方式向有教养的读者单独致歉。因为就像他承认的那样，直到向读者剖析自己的想法前，他都“无法得出确切的结论”，不然他就是为他沉浸其中的公开的“言行失检”道歉。就这样，阶级意识决定了那些报道可否被上流社会的“会客室”所考虑并接纳成其中的一员。作为上流阶层，要提前为冒犯致歉，写作者就可以置身于这样的“暴民的觉醒”之类的活动之中。如果没有提前致歉，那他或她就会被文学家的候选名单中驱逐出去。

美国内战过后，我们可以看到文学现实主义和自然主义的崛起。但同时也是在美国内战之后，开始了对现代文学的研究（虽然研究者没有放弃继续敌对修辞学者）[①]。这种研究的出现只会进一步将新闻边缘化，使得新闻只能作为一种潜在的文学形态而存在。比如说，普林斯顿大学英语系的

① 详细研究见格拉弗《文学的表白》的第一、二章。

第一任主席西奥多·W. 亨特（Theodore W. Hunt）考察了1884—1885年间发行的《美国现代语言学协会会刊》，认为研究通俗文学的好处之一，就是“我们大学乃至我们国家的英语文学文化水平的显著提升”（46）。在那个时代研究通俗文学可能会得到赞赏，与此同时，同样在大写的“文学文化”几个字中被发现的，还有文学精英主义。1870年时海勒姆·科森（Hiram Corson）是康奈尔大学创立时期的元老级教授，他在《文学研究的目的》这本书中记述道：“我们在尝试理解文学作品之前，都必须先饱吸几口天才们在其中工作的、恍如飘荡着赞美诗班歌唱音符的空气才行。这种智力层面的建构有必要受到相当程度的限制，因为天才之所以是天才，正因为他们超凡的、领先于时代的才能，这种才能甚至超出了一般智力所能理解的范畴。”（93）文学就这样被戴上了秘密追随者所崇拜的神性光环。实际上，后来科森成了一个唯心论者，他甚至相信他能与已逝作家的灵魂秘密交流（90）。精英文学这个概念很大程度上源自19世纪通用于文学形式的新古典主义修辞学和雄辩术，即使精英文学这样的文学形式是与新古典主义修辞学相互对抗的。其根源亦在于新古典主义修辞学。新闻从来没有声称这种超验的普遍性站在自己这边。

根据美国文学史，在1915这一年，帕蒂发表了关于自然主义以及随笔的讨论，这些讨论反映了排他的文学政治。这样的讨论是很重要的，因为它们是在第一段现代美国叙事性文学新闻重要时期的余波尚未散尽时立即出现的。因此它们反映了一个重要观点，关于怎样的文学形式已经处于领先地位的观点。在帕蒂看来，似乎没有哪种文学形式取得了这样的地位（preface xii - xiii）。林肯·斯蒂芬斯和哈钦斯·哈普古德所大力倡导的叙事性文学新闻绝对不会出现在帕蒂影响广泛的历史著述中。新闻所接受的评论来自于崇尚文学自然主义的一些作家，这些作家公开接受了尚未成熟的叙事性文学新闻，或参考某些已经情理上可以被当作文学新闻记者的人的看法——他们已经是1890年代的先驱者——那个时代的氛围已经承认叙事性文学新闻是一种新的文学形式。

关于自然主义和新闻的融合，帕蒂说："在世纪末的几年中，美国文学突然闯入了人们的视野，毫无征兆。似乎曾经有一段时间，一群年轻人，其中大部分是新闻记者，认为有望发生一场革命。"（*History* 396）帕蒂认为这群年轻人中包括克莱恩、加兰、弗兰克·诺里斯还有理查德·哈丁·戴维斯，但不包括斯蒂芬斯、哈普古德或德莱塞。帕蒂继续说道：

> 这些年轻人会创造出一种全新的美国文学，一种超脱了虚伪做作和老旧习俗的新文学。他们会深入人民群众之中，以上帝朴实无华的真理展示给人民，就像左拉对真理的定义一样，因为人民渴望明了这种真理。"从更广阔的视野看……人民群众所轻视、嘲骂、讽刺和诋毁的艺术家，最终，竟是重要的真正追寻真理的人。"这个群体只是一个短暂出现的现象。它的成员大多去世了……仍健存于世的人，如 R. H. 戴维斯，最后转向了对历史传奇小说等其他传统领域的研究。（396—397）

很明显，帕蒂的观点响应了豪威尔斯和克莱恩早期对历史传奇小说的抨击，这个抨击是关于何为文学灵魂的辩论战的一部分。这场战争，至少在朗斯特里特为他沉迷于研究普通大众和亵渎上流社会的行为而道歉的时候，就已经开始了，并延续了下来。自然主义文学者——和加兰、诺里斯、克莱恩和戴维斯等人一样，在某种意义上可以被称为叙事性文学新闻写作者——被帕蒂提及得越来越少，这反映出帕蒂对此研究的俯视态度。这些人在帕蒂看来都是边缘人、"他者"，因为他们竟然敢于"深入人民之中"。这种把"人民"当作是粗野的"他者"的观点，仍是站在精英主义立场的说法。他轻视这些人（自然主义文学者、叙事性文学新闻记者），特别是轻视克莱恩，认为他所代表的观点只是一种注定消失的现象。自从学界中出现了研究克莱恩的现象，这种做法只会让克莱恩学派的人发笑。而关于戴维斯的评论，同样也揭示了批评界舆论的点滴改变。戴维斯的小说在今天已不太被人记起，虽然在他所处的时代，他是最流行的作家之一。

对于戴维斯研究历史传奇小说的评论，引出了更多的相关问题。这些问题不仅是指帕蒂对此时期美国文学的前后观点有多大差异，而是说明他轻视加兰和诺里斯，也无视文学新闻，于是又回到原地。根据帕蒂的说法，“新现实主义是短命的。即使是当它宣传自己的时候……也有消息称沃尔特·斯科特已经死了，受神眷顾的人和物，回归到他的权力的庇护之下，一个新的浪漫主义时期已经开始了”（*History* 401）。这个“新的浪漫主义时期”的开创，是在历史传奇小说这个领域中，被归功于斯科特的贡献之一。类似的说法来源于像理查德·哈丁·戴维斯这样的作家。根据当时一位杰出文学评论家的说法，这种说法带来的后果，就是戴维斯以操练历史传奇写作而独树一帜，借助于当时评论界给予的显赫评价，根据需要阐释历史，并将此当作“伟大世界变化”进程的一部分。这个带引号的引语来自莫里斯·汤普森（Maurice Thompson），这段引语值得被完整引用下来。

> 许多事实……都指向了流行趣味，从小说人物分析和社会问题，转向历史小说和传奇的英雄冒险故事。我们曾有过一段激烈的时期，但这种激烈并不是那种由社会、国家内部或政治、宗教生活等问题带来的病态的、内省式的。像其他流行一时的趣味一样，它最终转向无法解决的问题。这是三分钟热度式的关注，是探寻问题的一种张力，也是一般流行趣味的常规……巨大的商机似乎都转向了，从普通人生活的世界，如对犯罪和污浊故事的分析，转向了历史传奇，如所谓英雄故事、冒险传说。人们似乎对如何阐释历史的兴趣空前高涨，这似乎预示着，在“伟大世界变化”来临之时，所有的头脑都或多或少地感觉到了先人和楷模们度量出来的未来世界的各种可能性。（1182）

这种转移到“历史传奇、英雄故事和冒险传说”的趣味，可能出于某种心态，认为比沉浸于多愁善感的逃避主义中更安全的，是纵身于巴赫金所说的“绝对过去的遥远想象”之中。这段文章还因为其他一些原因而值得引起注意。第一，“病态的……污浊的”这一段就像汤普森所构思的一样，是文学和揭秘新闻的材料。第二，“无法解决的问题”反映了一个不确定的、反对“批评的终结”的世界。第三，对于“阐释历史”的兴趣由“先人们”决定，旨在预测未来，先人们对于“未来可能性”的指示，其实反映出一种历史逃避主义。这种逃避主义很容易将人们带入一种史观领域，并以黑格尔的历史观作为思想根据，认为人的精神应该以霸权的姿态显现于世界，并给现象世界明确结论。当然，黑格尔的历史观及其变种如马克思主义等，在当时受到广泛传播。

最后，当趣味转移到那种具体化的历史之后，沃尔特·司各特（Walter Scott）之流作家所著的基于过去的历史传奇小说，未来世界的各种可能性，都能从客观化的距离中被安全地预测出来。这样，读者就不用再主观沉浸于“病态”和“污浊”的交流中了。或者至少，与尝试解决“无法解决的问题”相比，这种做法更能缩小主观性和已被客观化的事物之间的鸿沟。含蓄地说，这种努力根本没有必要。继续玩信任游戏才是必要的。不像西奥多·德莱塞的作品《嘉莉妹妹》中的角色赫斯特伍德所熟练运用的那种处世手法，汤普森所倡导的是另一种逃避主义。赫斯特伍德让自己沉湎于客观化的新闻之中，因为它使世界变成了一个遥远漠然的客体，这个客体把整个世界的“污浊”都隔绝在一个安全的距离之外。这也不是《罗娜·杜恩》之类的历史传奇小说中所倡导的，能把世界上所有的“残忍的污浊”隔绝在安全、升华的距离之外的那种逃避主义。用更通俗的脉络来梳理这个概念的话，就是“眼不见，心不烦”。

确实，帕蒂援引了理查德·D. 布莱克摩尔（Richard D. Blackmore）1869年出版的《罗娜·杜恩》中的一些话，以此来建立历史传奇小说的现代传统（*History* 402），他还含蓄地暗示，这本书具有永恒文学价值的潜质。帕蒂的审美判断恰逢其时——他认可汤普森认为世界（的趣味）正转到“历史传奇小说，英雄故事和冒险传说上去。人们对如何阐释历史的兴趣空前高涨”（401—402）——这当然带有很强的讽刺意味，而且当类似于现实化、具体化的浪漫想象。像《法国兵的高歌猛进》《哈布斯堡王朝的打击》在马恩省和里沃夫遭遇他们的滑铁卢时，这种讽刺意味也不时地显露出来。像许多将军那样，帕蒂梦想着在理想纷逃的19世纪末期占据自己的一页。

帕蒂写下的这段话，正是当时正在享有、亦曾经享有特权的学院派美学理念的一种折射。

> 不像欧文写的那些短文，现在受到推崇的是生动活泼、篇幅大大缩短的故事；不像那些耽于冥想的人物研究——比如欧文的《破碎的心》，朗费罗的《父亲的马车》——现在人们需要的是更直白的、解析明了的、轮廓清晰的案例研究，像伍德罗·威尔逊所著的《纯粹文学及其他》；不像查尔斯·兰姆和福尔摩斯博士令人愉快的、散漫的个人闲谈，现在人们关心的是枯燥的社论文章，所有有关实力和事实的，或与众不同的商业文章，都是所有文章中最单调的那种。（*History* 417—418）

也许除了说得模糊不清的“篇幅大大缩短的故事”——帕蒂从没有解释过这个概念是什么意思——这篇文章并没有体现出他已清醒地考虑到采用小说写作技巧进行写作的这种新的新闻风格。但出于好奇，他在研究过程中也讨论过当时最主要的散文家，如查尔斯·达德利·华纳和拉夫卡迪奥·赫恩。帕蒂对赫恩的看法是存有疑问的，因为他是赫恩的崇拜者；帕蒂无视赫恩早期，即1870年代在辛辛那提写的一些文章。虽然这些文章可能在20年后的纽约新闻界中被认为是属于叙事性文学新闻的主流作品。尽管他对赫恩赞誉有加——后者放任自己的主观性的程度，从此可预测到后来詹姆斯·艾吉、琼·迪迪恩、诺曼·梅勒的写作状况——帕蒂所渴望的，还是一种更老式的文章形式。他写道："以前从未有过，如此想要揭露新闻真相、展示相关记录、让事实本身真实呈现的渴望，但这也是新闻风格文艺化所需付出的代价之一。"（416）深究这句"新闻风格文艺化"，就能在其中发现特权修辞学专用的密语。因此，虽然帕蒂的许多评论都间接地承认了，叙事性文学新闻带来了新的方法和值得注意的东西，但他的关键立场还是不会动摇，不能去设想新闻和文学为了共同目标而联合的可能。

在20世纪的第一个10年，还有其他迹象显示出对叙事性文学新闻的反对。但当时有另一种批判精神，批评中带有对这种形式可能性的肯定。朱利安·霍桑（Julian Hawthorne）在1906年写的名为《新闻：文学的破坏者》一文中，坦率地阐述了这种反对意见。随之暴露出其反对意见，背后的关键驱动力是对文学的信仰——无非是从以往世纪承袭下来的阶级差别造成的理念——相信文学有着永恒的、卓越的价值。如果这种卓越的价值的确存在，那么一切都会被这个封闭的重要系统所容纳。很明显，现在反过来看，如果有所反思的话，可以发现，纳撒尼尔·霍桑唯一的儿子朱利安·霍桑作为一名历史传奇小说作家，正是他自己亲自对新闻进行客观化。小霍桑的做法实际上就是那种被广泛建构的新闻概念，其实是无法将客观化和文学化的版本区别开来，将世界妖魔化为陌生的"他者"，野蛮的人。小霍桑对此的辩解认为，客观化新闻关心"材料"，而文学化新闻则关注"精神"（166）。小霍桑对新闻愈占上风亦心有警醒，他认为那预示着文学的衰退：

> 但是，由于我们自身的非精神性，文学目前日益衰弱。原本低人一等的新闻企图高调登大雅之堂，但结果不过假模假式而已。只要新闻始终专注于自己的（材料）本份，它就不但无害，而且还有一定的用处；但只要它企图僭越本来就位于其上的东西，它就变得有害了；这不单是因为新闻没有给予我们它所假装能提供的东西，而且它外在的装腔作势，可能给予我们错误的引导，即让我们接受它的真实可信，

并导致文学的本来有的力量日益萎缩，精神层面的真实声音也不会被世人所理解。（166—167）

高雅文学享有的特权不言而喻，而且预示了文学现代主义和新批评主义所持的本质立场，即文学的本质是美的（是美学意义上的）、卓越不凡的。新闻只有出于实用的目的才能发挥出自己的能力，因为新闻生来就被广泛认为是无理性的、“机体上”就是一种低于文学的存在。主流的客观化的新闻实践和无比开放的主观性文学版本几无相似性。这就是当时的实际情况，尽管这种形式的拥护者，像林肯・斯蒂芬斯、哈钦斯・哈普古德和斯蒂芬・克莱恩，仍企图缩小主观和客观事物的鸿沟。的确，怀疑持续着，这恰恰正是霍桑极力避免的情形，想要消灭主观和客观之间距离的企图。在某种意义上早在1900年，杰拉尔德・斯坦利・李（Gerald Stanley Lee）在《大西洋月刊》上发表的文章《作为文学基础的新闻》就预料到了霍桑所持的立场。李这样写道，“生成不了什么好东西（作为文学基础的新闻），以后可能会出现一种所谓“绅士文学人生”的事物来（231）。很明显，李已经把攻击目标对准了霍桑所拥戴的、基于阶级差别的上流美学。

新闻之声名狼藉，强有力地反映在帕蒂对于朱利安・霍桑的态度中。从文学之优雅神坛跌落的小霍桑，最担心新闻成为文学的毁坏者，而他恰恰成了这样的人。帕蒂这样写道：“在那个传奇故事大行其道的时期，有一个阶段，传奇小说作家的领军人物无疑是朱利安・霍桑，美国最伟大的传奇小说作家唯一的儿子。在他创作生涯的早期，他创作时选择的主题都希望能对得起霍桑这个姓氏……但他的文章缺乏严肃性、道德感、生活的深度和对人心必要的认识。在这个努力使自己的创作对得起自己姓氏的短暂时期过去后，他的创作方向转向琐碎的、耸人听闻的题材，变成了一个黄色新闻记者。”（408）在成为一个受人贬低的“黄色新闻记者”时，年轻的霍桑就已拒绝了继承父亲留给他的文学遗产。

帕蒂写作的时代，是一体化思想下的旧秩序时代，“人”的位置在历史故事中被浪漫化，无论是《法国兵的高歌猛进》还是《哈布斯堡王朝的打击》都反映了这样的时代特征。但这种时代神话在欧洲战争冲突的压力下破碎了。战争带来的结果之一，就是人们对于未来的批评性展望变得谦逊了许多。这种谦逊反映在存在主义、对权力和人类主观性的研究之中。也反映在晚些时候出现的、与存在主义本体论在认识论上平行并列的解构主义之中。然而自相矛盾的是，这场战争冲突不仅导致了人们对于未来的批评性展望变得谦逊了许多，而且使得一体化这个重要概念得以重塑，更被当作人类行为必得体现的根据。某些情况下，正是极权主义的现象学应用。可引以为证的就是在德国，黑格尔式的历史观被国家社会主义所取代，这样的取代不过是持续移除其他偶然性努力的一部分，以便最后得出唯一可能的结论：历时千年的帝国。

借保罗·德曼（Paul de Man）的话来说，那就是，在第一次世界大战后的余波中，有一种“沮丧的、被打败的意识”企图“掩盖自身的消极性”(12)，并表达出自己的绝望。这种绝望源于，它被希望具体化的有形物质重塑的信念所击败，同时也放弃了一战前的华丽修辞。这就是让·保罗·萨特（Jean Paul Sartre）的重要小说《恶心》中那个“无师自通”的人所持的观点。这种人有一种信念，相信通过探寻学问，他就可以找到具体化的答案。这种信念也反映于萨特告诉洛根丁的一个评论，洛根丁被存在主义的恶心所折磨，或换种说法，他觉得存在主义的自欺欺人很恶心，那句“没有人比诺卡匹尔更适合进行这巨大的综合化尝试。这难道不是真的吗？”(75）在巨大的综合化中，隐藏着一个封闭的批评系统的形式真实。这个“无师自通之人”，“相信通过探寻学问，就可以找到具体化的答案”。他的结论就是认为“四海之内皆兄弟”可以在地球上实现，或者就像他说的：“（我所做的只是为了）一个目标，先生，一个目标……那就是人类。”(112）致力于理想，为了实现这个目标，他成了一个持证的、正式的社会主义者，好像那张实物性的证件是一张可以证明他理想的确认书。

类似的美学和新闻话语的研究也出现了。诗人和作家重新燃起对现代主义美学的希望，同时新闻记者也致力于新闻的现代主义。学院派则认为这些希望都是理所当然的，从而导致了新批评主义的评论霸权的兴起，奠定了“客观性”概念和认为新闻是一种“科学”的看法。在所有的论述中，以叙事性文学新闻为例，它致力于维护个人主观性，认为承认个体主观性的观点，揭示了一个与其说是封闭、更不如说是不确定的重要观点，这种观点导致的后果不可能是“充满希望的”。

1915 年也是至关要紧的一年，因为即使是帕蒂也渴望着一个“新的浪漫主义时期”，而 T. S. 艾略特（T. S. Eliot）在那一年出版了被描述为“现代诗歌典范”的《J. 阿尔弗雷德·普鲁弗洛克的情歌》（Ruland and Brabury 257）。这也是现代主义美学占据优势的一年。现代主义精神和对卓越艺术真实的本质化追寻通过艾略特连接在了一起，而其他的，如 1920 年的“完美批评家”，这些都会为新批评主义的崛起造势。新批评主义本身就被描述为“富争议性的、20 世纪最具影响力的文学理论”（Childers and Hentzi 205），艾略特对它的陈述成为了真理，“一种新物质产生了，它不再是纯私人的，它是艺术本身”（“Perfect Critic” 53）。在排除“纯粹私人”性质的同时，艾略特也追求在这种“新”物品中分离出主观性。因此，根据艾略特的指导原则，一个承认自己的写作是来自于现实世界的文本不可能是艺术。

在此，因为报道只能以现象学为源头并面对现实世界，新闻注定会成为输家。但是如果否认现象的源头对于证明深层道德问题的价值，这种观点就是应该被摒弃。举个例子，在《冷血》这部小说中，在花园城市堪萨斯州，对于杜鲁门·卡波特所追查的杀害克拉特家庭的凶手来说，这一点无疑是致命的。同样的问题也被刻画在托马斯·肯尼利（Thomas Keneally）的《辛德勒的名单》一书中。当然，这本书更多地是作为一部电影而被人认识。通过否定现象源头的文字，或是推断出它们仅仅是虚构小说的言论，可以恰到好处地回避这些道德问题，最起码是远离这些问题。在回避或者远离这些道德问题的过程中，个人的主观性可以与逍遥在外的凶手和犹太人大屠杀这些事情保持一定距离。

评论家爱德蒙·威尔逊（Edmund Wilson）在1931年的《阿克瑟尔的城堡》一书中阐述了类似的观点。他批评了包括艾略特在内的美学上的现代主义者，从而推广“一种诗意概念，这种概念具备某种纯粹而稀有的美学本质，与人们的实际应用没有任何关系。因为某些从未解释过的原因，仅仅散文的技巧是合适这种概念的”（119）。威尔逊对散文概念提出的挑战，即认为只有散文式写作“关乎人类实际应用的东西”，才是有用的，正经过被文学建构形成的新闻散文边缘化又再次回到话题中来。作为一个新学说，它与帕蒂在1915年关于“散文已沦为商业文章”，“散文中的散文”的评论，和霍桑在1906年关于“新闻工作只要守其本份，专注于材料，不仅无害，反而有用”的评论，具有同等影响力。

学院派的新批评主义被认为是艾略特现代主义思想的遗产。其思想将文学作品客观化为一个自主、自在、自成一体的独立存在物（Childers and Hentzi 205）。从自主性艺术本身来看，在论述中对于现象学起源的认可仅仅可以把它当成文学。这种情况也反映在英语文学的学院派对新闻概念的态度中，即普遍认为客观化新闻和文学性新闻并无不同。就像杰拉尔德·格拉夫（Gerald Graff）在对英语学习所做的惯例性研究时指出的那样，在1930年代，学者们曾认为作为领头羊的英语文学系应该以培养“通才”为目标（146）。结果，“很多年轻的、有望发展为通才的评论家被新闻学所吸引。同时，波希米亚式的工作方式也为这些人提供了一定的经济保障，比如他们可以通过为书写评论、翻译或间歇性的编辑工作来谋生。一个非学院式的文学性新闻记者课程就征募到诸如范威克·布鲁克斯（Van Wyck Brooks）、H. L. 门肯（H. L. Mencken）、埃德蒙·威尔逊（Edmund Wilson）、马尔科姆·考利（Malcolm Cowley）等多个二十几岁的年轻人”（147）。显然，在英语文学学院派的人看来，那些年轻人不过是受了“新闻学与波希米亚”这两个词的吸引而已。那些留在研究当中的通才们“开始把自己的兴趣、才能用在新评论方法当中”（147）。换句话说，他们屈服于新评论在评论领域中的领导权。

格拉夫的研究还引出有关文学新闻的另外两个问题。首先，他的“文学新闻记者”本身就是一个尚存疑问的术语。的确不是所有人都从事于像琼·迪迪恩和杜鲁门·卡波特这样的文学新闻工作。这是一个容易引起歧义的术语，其含义包罗万象，甚至过去某个时期也是指“文学批评家”。同时，尤其是威尔逊也是理论与创作兼顾。他不仅仅是文学批评家，同时负责他在《新共和国周刊》中以1930年代“记录报道”为模式的报道。这是一些关于由共产党人赞助的劳动者进入曼哈顿区的事件的报道。

精英文学研究的学院派对于新闻事业边缘化的观点，还体现在威廉·尼兹（William A. Nitze）于1929年在他的现代语言协会中心做出的评论。他指出，“事实上，我们的文学批评（其实是说文学性新闻）了无生气，但他们仍然想在这个‘贬值的世界’中寻找秩序之原则，他们认为只有社会学新闻类的写作才有出路，而不是文学”（v）。很明显，在这个“贬值的世界”中，那些致力于新闻文体的写作没有任何理由可以成为“文学”，而且，反映在拉丁语系前缀“de”中的新闻文体明显缺乏价值。“新闻没有成为卓越艺术的潜质”的考虑或许可以解释，为什么有时是美学现代主义者、有时又是文学新闻坚定拥护者的海明威，会随着美学现代主义的占据优势，将《意大利，1927》重新命名。在《新共和》中是属于叙事性文学新闻，同时把这点囊括在他的短故事《你何以为国赌命?》（“Che Ti Dice La Patria?”）当中。除了标题有所变动，其余的部分与原来完全一致。尽管如此，他的叙事性文学新闻技巧依然上升至真正的文学天堂，菲利斯（Phyllis Frus）甚至怀疑海明威到底有没有“把新闻和小说严格划分”（*Politics and Poetics* 91）。

结果，在1940年代末到1950年代初这段时间，文学批评不过是固化了格拉夫指的新批评主义模式。其实，英语文学的学院派们对各种非虚构作品的态度也是充满矛盾的。这体现在威廉·范·奥康纳（William Van O'Connor）和弗雷德里克·J·霍夫曼（Frederick J. Hoffman）1952年为《美国非虚构文学》（1900—1950）写的序言里。他们指出，要把非虚构当文学来研究所遇到的困难也正是当下学者们所遇到的困难，那就是："除了定义困难，诗歌、小说、文学评论以及戏剧都可以被当作某种文学形式看待，起码可以有文学术语去讨论。但在我们的时代里，非虚构文学却是另外一回事。"（v）他们建议以后的学者们可以将"非虚构"置于更广阔的框架中做出解释。"可能直到那时，他们才能同意这些清晰明了的体裁和模式是什么。"（v）尽管如此，奥康纳和霍夫曼感到他们所讨论的非虚构文学已经有了很大的改变。"在我们的时代，起码在美国，更加趋向于忽略自然的文学叙事传统设想，把传记与历史、社会理论或者文学评论融合在一起，把文学与新闻之间的沟壑摧毁。"（vi）而这个边界的摧毁现象在37年后，由丹尼斯·赖吉尔（Dennis Rygiel）在他的书中得到重复："在过去20年里，批评趣味的增长一般都在非虚构文学领域中，特别是20世纪的非虚构文学。特别在文学与非文学以及叙事与非虚构的边界变得模糊不清的时候。"（"Style" 567）

文学新闻作为广义的非虚构文学的附属，的确难以描述。事实上，巴赫金、奥康纳和霍夫曼在一份值得关注的阐述中描绘了文学新闻。他们写道，"那些对展开到极其宽广范围的非虚构文学作品流派形式的猜测，需要更加细致的研究，当中很多已经不是简单调查就可以解决的了"（vi）。这可以说极好地回应了巴赫金的观点。巴赫金认为，既然非虚构叙事是致力于这个"结论完全开放式的当下"，那它就其根本上来说是处于不断变革中的（40）。换句话说，叙事性文学新闻也不可能结论式地固化其形式。为了能够做到这点，需要清晰地描绘它的特性，同时建立批评确定性。但是，它的开放结论的属性否定了这种可能性。事实上，它是一个服从于即兴的意识塑造的批评式活动目标。

对非虚构写作的态度也有同等改变。詹姆斯·格雷在奥康纳和霍夫曼的前言的基础上，发表了《作为文学人的新闻工作者》这篇文章。由于这篇文章指出了当下批评界的混乱状况，由此可以看出其标题具有讽刺意味。奥康纳和霍夫曼宣称非虚构文学的"文章"没能表达出任何文学的内涵

(v)。在奥康纳和霍夫曼看来，新闻工作者是不能精通文学的，但是格雷却认为可以。然而，格雷很少参与关于审美价值方面的分析，反而按时间顺序写出了对广义文学新闻概念的看法。但是在关于1930年代报告文学的研究中，他指出有关文学新闻工作者的观点："在美国，他们主要的任务是以最无拘束的方式陈述事实"(96)，以此回应了与他有相似观点的阿尔佛雷德·卡津（Alfred Kazin)。卡津早在十年前就在《扎根本土》一书中表达过类似观点，他是文学新闻文体仅有的几个捍卫者之一(485)。

在新批评主义的旗帜影响下，叙事性文学新闻由于坚持对现象本质追求到底的使命，所以难以成为文学的一部分；但是，值得推敲的是，这是否可以被认为是个有关认识论的问题。现代语言协会董事长尼兹（Nitze)说得好：在一个透过主观努力来认识不确定世界的过程中，是没有什么固定秩序法则累加的。这个世界之所以是不确定的，因为没有什么主观性是全知全能的，这是最要紧的一点。叙事性文学新闻也一样，它带有循环的特性：以每篇报道写作过程中所依赖的自省性程度不同，文学新闻是一个努力将个人主观性个性化地介入到客观化的共性之中的过程。这是一种只能被主观认知程度所引领的写作实践，写作者的局限具有不确定性，所有表达当然也带有语言的不确定性。

对现代文学美学本质的强调只能部分地回答文学新闻写作在20世纪多数时间遭遇忽视的原因。本世纪的新闻学学者和大众传播研究者一样忙碌，他们想尽可能将客观性概念具体化，以消蚀主观性，并最终完全排除世界本是不确定的这个结论。也就如菲利斯·弗鲁斯所言："新闻当以客观性为目标，也就相当于现代主义者应以美为本质。"(*Politics and Poetics* 91)

第一次世界大战结束后，战争造成的直接后果是客观性新闻观念的兴起，同时，主流批评框架也因此被重塑。到了1920年代，作为新闻故事基础的"事实"变得声名狼藉，而造成这一点的原因主要有两个：公共关系学的兴起和战时宣传（Schudson 141)。爱德华·伯纳斯（Edward Bernays）被认为是现代公共关系学的创立者。他晚年说过，“战时的宣传成功令人难以置信，而这个也让一些部门大开眼界，让他们看到严格控制群众思想的可能性”（*Propaganda* 27）迈克尔·舒德森补充说道：“很多新闻工作者直接参与到一战的宣传中。一方面，美国新闻记者发现他们作为在欧洲的战地记者是军队审查制度的被害人；另一方面，他们自己也是美国国内外宣传机构的代理。”（141）他所描述的结果是，“没有比亲身经历战争更有说服力的事实了，美国新闻工作者发现所谓事实根本不是人们所相信的那样……在战争以及战后，记者们开始把一切所见都当作是幻觉，因为它（‘事实’报道）十分明显是艺术家们自身幻想的产物”（142）。

诸多呼吁客观性新闻的人中有个著名人物就是沃尔特·李普曼（Walter Lippmann）。舒德森曾经把李普曼描述为“关于客观性新闻最明智也是最具说服力的演说家”（151）。1922年，李普曼在他发表的《公众舆论》中写道：“随着我们越来越深入地意识到我们主观主义的问题，我们在客观方法中找到了在其他方面所没有的强烈兴趣。”（256）根据韦伯词典定义（Webster's 1039），所谓的“强烈兴趣”是指一种“强烈令人愉快的事物”，与浪漫的“热情”的概念相类似。这有点相当于伏都教的说辞，从而大大膨胀了李普曼关于“客观性”的概念，并令人费解地超越在主观性之上。在他那显得含糊其辞的对其主观性的批评中，他甚至运用的批评术语，如“强烈的热情”其实正是价值含义超载的主观性词语。李普曼认为：“人们越是对眼见为实的依赖性越大，就越是迫切地想去持续验证那些所谓结果，越客观越好。”（Lippmann and Merz 33）。就这样，李普曼和梅尔兹完全忽略了人们主观性的问题。如此一来，他们改变了信仰（之类），并与很多现代人一样，将信仰置于科学之上。这种做法带来的结果就是用实证主义精神重塑新闻实践，把实证主义者关于事实的信仰切换成对于客观性的信仰。李普曼的评论总体体现在他对于评论“统一”需求的极其单调的主张要求上：“在世界上只有一种统一可能性，正如我们所具有的多样性，那是方法上的统一而不是目标——被规训的实验的统一。”（*Liberty and the News* 67）

舒德森增加了一点：李普曼的统一思想会在科学上实现。因为对李普曼而言，“纯科学是更高层次宗教教义的现代化身。正如李普曼所定义的：美德，是优先相信一个人的尝试；愿望，是了解世界的基础”（154—155）。

李普曼曾在1931年重申他在客观性报道上的观点。这个时间点十分重要，因为在这时，被威廉·斯托特称为“功能性”的纪实文学（238）——刚刚复兴的进步的叙事性文学新闻，开始浮现于世人眼中，并在“大萧条时期”成为了促进社会行动的一股力量。此外，它也反映了主流新闻学确立中的“疏忽”现象。就像詹姆斯·博伊兰（James Boylan）所说的，包含了在这段时间内，美国生活中最糟糕的经历（159）。实际上，经过否认主观性，李普曼恰好将自己置于矛盾之地，他写道：“新的客观性新闻是比较稳定而冷静的事物，因为它涉及的都是十分可信的事实……呈现新客观和解释现实世界都非人类所擅长，它是一个文化的产物，这种文化来自于对过去的理解，来自于人们对普通观察之欺骗性的敏锐警觉以及我们的思维到底有多智慧。”（“Two Revolutions” 440）也许还可以加上，他的思想一样是完全忽略主观性问题。这是一个十分奇怪的充满矛盾的陈述，因为在他对主观性的忽略中，他的“敏锐的警觉正是由”其主观性决定，想必对他本人来说也是带有迷惑感的。因此在他口是心非的理论中，他也抓到了这一点，并对之妥协，他把外部文化的概念具体化，成为人类活动必须的一个依靠，整体上没有看到我们对于人类活动的理解，其实是各种主观性因素和语言最后协调的结果。

对于客观性新闻的要求有些上升到意识形态的高度。从理论性强调上升到应用性展开，正如那些报纸编辑和出版商所表达的那样，他们是报业文化的最终决断者。1937年，“美国报业出版商协会”（ANPA）以及“美国报纸主编协会”（ASNE）发表一则声明，旨在阻挠对报纸的统一性干预：“我们不否认需要领头人，也不否认进步来自于倡导者的天才。然而，对一个社会来说，同等重要的却是那些对有争议问题报道的人。那是报人的天职，不是作为有意向性的党派人士而是作为一个客观观察者。”引用客观性为由，报纸老板反对以“大凡任何声称为组织的团体，在富有争议的社会问题上”都不可能是客观的为理由，而反对对报纸的统一化（qtd. In Schudson 157）。但最后的结果则是记者们都否认在其所谓产品中注入主观性，尽管这在表面上似乎是矛盾的。

的确，李普曼并非不明了主观性的力量及其影响，也正因为如此他认为新闻需要“持续验证”。但是，他错把“持续验证”或者说“方法的统一性”都当作了新闻的客观性，在别处他将之描绘成是“实际上是什么”的概念（*Liberty and the News* 55）。在所谓“实际上是什么”的概念中，他暗示了这个玩意有着超越主观性及语言影响力的神秘力量。

接下来值得关注的就是，作为新闻工作者的李普曼和作为诗人的艾略特，关于新批评极富对照性的惊恐态度。也就是说，作为精神美学之圣徒的艾略特，其实和物质精神主义者的李普曼不过一回事。无独有偶的是，他们各自对所谓超越性文学及超越主观性新闻的倡导都发生于1920年。“一战”后的反思环境为一体化的批评模式提供了根据，认为人的活动必得以显示实施。实际上两个本属同一理论谱系中的一员，一个位高一个位低而已，如同教堂里的神父与主教。艾略特说：诗应该“不再是纯个人的，它写成后就是一个新客观存在，因为它正是艺术其本身”。这个定义正好与李普曼关于客观性新闻的论述相适应。人们也可以套此句式说新闻应该“不再是纯个人的，它写成后就是一个新客观存在，因为它正是新闻本身”。这个与艾略特在1919年第一次明确表达“客观关联物”的概念相一致。当时几乎每一代大学生都必须接受关于美学的说教：“在艺术中，情感表达的唯一办法就是寻找‘客观关联物’。”（“Hamlet” 48）这点可以再次适当改写成李普曼的观点，“对新闻叙述表达的唯一办法是寻找‘客观关联物’”。艾略特与李普曼在寻找客观关联物上的共同“热情”，超越了他们的个人经验，其目的就是为了达到“不受主观性干预的”艺术与新闻的“本体”。或许，他们在主观上相信他们的理论已经升华至信仰的境界。

结果是，随着主观性概念地位的提升，在某种意义上，有关客观性新闻的胡言乱语终于从"'新闻都是基于事实'演变成'客观性新闻都是基于如其所想的事实'"，与文学上的现代主义惊人相似。奇怪的是，就像保罗·曼尼所说的，客观性新闻也是一种"现代新闻"（561）。"现代主义"以"客观性"的形式进一步将叙事性文学新闻边缘化，而后者却一直努力把主观性与客观性之间的鸿沟变窄。在李普曼关于客观性的观点上，他毫不含糊地宣称，主流新闻实践自始至终一直在做的事：那就是远离主观性。

公正点说，应该注意到，尽管人们注意对客观性宣传，此时期新闻发展还呈现出另一个方向，那就是在诸如《纽约每日新闻》之类的小报中，煽情主义新闻又死灰复燃。这种煽情版本或者说是黄色新闻，也被称作"爵士新闻学"（Emery and Emery 363）。尽管到了最后，它从认识论上得出的结果是一样的，没有能把主观性与客观性之间的鸿沟变窄反而夸大了两者的不同，将客观对象陌生化，读者和采访者都各自置于安全又疏离的远观位置。黄色新闻中的煽情性反响，其目的可以再次引用约翰·伯格的定义说明："将读者的经验缩减到一个单纯的框架中，看新闻的人不过是躲在安全处的、隔离开的旁观者，获得所谓颤栗或震动。"（"Another Way" 63）。

同时，英语文学的学院派研究正大步深入美学现代主义的行列。新闻研究的学院派们大致也走着同样方向的路子，那就是在李普曼的强大影响下，开始了新闻学的大众传播研究。这是一个由有限的几个人发起组织的紧密小团体，他们占据了此领域的学术话语权，既排斥新闻，更排斥文学。

1922年，曾于1906年在麦迪逊的威斯康星大学建立全美第一个新闻学专业的威拉德·格罗夫纳·布莱耶（Willard Grosvenor Bleyer）先生，开始运用李普曼的《公众舆论》一书培养一个博士生研讨班。布莱耶被认为是新闻教育的先锋人物（Durham 15），是一个较早主张应用社会科学方法来分析新闻学的人。他认为："这些社会科学方法可以既推进报业质量的发展又为新闻教育提供更加扎实的知识基础。"埃弗雷特·罗杰斯（Everett M. Rogers）和史提芬·查菲（Steven H. Chaffee）在一份学术研究报告中认为这是新闻与传播学院研究的起源所在（14）。的确，布莱耶被描述成是"他自身观点的传教士”，因此他再一次穿上了神秘主义学说的白袈裟（14）。布莱耶曾帮助新闻研究学者建立了一套社会科学的方法，成为一个优秀的范例，当然从最本质而言，是基于实证主义者的设想。

威尔伯·施拉姆（Wilbur Schramm），被罗杰斯与查菲于1940年代称之为“无可争辩的传播研究的发明家”（36）。施拉姆在英国获得哲学博士学位（布莱耶同样如此），也是关于“威廉·华兹华斯·浪费罗（William Wadsworth Longfellow）的《海华沙之歌》”的研究专家。他曾参与华盛顿的战争事务。1943年，他带着传播研究的新学术理念回到爱荷华大学。“尽管施拉姆本身的强项在人文科学上，但是他设想的传播学却是行为学和社会科学的新分支。”（7）这大概是学术史上一个十分奇特的现象：1934年，在他真正皈依为一个“科学的信徒”前，施拉姆被指定为爱荷华作家工作室的主管。他同时是一个颇有才华的短篇小说作家，曾经在1942年赢得了欧·亨利小说奖（11）。但是等到他结束华盛顿的宣传工作回到爱荷华后，却接受了“实证主义研究”的观点（10）。在爱荷华期间，他被任命为爱荷华大学新闻学院的主管，在这里他开始实施自己的计划。在1947年，他来到了伊利诺伊大学，建立专门项目，将传播学当作一种科学去研究（7）。伊利诺伊州被认为是“施拉姆把他的传播学研究彻底贯彻实施”之地（7）。1955年，他来到了斯坦福大学，在这里他最后成为传播系主任。

施拉姆也把大众传播研究看作是“跨学科研究的研究领域”（7）。但是当他的目标放在了各个学科之间时，罗杰斯与查菲却明确地指出科学及其潜在的实证主义者假设支配了这项研究。此外，有证据显示，所谓跨学科研究是值得怀疑的。韦恩·丹尼尔森（Wayne A. Danielson）是在1954到1957年间曾经参加过斯坦福项目的专家，他接受了大众传播研究中的第四个博士学位，这个排序是埃弗雷特·罗杰斯在他的大众传播研究史中重新计算的结果（458）。丹尼尔森回忆道：“这个博士生项目深层次地涉列各个学科，我运用一个来自奎因·麦克尼马尔（Quinn McNemar）的心理学的统计方法，他与欧内斯特·希尔加德（Ernest Hilgard）都是属于我的这个博士项目委员会。我也从罗伯特·西尔斯（Robert Sears）和利昂·费斯汀格（Leon Festinger）手中拿到了心理学博士学位……在社会学的部门里，我参加了一个由保罗·沃林（Paul Wallin）和拉皮埃尔（R. T. LaPiere）开设的课程。传播学学生们在心理学和社会学的博士学位课程中一直都能获得最佳成绩，这一点让我们确信'我们都是称职的'。"（qtd. in E. Rogers 458）在斯坦福大学，他们清晰地制订了包括社会科学研究语境，心理学和社会学在内的跨学科研究计划。

在布莱耶与施拉姆之后，那些所谓的大众传播研究计划的主要领导层也在全国各地出现（Rogers and Chaffee 4）。他们当中包括一个布莱耶的学生弗雷德·西伯特（Fred Siebert），他继施拉姆离开后领导了伊利诺伊州的计划；还有另一个布莱耶的学生拉尔夫·凯西（Ralph Casey），在明尼苏达大学讲授新闻课程，也曾经与施拉姆一起在华盛顿工作过并在1958年参加到施拉姆在斯坦福的研究。拉尔夫·纳夫齐格尔（Ralph Nafziger）是另一个威斯康星州立大学的校友和学者，他最后也移居到明尼苏达州。此外，拉尔夫倚与凯西也都和施拉姆在华盛顿工作过。最后一位是奇尔顿·布什，同样来自威斯康星州，在斯坦福任教并在最后被施拉姆邀请进入他的机构。

那么这样一个属于在全国倍受倚重的大众传播学研究团体，是如何影响到叙事性文学新闻的呢？就像现代主义文学一般，证据是十分明显的。的确，要说有人有意识将叙事性文学新闻研究从大众传播研究中剔除出去，那也是不公正的说法。但是需要注意的是，施拉姆的确在从华盛顿回到爱荷华州后明确地表达了对于文学研究的反感。我们观察他在哈佛大学与阿尔弗雷德·罗斯·怀海德一起工作时，以及在其他地方所学习的心理学和统计学的内容。他说过："拥有广泛的兴趣的话，将很难回到爱荷华州继续教授乔叟的历史。"（qtd. in E. Rogers 17）此外，他似乎还因为其他原因厌恶再加入文学研究中。当他从华盛顿回到爱荷华州后，他谢绝再次回到了英语文学研究上，因为施拉姆以前的博士生导师诺曼·福斯特（Norman Foerster）成了语言学院的院长。正如罗杰斯所说的："1943年，福斯特与施拉姆的关系破裂，这种破裂导致了施拉姆不愿意回到过去的岗位上。”(17) 这种情况可不是好兆头，特别对于在学院中掌控着“通过社会科学的方法把新闻看作是文学的一种”的研究话语权而言。

为了更好地理解一些典型证据，有很重要的一点需要明白的。那就是，大众传播广泛宣称新闻研究和教育不过是为他们服务，而某种程度上，新闻研究也乐于这种被大众传播所拥抱的感觉。原因之一就是新闻研究在大众传播的谱系中找到了所谓的体面。直至1940年代，根据传播学学者，同时也是《新闻与大众传播教育》的编辑詹姆斯·A. 克鲁克的说法，大学里的所谓新闻教育项目，其功能就类似“贸易学校”(6)。他还说，“当时，新闻教育虽也隶属于大学，但其教师在大学教师队伍中多是被边缘化的成员……他们无法通过提供大量的文本和批评体系来评定这一学科对世界的意义何在”(6)。所谓新闻学早在20世纪初期就被驱逐出文学研究的领域，并饱受类似朱利安·霍桑（Julian Hawthorne）和现代语言协会主席威廉·尼兹（William A. Nitze）等人的贬斥，直至施拉姆及其同事们开始倡导大众传播之时，新闻开始为自己正名发声。一旦纳入大众传播媒介研究中，新闻学显得如此博学和体面。随后，克鲁克指出：“新闻学院的教师构成也从之前的以报人为主转变为以受过行为科学教育的学者为主。”(7) 也因为如此，学界对新闻学的看法从基础性的修辞研究变成了社会科学研究。

罗杰斯证实了克鲁克的评价并且增加了一点。他指出，传播学如果变成一种科学的话，将会使其变得更加普遍。“最初，传播学研究接管了现有的新闻学，并逐渐改变了这些学校的教学与研究——把它们从专业角度改变成了科学的方向。同样的，传播学也入侵到演讲学的部分，把它们从修辞上的人文科学转化为对人际传播的科学分析。”(477—478) 在大多数人默认的情况下，新闻学研究从人文和修辞研究转移向某种范式下的社会科学研究。

还有另一个有代表性的研究证据，在克鲁克的出版物的更名中被发现，连同其他与新闻和大众传播教育协会（AEJMC）相联系的出版物一起。

1955年，《新闻教育》变成了《新闻与大众传播教育》，证实了其在长时间里被同化吸收的过程（《新闻教育》的扉页背面）。同样的事情在新闻期刊中也出现了，《新闻摘要》和《新闻专著》都加了一句“大众传播”在“新闻”前（*AEJMC News* 1）。

向来不受敬重的新闻学研究，因为被纳入了大众传播的怀抱，而将自己的研究依重于行为研究。这种基于量化的实证性研究方法，继而掌控了整个新闻传播研究方法，尽管至少从1970年代开始，就有人呼吁其他的研究方式，特别是文化（Carey 177）与定性（Cooper，Potter，and Dupagne 54）的研究方法。这种研究模式所占比之大可从下面的数字看出，即全国发行最大的八种大众传播类期刊中，有七种对量化研究论文的刊登比率不少于20%。“从1965年到1989年，大多数大众传播学术论文都使用这种量化研究的方法。”（Cooper，Potter，and Dupagne 58）这些作者们还认为：“可能最重要的发现是在抽样期刊中缺少定性研究论文的增长。这个发现也回应了最近有些人关于定性法正在重归大众传播研究的说法。”（60）然而还有一个值得注意的学术刊物堪称例外——《大众传播批评研究》（60），在绝大多数发行的有关大众传播研究刊物一片量化模式的大潮中，独有自己的个性。

此外，还有一些甚是有名的传播学者也在坚持把传播学当作科学来研究，而新闻学不过牵强与此有关而已，这就进一步排除了传播学是科学的可能。按照罗杰斯关于传播学规则的解释：“今天的传播学研究主要是经验性的、量化的研究，并集中于传播效果的决定性。其主流观点也都是从威尔伯·施拉姆几十年前开设的传播学研究方式承传而来，有早期研究与社会学、社会心理学及政治学的关系。这些领域，同传播学研究一起，都被框限于社会科学，以期模仿自然科学的研究方式，同时以后获得类似的科学性尊宠。”（491）

查菲（Steven Chaffee）和查尔斯·伯格（Charles Berger）1987年出版的《传播学手册》为传播学研究的科学性下了定义，完全剔除了传播学研究与修辞研究及人文性研究之关系:“传播科学通过发展可测验的理论，控制合法化的概括，去理解生产、符号和象征系统的过程和效果，并对与此相关的现象做出解释。”(17)“可实验理论”与“概括”遵循一个更加高级的“法则”:他们运用科学中神秘的华丽措辞，更确切地说是相信科学能提供所有问题的解决方案。他就是如此将分析法研究排除在经验研究之外，使经验性的量化研究成为必然。另外，“合法的概括”是基于所谓经验性研究证据的矛盾性说法。因为正如物理学家华纳·海森伯格在1926年所理解的，没有什么概括能包含一切经验性证明；根本上来说，没有什么证据能说明天地万物有一个怎样的固定点(Hawking 55)。取而代之，各种过量、过分之事处处存在，一些经验主义的“他者”，随时在证明着“概括律则”的证据的有限性。

中肯地讲，伯格和查菲对大众传播的定义排除了基于批评性而非经验性，以及归纳和推理方面进行解释的可能性。相应的，他们也错过了对于所有文本，也包括学术性的经验化研究文本的关注度。这些文本因为语言本身的镜像作用，是基本有阐释性的(正如世俗世界万物具有绝对的不确定性一样)。的确，罗杰斯在承认传播学“被框限于社会科学，以期模仿自然科学的研究方式，同时，以期获得类似科学性的尊重之时，他可能是无心离目标太远的。他的研究让人诡异地联想到解构主义者保罗·德曼。后者对于传播语言研究持有更为阴暗的观点。他认为，“语言的比喻性质，不过是对事物假设真实性的模仿，事实上不过一个空洞的面具，用以掩盖挫败感、失败意识所带来的负面性。”(12)

需要说明的是，在众多批评争端中，使用模式研究的后果将会让文学新闻研究的范围变得更狭窄。无论是与布莱耶或施拉姆的计划相关的博士生们的研究，还是把文学新闻当作社会科学，置于大众传播语境内的新闻系学生们的研究，都窄化了这个研究。在全国最受尊敬的大众传播计划中，一个小团体里的几个人，投身于他们认为是科学的大众传播学说，用他们撑控下的模式化权威研究去决断何谓新闻。而那些在新闻中占量近半的文学性新闻文本，明确指出他们对成为科学的一部分没有任何渴求。这样的结果是，如果无意排除，反而让科学的研究模式更加必要，特别是为了把客观当作一个疏远的目标，大张旗鼓地尝试让客观与主观性隔绝。而另外一个相反的研究方法，却在叙事性文学新闻所努力去做的部分中占有一定比例。

但是有关叙事性文学新闻的讨论异议再起，焦点就在于它抵制各种结论性的批评终结。科学研究历来以结论为使命，如伯格和查菲所言之“合理概括”，所谓“合理地”成为大众媒介的基本特征。如文学评论家马克·埃德蒙森（Mark Edmundson）所说的那样，“文学是一种逃避结论的文本，因为它‘拒绝自身因为被阐释而消失。’”（31）。他也因此是偌大批评家队伍中唯一一个认为文学是具有各种意义及寓言可能性的文本，而不是被定义的、有预设结局的东西。文学之考察与认识是模棱两可的含糊不清，然而，科学，或者说至少是拉普拉斯（Laplacian）式的科学，却声称这种模棱两可的含糊不清，在封闭的结论中是可被破译的，也是有决定性的。文学及其批评则是在相近的意义中持续的纠结。

此外，这样的排他政治学反映在传统的新闻史学中。当新闻历史学家保罗·曼尼按照传统的新闻史学来度量叙事性文学新闻的时候，他曾尝试建立一个形式来适应已有史学模式（561）。因此，他完全忽略了叙事性文学新闻曾经的活跃期：在1930年代和1940年代早期，他只是笼统地分析了1915到1960年的“现代”时期。当他仅仅顺带地提到了欧内斯特·海明威和约翰·赫西的时候，人们可推断出，现代时期的文学新闻已呈现出常规历史中没有的特有品质（566）。造成曼尼失于明察的原因在于，为什么严肃的学院派新闻研究也长期将文学新闻排除一边，原因在于为什么只是将“现代”概念用于主流客观新闻和纯文学实践，而完全忽视了被同时期批评话语之霸权边缘化了的叙事性文学新闻。如此一来，曼尼实则回应了美国新闻史上的那种理论假设，即主流客观新闻的发展已经完全战胜了其他新闻模式。正如弗兰克·卢瑟·穆特说的“自从30年代便士报得以成功之时起，消息就不可避免地抢过了社论的风头，从而引领了美国报业的功能”(384)。“战胜”是“不可避免”的，也因此是无可争辩。

这样一个编史的概念化的研究有一个不幸的结果：当历史学家们面对各种形式的叙事性文学新闻时，大多数人都没有意识到它的形式特点，或者至少是一种情况——鄙视。在一本被广泛使用的美国新闻史文本中，作者指出，在美国后内战时期，现代叙事性文学新闻曾自我声明：“处理激增的本地新闻导致编辑压力巨大的时候，概述和浓缩故事倍受青睐。（但徜徉于讲述故事风格的文学作家也还是大有人在。）”（Emery and Emery 264）除去所谓的“鄙视”不说，如果当时热衷于细说故事的风格家和作家还不在少数，那概要性消息风靡起来的代价就是对细说故事的牺牲。在穆特因循守旧的观点中，作者们仍然坚持的是：美国新闻历史的“故事”不过是一个“新闻击败社论，成为引导报纸主要功能的”的故事。

像詹姆斯·格雷在他文章中写到的，也有一些批评声音聊以慰藉，那就是这些批评看到“一战”后到1960年代期间新新闻主义的出现。这个明察是十分重要的，此时期对此文体的认定还仅限于表面，并未从理论上认真认可，批评家可随意认为那是什么，也许“什么也不是”。不过也可以根据那些比评论家数量多得多的专有词语里，给这一文体来一个有辩证味道的定位，那就是不断被讨论中的发展中的文体。

18世纪末到19世纪初是文学新闻的第一个主要时期，下一个主要时期就是——1930年代到1940年代。在这期间，1930年代的《新大众》的编辑约瑟夫·罗斯（Joseph North）成为关键支持者之一。他指出：“报告文学的作者……要做的比他告诉读者都发生了什么多得多——他必须帮助读者体验这些事件。在这方面，报告文学变成了一种持久存在的文学形式，它是一个三维立体的报道。作者不仅要浓缩现实，还要让读者感受现实。最好的报告文学作者是艺术家，而且是完整意义上的艺术家，他们以他们自己形象化的比喻来发表评论。”（120—121）在表达观点的过程中，你会看到作为记者的主观性正在被有意塑造，目的是为了帮助读者去感受，最终达到缩小主观认识与客观世界之间距离的目的。

1930年代另一个支持者是明尼苏达大学的埃德温·福特（Edwin H. Ford），现在大部分人都忘记了他。1937年，他估计是最态度鲜明地表示过，普通记者应致力于叙事性文学新闻的写作。他在1937年文献目录的前言中暗示了这种文体的被边缘化，认为它被广泛定义为次等的新闻，因此他呼吁重新考虑："这本文献所指的文学新闻，或许已被限定为那种已陷入写作黄昏、将文学从新闻里区别出来的写作。如果文学因其具有永久性的品质而显赫，那新闻则是短命的，那就一定存在另一种重要的写作方式，的确，它（指文学新闻）并没有有意将自己依附于哪种标准，只是以文学之形象性解释以及新闻之当下趣味而写作。"（*Bibliography* n. pag.）如果他的文献目录按照这种方法出版的话，那么福特就真的是一个孤独的声音，编目本身并未按此思想来出版。

在《文学性记者的艺术与工艺》（最早在1937年出版）中，福特提出新闻主观性以及运用"报告文学"这个术语的问题。他指出，文学新闻工作者的工作就是"让人们能够感受到他们的感受……他们尝试去创造一种情感基调……然后，报告文学可以被称为是描述'特别的事实'——一些特殊的事件，一系列帮助读者感受事实与事件的过程。报告文学在约翰·多斯·帕索斯（John Dos Passos）所写的《阿纳卡斯蒂亚公寓》中变成了文学新闻"（310）。这里之所以提及帕索斯，是因为他之所言再次强化了现实世界与认识论政治之间的关系，而后者是被政治激进派所广泛采取的形式。

但是，对于福特可能最值得注意的是，他作为新闻学研究的一员，却几乎狠批了李普曼所宣称的"新闻工作者就要尽力把自己的主观性移除出报告之外，以便认识客观的真理"。此外，无论福特有心也好，无心也罢，他指出社会科学研究霸权的出现，如"政治学"之类，他认为不同的批评洞见应来自于对于不同社会现实的解释。

> 文学性新闻记者应使自己的写作更具个性。也就是说，相比于抽象的理论上的评论，他们应该对于人以及人与人之间的关系更感兴趣。拥有政治学视角的新闻记者多从理论与政府行为的角度看新闻；文学新闻记者则从人性因素的角度看新闻，这提供了一种展示生活中的人生百态的各种可能性，这是一种悲喜交加、感伤与滑稽同在的生活。(311)

要做到这一点，福特还指出，文学新闻记者“必须站在描绘人际关系的角度”（311）。实际上，叙事性文学新闻记者必须帮助读者们做出类似赫斯伍德式的选择，帮助读者不要让自身的主观性被福特所说的“原则”“抽象”等评论性叙述所牵制。在如此抽象话语环境中，主观性就会容易自以为是的远离了。

从文学方面的另一个支持者是阿尔佛雷德·卡津（Alfred Kazin）。卡津大概是过早就看到文学新闻是大有前途的，他在1941年出版的《扎根本土》一书中指出：“那种文学（指文学性新闻）并无固定章法，它或许将会独领风骚很多年；尽管它无形且多有触动式写作，但它具有巨大的文本成就，可以说，这些文本全景式再现了1930年后整体的美国经验和社会意识，同时也映照出散文化、叙事性文学之艺术魅力，那些年，没有什么能做到，除了文学新闻。”（485）此外，他把反学性新闻记者与评论家爱德蒙·威尔逊描述为一个“受历史想象推动的文学艺术家，而非记者”（485）。在1950年代，在新批评主义霸权的巅峰，卡津承认他怀念大萧条时期由西奥多·德莱塞（Theodore Dreiser）、门肯（H. L. Mencken）、约翰·多斯·帕索斯（John Dos Passos）和埃德蒙·威尔逊（“Edmund Wilson” 405）所写的有关国家民族大事的坦诚的报告文学（“Edmund Wilson” 405）。（卡津在1937年评价新新闻主义时就说过，“新新闻学在60年代经历了整整一个循环，我们不应对此感到惊讶”[“Imagination” 240]。）这个时期关于文学性新闻的支持者还有斯蒂芬斯和哈普古德。在1930年代，他们在各自的自传中表达了这种态度。当然，他们回归到的是一个更早的时代——1890年代。还有一个孤独的支持者是詹姆斯·格雷，在1950年代依然保持这种观点。

在1950年代后期，评论界风标渐变。这是对霍夫曼与奥康纳所谓“非虚构文学不会有文学内涵”的直面挑战。年轻评论家诺曼·波德霍雷茨（Norman Podhoretz）1958年在《哈泼斯》发表《像艺术的文章》一文，大力称赞文学新闻与非虚构文学的主张。他指出，“那些写自传的人首先都先把自己当成小说家，这会让自传体更加有趣，更加生动，更有穿透力，更有智慧，更有说服力，却也是更原始的。简言之，自传会比他们的小说更加优秀，写作者及涉及的其他人都更有可能因此被更多尊重。”至于“更多的尊敬”，诺曼·波德霍雷茨发现，文学轻视了非虚构文学，作家们对于经营这种形式的文学感到屈尊了。他继续指出：“确实，一些小说家（也包括很多诗人）在写作现场更乐于表达他们对于非虚构文学写作的轻视与蔑视。你可以看到他们在偶尔出现的媒体上所表现出来的傲慢态度。”（74）诺曼·波德霍雷茨当然也是一个看不惯新批评主义霸权的人。同时《哈泼斯》的编辑们可能也注意到了这个时期的批评界的风气，顺便在编辑按语中增加了言论，承认文学性新闻的二流文学地位：“而一些非主流的美国年轻评论家，则认真审视了这种处于评论家们蔑视地位的写作方式。”（74）另一方面，评论界也揭示了新批评主义近乎极权主义的不良影响。同时，各种异议也预示着一场对此极权主义虚伪性对抗的到来。

诺曼·波德霍雷茨1958年的评论已经预示了1960年代新新闻主义批评热潮的出现。这种狂潮反映在鲍尔斯对新新闻自以为是的蔑视中，他叫嚣：“新闻，唉，也只是新闻而已”（499）。显而易见的是新新闻主义让文学批评家感到很不舒服，因为它已经挑战了自命不凡的文学及所谓新闻的正确性。但可惜鲍尔斯对新新闻主义的不屑已成为最后的绝唱，因为1966年，雅克·德里达（Jacques Derrida）于美国约翰霍金斯大学已引爆了他的解构主义理论，同时，杜鲁门·卡波特也在《冷血》一书中也表达了他的类似思想。他们各自使用自己的方式，去攻击认识论的假设：卡波特对美国梦的神话发起了挑战；德里达对语言所能够完成的设想下了战书。他们都有一些评论家与学者们跟随。这些学者都坚持认为，尽管有鲍尔斯之流及旧体制的守护者的各种叫嚣，文学新闻的写作形式不容被蔑视、被诋毁，甚至被取缔。

新闻，以至于延伸到文学性新闻之所以从文学高雅殿堂坠落的最大原因还在于19世纪文学取得的巨大成就。这种坠落的过程伴随着现代主义美学与新批评主义的地位上升。此外，随着客观性概念的发展以及大众传播媒介所谓科学研究方向，新闻学还被贬斥为一种功利主义的操作。这两者都被发现是基于实证主义关于我们能够，而且也被允许知道这个世界不可能是一个文学化的世界的理论假设。

这里还有一个带有讽刺意味的评论。巴巴拉·劳恩斯伯里（Barbara Lounsberry）说："我们的年龄让我们不能同意这样的观点：小说是文学想象的最高级形式。"（xi）她进而指出，叙事性文学新闻出现了，作为现存的当代文学形式，其实践赋予新闻事业以正义性，因为它致力于对社会及个人都关注的哲学、美学及社会学问题进行引人入胜的考察。劳恩斯伯里还指出，文学新闻的写作形式仍然保持了当代批评"尚未被探索过的精彩区域"（xi），尤其是在20世纪被学术研究广泛被忽视的区域。那也就难怪：文学新闻会如此大量地存在于本世纪主流批评模式的圆规之外。

结 语

可以肯定地说，这本文学新闻史留下太多未尽的研究，部分原因是史学的性质所致。可以确定的是，叙事性文学新闻形式有个漫长的历史追溯。而且，这种史学性质的研究随着1960年代新新闻主义的出现而受到阻遏，因为在我们时代的作家中，很难评价到底什么是“文学”。例如，托尼·霍维茨（Tony Horwitz）《阁楼上的同伙》之所以成为震惊我的故事，就是因为其不具有任何值得去评判的敏感态度。后果之一就是，它如同一个社会寓言。另一方面，尼尔·希恩（Neil Sheehan）获普利策奖的作品《闪闪发光的谎言》就更具有讨论性。因为，以我的观点来看，它的叙事更为随意和客观化。也就是说，20世纪后25年的叙事性文学新闻写作仍值得去研究，而且也许25年后的某些作品会更好。

无论如何，本书的结论是，美国现代叙事性文学新闻出现于内战后，并于1890年代得到理论认可。为这个时期的现代写作形式定位，包括对其传统性修辞技巧的适应性研究，都和此时期职业记者们在新闻叙事中的小说写作方式有关，和批评家们对此叙事风格直接或间接的肯定有关。正是出于这诸多因素之间的联系，这种现代写作方式的出现可最迟被定于1890年代。

然而，援引此种写作出现于内战后的外在证据，并不能解释它出现的原因以及它努力想要带来的结果。批评家指出现代报纸客观化风格的兴起基本上疏离了读者对真实世界的体验。而我认为，美国叙事性文学新闻则是对这种经验疏离的一个回应，因为它努力想通过记者的主观参与带领读者的主观性参与故事中。其结果就是，这种新闻写作的叙事理想站到了正在使世界客观化、对象化的主流新闻实践的对立面。而且，试图缩小主客观之间认知鸿沟的努力还提出一个大命题：在叙事作品的谱系中，叙事性文学新闻作品，位于难以企及的客观世界和难以理解的主体唯我论之间的某个位置。

这是一个有关认识论和存在主义的复杂问题。如此拔高主观性带来的就是暗示了报道本身的认识局限性：有局限的主观性肯定不是全知全能的。能做的就是尽可能多地投入主观认识，尽量缩小主体意识和对象化世界之间的距离，投入越多，读者越会看到一个随时变化着的、不确定的世界。叙事呈现出一个不确定的世界，理论就无法为世界作出定性结论。悖论的是，这不仅是为这种文体写作的建议，也是说，无论什么层面的主观认知，都可挑战那些自以为是的理论家所认为的现象世界是可以被确诊的结论。根本上来说，叙事性文学新闻就是米哈尔·巴赫金所说的“不确定的当下”的叙事版，回避了固有的叙事框架或“逝去的遥远想象”。史学角度研究的另一个更深的结果就是，增加了记者主体的主观经验，以便那些不被许多记者认为有可贵政治意识的读者，也成为一个有进步思想的政治事件的参与者。

考察这一文体的起源也让我们看到那些旧时代真正的先驱写作者。旧时先驱至少可以追溯到罗马时代，直至19世纪詹姆斯·鲍斯威尔（James Boswell）宣称他将写一本像小说一般的传记。更多的先驱从19世纪开始，那时我们开始看到两种新闻形式的出现，或者可被定义为“故事”的新闻模式和“信息”的新闻模式。

有关叙事性文学新闻于1900年出现的一个突出的问题就是它与煽情新闻和黑幕揭秘新闻之间的关系。煽情新闻和文学性新闻的本质区别在于记者是否成功运用了修辞策略，去缩小主客观之间的认识鸿沟。修辞的成功运用克服了自我和“他者”之间的差异，回避了强化差异而展示共性。为什么是叙事性文学新闻，以及叙事性文学新闻和煽情新闻有何不同提供了一个尺度。至于黑幕揭秘新闻，单从叙事模式上，它给出的是和文学新闻及煽情新闻同样的认识论问题。在这一点上，他们是有意义重叠的。

为了克服客观化新闻流行带给人类主观意识的疏离，以及对不确定世界的认识，编史研究的目的也是在提供一种解释范式，用来说明为何文学新闻写作会不断得以出版及在整个20世纪魅力不减。运用托马斯·B. 康纳里（Thomas B. Connery）的史学模式，这些论据材料可追溯到1930年代的大萧条时期，以及1960—1970年代的新新闻主义时期。但是，叙事性文学新闻在这两个时间段的中间时期也从未完全消失。在过去的一个世纪，总是存在那些文学新闻的例子，努力缩小主观和被疏离的客观之间的距离。

令人困惑的是，为什么这种文体依然被众多文学及新闻写作者及学院研究所忽视。为了进一步从史学的角度描述这种写作出现时的历史面目，此研究是有必要的，尤其当学界视其如女性或少数族裔文学一样不预重视的时候。归根到底，证据来自19世纪新闻演化为“非文学”的事业。这种演化来自精英党派报纸的嬗变，它们的风格根植于新古典主义，传承一种类型确定的优雅修辞。这种研究从根本上回答了为什么广义的新闻本来就包括叙事性文学新闻，不过后来才被英语文学的学院派研究边缘化。

叙事性文学新闻在20世纪进一步被一种隐性却主导的范式边缘化，这种范式就是文学现代主义者所倡导的美学霸权。为此，它唯我独尊，将叙事性文学新闻排斥在文学的考量之外。同样，新批评主义也建立类似的批评话语霸权，以回应文学现代主义者所认为的最优越的艺术生产方式。

至于新闻，20世纪以来占据多数美国新闻的潜在模式就是“客观性”概念，这一概念也将具有开放主观性的文学新闻叙事排除在严肃研究之外。新闻学的学院派研究存在类似的话语霸权，之后就是所谓大众传播学院研究的兴起，其批评话语霸权也建立在“客观性”概念上，大量的实证主义研究模式也应运而生。如此，新闻实践者和学院研究者皆穿上了批评的紧身衣，将叙事性文学新闻大规模地排斥在严肃研究之外。

附录：文学新闻/非虚构的学术研究

正如芭芭拉·劳恩斯伯里（Barbara Lounsberry）在《事实的艺术》里指出的："文学新闻或非虚构是一个当代批评尚未探索到的精彩领域。"（xi）也许她的表述有点夸张，但其观点还是得到有关此文体研究的顶级学者托马斯·B. 康纳里在《研究评论》里的基本赞同（2）。结果就是，学术界认为，相较于更传统的文学研究，文学新闻和非虚构的研究是相对简陋的。部分障碍在于，"文学性新闻"或"文学性非虚构"不是一个对此文体全球化的一致命名。而且，任何相关研究都要明了，正如康纳里在《研究评论》里所指出的，此项研究没有一个学术中心式的根据地。比如，康纳里是新闻研究者，而劳恩斯伯里是英语语言文学的学院研究者。也没有一个学院认为他们拥有文学新闻或文学性非的专门研究科目。罗纳德·韦伯（Ronald Weber）任教于美国圣母大学，是另一个关于此文体研究的著名学者，而他的学术背景则是美国研究。至于到底应如何界定概念，属于哪类批评研究，不同学院之间从未达成过共识。这些仅仅是反映在文体学术研究方面的困难。

任何学术性的研究，都需要超越条规限制，开放思维，直接面对创作现状和作品。暂且不论绪论里那些历史角度的考察，必须面临的一个现实就是，理论上，文学新闻常被叫作文学性非虚构，或者倒过来说也一样。比如，劳恩斯伯里称作"文学性非虚构的"，康纳里在别处又称之为"文学新闻”。我并不是有意争执哪种叫法更胜一筹，我只是想说有这么一个由职业记者出品的作品整体——也就是说刊登于报纸和杂志的，而且被描述为“文学新闻”的整体，也符合非虚构这样一个大的文体范围。这样的区别是重要的，尤其是，如果叙事性文学新闻出现在这样一个较大范围的边缘化阴影中，并且还被否认，它同样是一种更深刻反映人类生存状况并且在努力感动我们的精彩叙事形式。

承认文学新闻和文学性非虚构处于近似的理论环境之后，我简单研究了那些将此类文体置于当代话语环境中的代表性批评，探究了最新的有限的、能为研究此文体提供概论的一些学术观点，发现早期的学术研究多数是在解释1960年代的新新闻主义，并就新新闻主义提出了最初的理论视点，至今的讨论还在围绕这些观点，最后，关注了基于最初视点上的更新的研究。如此的组织原则当然也有点随意。但是，假使这种文体的研究一直存在某些误读或知之甚少，我的这种组织原则有望对有序的学术研究作出贡献。我们仍处于界定文学新闻和文学非虚构的路途上，我说的是那些反映真实生活故事，读起来又如同小说或短篇小说一样的故事。

当代批评话语环境

有充分证据显示，叙事性文学新闻或叙事性文学非虚构，不是几个学者心血来潮的发明。杰克·哈特（Jack Hart）的文章就是一个例子。他当时是《波特兰俄勒冈人》的写作导师，在1995年9月的《作家的领悟》中，他研究了他所说的出现在报纸上的“文学性非虚构”。根据哈特的观点，自由作家完全可以在当下报纸中为这种文体找到现成读者（29—33）。同样，1994年克里斯·哈维发表于《美国新闻评论》的《汤姆·沃尔夫的复仇》也提到“文学新闻”一词，并认为这种写作已蔚然成风、兴趣大增的证明就是在俄勒冈大学，这已经成为连接新闻系和文学系的一个基础（40，46）。类似，1992年刊发于《尼曼报道》上的一篇名为《新闻之有罪的秘密》。文章认为，有罪的秘密意指在新闻中，很多引人入胜的新闻故事已占重要角色，换言之，这些故事基本都用了小说叙事的写作技巧（Kirkhorn 36）。这种文体边界的不确定性反映在朱迪斯·皮特森（Judith Paterson）刊发于1992年10月的《华盛顿新闻评论》的《文学新闻十二佳》中。文章基本上就是皮特森自己选的十二篇文学新闻佳作目录，但是，它也提醒我们文学新闻是长期被学院研究忽视的一个领域。

但也不是所有最新研究都是针对大众读者的。比如莫林·赖安（Maureen Ryan）的《绿色盔甲和象牙塔：简·斯塔夫德和新新闻主义》。此文1994年发表于值得敬重的刊物《凯尼恩评论》。此文之所以重要不仅在于它是如何将斯塔夫德（Jean Stafford）重新解释为一位"新记者"，还在于它撼动了学院派的固有观念，使之认识到文学新闻或文学性非虚构写作，是一种值得学院派进行严肃学术理论研究的文体。从赖安文章后的文献也可看出，她引用了第一代新新闻主义批评家和学者的资料，如约翰·霍洛维尔（John Hollowell）、汤姆·沃尔夫（Tom Wolfe）及马苏德·扎瓦扎德（Mas'ud Zavarzadeh）。赖安的工作有助于为这些作品建立一个批评位置。

这些只是从接近20世纪的有关文学新闻和文学非虚构的大量批评及学术研究中挑选出来的部分，其中也包括一些将文学技巧用于新闻写作的作品研究。（比如《编辑与出版》的专栏作家杰克·哈特就经常在新闻中用文学技巧来表达他的主观思想。）他们想证明的无非是，这种长期被学院研究忽视的文体，不是一个转瞬即逝的现象。

具有学术概观性的学术研究

具有概观性学术价值的研究来自康纳里的两篇文章，《研究评论》和《发现一种文学形式》。后者来自《美国文学新闻研究资料》，该书是一本以时间为线索的文本选集，包括了从马克·吐温（Mark Twain）到特雷西·基德（Tracy Kidder）等35位文学记者们的作品。《研究评论》康纳里探索了那些他认为若想为此写作更准确定位仍需要进一步研究的问题。此外，他还辨析了叙事性文学新闻和自传文学，也就是说，文学性新闻和其他非虚构写作形式之间的关系。康纳里认为，所谓相不相关就是指这类文本中反观主观性角色的问题（6—7）。

《研究评论》首先旨在鼓励学者关注美国新闻杂志，但后来随着写作范围的扩大，关注范围延伸到了报纸和书籍。康纳里在《发现一个新的文学形式》中给出了概观式的研究。此外，康纳里还发现了一些有历史意义的文本（5—12）。更为重要的是，他明确表示，即使对此写作研究有学术上的缺失，那么更广阔范围的探究是必须要做的（20，36—37）。这也正是我在这本书里想努力去做的，那就是通过思想史、文学史及文化史的研究，从历史上为此文体写作建构框架和定位。

有关“新新闻主义”的研究

康纳里在其《研究评论》的摘要里指出，针对这一文体研究的专著为数甚少。的确，自从新新闻主义兴起以来，研究专著不超过十部。加上自那时以来的评论文章，再到专著研究，出现不同的学术线索，在1980年代后期到1990年代算是盛行。也许不值得惊讶，那些所谓的出现，其实是因为这种文体本身反应的批评边界问题——或许混乱——今天可将此看作是来自三个方向的理论研究，全部在新新闻主义的回应中出现。

1973年，汤姆·沃尔夫（Tom Wolfe）是第一个努力将自己有关文学新闻和文学非虚构观点理论化的学者，他还建立了一个可直接追溯到劳恩斯伯里的学术思路，这个思路清晰可见地建立在修辞技巧和作者的主观意图上。沃尔夫还按他辨析的四种性质建立了新新闻主义的分类系统。一是“现场场景结构”，有点类似现实主义小说；二是以第三者视角为途径，让读者有进入人物内心的感受；三是记录完整对话，以代替主流的客观新闻主义者所谓有用的选择；四是提供了沃尔夫所谓的“身份”细节，即故事人物作为人应有的姿态，或家居服饰风格而导致的“象征性细节”（“New Journalism” 31—32）。

康纳里提出的第二个宽泛的理论分类就是他们说的“文学的”，但实际上称作修辞更为准确（“Discovering” 22）。这类研究不同于沃尔夫聚焦于更精细修辞策略的分析。两本皆致力于将此写作当作文学研究的是约翰·霍洛维尔（John Hollowell）的《事实与虚构》（1977）和约翰·赫尔曼（John Hellmann）的《事实的寓言》（1981）。霍洛维尔明确其研究目的在于考察新闻写作风格的变化、艺术家的角色以及艺术的产生，最终是反映在新新闻主义写作里的富于想象力的写作（x）。他还提出一个设想，就是将新新闻主义写作安置在介于幻想与历史之间的某个封闭体系内（20）。另外，他高度关注到了这种文体中的主观性问题：无论是文本中作者主观性所起到的重要作用，还是由作者表述“主角”的他或她的深度心理感受时所付出的努力（22，52—53，25）。赫尔曼认为，所谓新新闻主义基本上就是一个发生在1960年代的“新虚构”的案例。他的论点是，新新闻主义不过是源于一种“集体意识”的寓言模式，这个施加于经验的“集体意识”被认为是理解后现代世界唯一路径（xi，140）。

第三种泛化的理论批评就是早期学者文化视野下的研究。这种研究首选迈克尔·约翰逊（Michael Johnson）1971年写的《新新闻主义》。该书考察了“非虚构艺术家”以及地下出版的兴起和对主流媒介的改变。约翰逊将新新闻主义置于1960年代混乱动荡的文化大背景下。他所建立的研究路径后来被康纳里及其他学者所采用。还有本值得一提的专著就是罗纳德·韦伯（Ronald Weber）1980年出版的《事实的文学》。该书看到了新新闻主义和文学研究之间的边界——正如康纳里指出的（“Discovering” 22），也就是我所说的——文化研究。韦伯观察到，作者的主观性反观加强了文学叙事的可信性。例证之一就他引用了布赖恩（C. D. B. Bryan）《友谊之火》（159，164）。但是，鉴于许多新记者介入的批评争论，韦伯也或隐或显地把新新闻主义置于一个文化背景中去考察。韦伯还引用的一个例子就是沃尔夫在其“新新闻主义”一文中对精英文学的挑战态度（16—21）。

韦伯的文化研究方向还反映在《作为艺术家的报道者》一书中。这是一个有关新新闻主义早期各路批评的集锦，韦伯为此书写的概括性绪论非常有用。他还指出，其中有两篇文章正是时代剧变的反映。他对迈克尔·约翰逊的文章十分熟悉，而且强调如果没有了作者的主观性反思作为作品整体的底色，这些文章将沦为平庸之作。在集子中还有些作家和批评家，丹·韦克菲尔德（Dan Wakefield）在一篇转载自《大西洋月刊》的文章中讨论了在描述现象世界的努力中，回避作者主观性的可能性。他还进一步设想，深度报道的可能性就在于更精彩的主观能动性，或者“感知的个人边界”（46，48）。西奥多·索罗塔洛夫（Theodore Solotaroff）也指出非虚构叙事出现的原因在于那个时代文化和社会的剧变（163）。同时，德怀特·麦克唐纳德（Dwight Macdonald）和赫伯特·戈尔德（Herbert Gold）则抨击新新闻主义。戈尔德贬斥这种写作为“第一人称主义的流行病”（283—287）；麦克唐纳德甚至认为新新闻主义写作是“新闻寄生虫”，并把汤姆·沃尔夫的写作描述为“粗劣之作”。麦克唐纳德呼吁那种他认为更负责任的“客观化”或“信息性”新闻（223，227）。

也有些是无法确定到底该如何去认定这种写作的，比如唐纳德·皮泽（Donald Pizer）的《艺术般的纪实叙事》。文章的标题就反映了皮泽对此类写作的首选术语。他还分析了威廉·曼彻斯特（William Manchester）的《总统之死》和杜鲁门·卡波特《冷血》的不同之处。皮泽认为曼彻斯特的作品可谓纯粹的“叙事性纪实”，而对卡波特的写作则予以他称之为“艺术”的桂冠（207）。最终，皮泽的研究还反映了在1960年代学界对非虚构写作边界探究甚少的状况。

韦伯的集子今天自然是过时了的，但其重要性也许就在于其全面的努力：它用1960年代出现的那种文体，揭示了生活的一个文化切面，尤其是在彼此都不能确定该如何看待它的时候。

最新研究

从早期有关新新闻主义的研究，不难推想至今对此写作依然存在的几种批评态度。在《文学性新闻写作：矛盾修辞之死》（1986）一文中，R. 托马斯·伯纳（R. Thomas Berner）梳理了报纸上深度报道所运用的虚构性技巧，他承接沃尔夫的观点，发现文学性手法其实几乎已普遍运用。他的研究所得也接近沃尔夫的分类法，如“叙事和场景”和“对话”（3）。但是，正如康纳里指出的，在这个分类中，伯纳还加入了过程、观点、戏剧性、伏笔、隐喻及讽刺等。伯纳最重要的贡献也许就在于他对报纸的梳理（尽管梳理也是有限的），这种梳理是对被长期忽视的（伯纳更喜欢称之为）“文学新闻写作”的一个中和（Connery，“Discovering”26）。因为更多的时候，此类写作的研究对象集中在杂志和专著出版物而非报纸领域。

诺曼·西姆斯（Norman Sims）继续勾画“形式边界”（“Literary Journalists”8）这个传统。他通过采访诸如约翰·迈克菲（John Mcphee）、沙拉·戴维森（Sara Davidson）、特雷西·基德尔（Tracy Kidder）及理查德·罗德（Richard Rhodes）等著名文学性记者来完成研究。他依据作者主观意图和对修辞结构的传统理解，来界定了此类文体的六大特征。首先就是“沉浸”于事实本身（8—12），或者就是沃尔夫说的“饱和”报道，但这一点并不在沃尔夫的分类系列。西姆斯的第二特性就是每一种叙事都必须有一个“结构”（12—15），这近似于沃尔夫的现场场景结构。第三则是此类写作必须有新闻“精确性”、自觉性以便取得读者的信任（15—16）。第四点是此类叙事多为记者个人“声音”的表达，不同于主流新闻（16—18）。事实上，报道者是可以出现在叙事中的。第五，文学性记者必须证明是对叙事人物有责任心的（18—21）。最后一点就是此类叙事被预示具有某种象征和隐性意义（21—25）。

芭芭拉·劳恩斯伯里（Barbara Lounsberry）指出这种文体的四种特质，

其中三种来自沃尔夫和西姆斯。衍生出的观点包括对事实主体的纪实性、彻底的调查及现场再现（xv）。她所说的第四点，是她原创性的，也许也是最有争议的后现代视点，她认为文学新闻作品应该被浸入一种安妮·迪拉德（Annie Dillard）所谓的"精致写作"，或者盖·特立斯所说的"有风格的写作"。最后，劳恩斯伯里建议，文学新闻/文学性虚构"精致的语言揭示了其始终是文学的"（xv）。

所有这些对此文体的理论化研究都是我所谓的"外部"修辞和被赋予的特征，大多尚待继续讨论，尤其是建立所谓"精致写作"。但是，劳恩斯·伯里也有超越"外部"特征的研究之举，那就是提出自己的分类系统。她努力尝试跨越文学分类和修辞批评的界限，寻找一种成就作品的"内在"结构。按其说法，她在做一种最正规的研究，比如她认为汤姆·沃尔夫（Tom Wolfe）是个宣讲地狱之火的美国"耶利米"（64），而诺曼·梅勒（Norman Mailer）则写的是"史诗"作品（139，188）。尽管声称她使用的是经典研究方式，但她也用传记及心理分析的方式来扩展她的研究模式，比如她认为盖·特立斯探索了父子冲突的问题（3，35）。

在第二组部分研究中，从"文学的"修辞方向转向的不仅有劳恩斯伯里宣称的"最正规的"研究，还有休·肯纳（Hugh Kenner）。肯纳认为那种他称之为"平实风格"的修辞被大多数新闻所采用，文学性记者乔治·奥威尔在《向卡塔卢尼亚致敬》也运用此手法。其实是虚假的简单，简单的虚假，因为旨在用如此直接的修辞去说服读者，如果真想被简单叙述，那一定就是真的（186—187）。

克里斯·安德森（Chris Anderson）的《文学非虚构：理论·批评·教育》中将叙事性文学新闻或文学非虚构作为最基本的修辞标准。他在绪论中表示出对文体的关注和构思培养的分享。他建议，二者之间的共性就在主题的不确定性上，存在修辞可讨论性（xxi－xxii）。如此，安德森就回应了和赫尔曼相近的视点，那就是在为了在看似荒谬的世界建构一个意义秩序的过程中，修辞的"模式制定"是必须的。尽管整个文集陷入修辞因素的分析，但是它们是随着修辞变化而变化的。例如，查尔斯·I. 舒斯特（Charles I. Schuster）用他所谓属于新批评主义话语的“美学分析”研究了理查德·赛尔兹（Richard Selzer）的散文，提到所谓“诗人视景”（3—4）。然而，奇怪的是，当舒斯特运用米哈伊·巴赫金有关“不确定的当下”这个小说定义——或者，不确定的小说——来分析赛尔兹作品的时候，他还援引了一点后现代的理论（23，26—27）。和舒斯特形成明显对比的是丹尼斯·雷吉尔（Dannis Rygiel），他提倡一种文体论研究或通过计算作者喜欢用的文体惯例作为分析方法，“文学性非虚构”（“Stylistics”29）。

在那些文学阵营中，将多数文学新闻当做文学之部分的学者是凯西·史密斯（Kathy Smith）。在《约翰·迈克菲的艺术平衡》一文中，她认为，如果迈克菲所写代表了“真实故事”，这就是个有待研究的矛盾，因为它运用了虚构技巧（226）。她等于延续了自赫尔曼和霍洛维尔以来就埋下的导火索，他们都认为文学新闻不过是虚构故事的伪装。拉斯·奥利·索尔伯格在《进入虚构的事实》一书也持如此观点。索尔伯格所在视点接近赫尔曼，他认为文学性新闻或文学性的非虚构应该叫“叙事性虚构”（vii）。他进而打破叙事性文学新闻与传统虚构之间的界限，讨论向来被认为是虚构的作品，如詹姆斯·米切纳（James Michener）的《德克萨斯》，还有向来被认为是非虚构的，如卡波特的《冷血》。

文化研究这一边有约翰·J. 保利（John J. Pauly）。其文《新新闻主义的政治》指出，这种文体其实是“对峙的象征领域”，反映了巨大的文化冲突，和企图寻找文化沟通的努力（111）。大卫·伊森（David Eason）在《新新闻主义和意象世界》一文中，他辨析了他所谓的“现实主义者文本”、如盖·特立斯（Gay Talese）的文学新闻，和琼·迪迪恩（Joan Didion）为代表的“现代主义者”文本之间的区别，前者“依然运用传统的理解方式”，而后者“没有一个共同的参照系”（192）。另一个文化研究的例子就是雪莉·费舍尔·费希金（Shelley Fisher Fishkin）的《文化的边地》。费希金立足于美国研究的背景指出，由于文化制约，主流的文体分类对作者来说是不充分的，他们转向实验性的非虚构写作，因为这种文体允许他们去开放性地感知各种被边缘化的声音（133—135）。如 W. E. B. 杜波依斯在《黑人的灵魂》中就包括了非裔美国人的灵歌段落；詹姆斯·艾吉放弃了《财富》杂志给的工作，就是为了通过探索格杰的主观性从而更全面地挖掘格杰家族的主体故事。据费希金研究，格洛里亚·安扎杜尔（Gloria Anzaldua）用英语和西班牙语双语写作，运用非虚构叙事的诗句去反映她身处文化和性别的“边地”感受。蒂莉·奥尔森（Tillie Olsen）则书写了如丽蓓卡·哈丁（Rebecca Harding）这样女作家的故事，那也是被所谓精英文化所边缘化了的（133—182）。

还有个类似文化研究的学者是菲利斯·弗拉斯（Phyllis Frus），她对文学新闻持后现代马克思主义者的解释观。在《新闻叙事的政治和诗学》一书中，她研究了文本生产的意义。弗拉斯挑战了关于如《广岛》和《冷血》这类作品的精英文学化假设，认为那样某种程度上将日本人（93—95）和嗜血的流浪杀手边缘化为“他者”（184）。

最后，还有些难以归类的研究，如马苏德·扎瓦扎德（Mas'ud Zavarzadeh）《神话现实》和埃里克·海涅（Eric Heyne）的《文学性非虚构的理论》。扎瓦扎德不仅指出语言的主体性，还指出现象论在现实世界的不可否认性（226）。最后的结论是，“现象世界的离心力，和想象世界的向心力之间的张力，在非虚构小说的创作中产生双重场域，它使这种文体具有意义的双指涉，从而区别于纯虚构小说或历史事件记录的单声道叙事”（226）。他因此而提出一个“零阐释”的中和性叙事观点，意即以中立的态度反映世界的荒诞性（40）。

至于海涅的研究，正如题目所示，作者完全明了这种文体的政论性所在：他仅旨在让对该文体的研究尽可能理论化。他建议，在他所谓的“事实位置”——作者采录现实的叙事意图和“事实充分性”——读者将必须独自或靠辩论才能借以区别彼此（480—481）。如此，叙事性文学新闻或叙事性非虚构就具有了双重性质，海涅引用了《冷血》作为例证。该书根据卡波特在副标题里宣称的那样的写作意图，来为事实确立位置，一个真实的报告……还有，这个事实位置还反映在该书的前言致谢中，作者提及自己的材料来自亲眼观察、采访或者摘录资料。海涅指出，然而一些批评家提出证据认为，卡波特在书中有编造和虚构的段落。类似发现势必会削减作品的“事实充分性”，但不会撼动《冷血》的非虚构地位。海涅说，因为据他认为，该书不是虚构对非虚构的胜利，而是对“事实讲述”的不忠。据海涅的观点，作者意图和读者反应是确定文学性新闻/文学性非虚构文体的关键。

这样的批评流变可能会带来的一个问题就是，到底是否存在这样一种叫作文学性新闻或文学性非虚构的文体。此外，从学术上给予定位也很有争论，如果没有其他理由还无法建立一个专有名称。因为有关文学新闻的研究专著仅有为数不多的几本，学术探讨也不甚丰富，所以对于该文体的研究缺乏批评和学术群体。如此值得讨论的结论也许意味着，在传统的学院研究圈，文学性新闻/文学性非虚构因缺乏关注、分量不够而不值得研究，导致的结果就是此文体继续被边缘化。然而，正如我想努力证明的，无论它的名称如何，这种文体是有生命力的，而且会持续提供丰富的批评话题。更为重要的是，对此文体的进一步边缘化只能使我们一再错失认识一个不可否认的事实，那就是：叙事性文学新闻/叙事性非虚构，或者无论叫什么的这种文本，一直被写作者致力于此并不断地呈现作品。

参考书目

Ade, George. *In Babel: Stories of Chicago*. New York: McClure, Phillips, 1903.

——. *The Permanent Ade*. Ed. Fred C. Kelly. Indianapolis: Bobbs, 1947.

[Addison Joseph.] *Spectator* 7 May 1711: 1. Research Publications (n. d): 596. Charles Burney Collection of Early English Newspapers from the British Library.

AEJMC News. "Journals Undergo Name, Design Change" 28. 2 (1995): 1.

Agee James, and Walker Evans. *Let Us Now Praise Famous Men*. Boston: Houghton, 1941.

Anderson, Chris, ed. Introduction. *Literary Nonfiction: Theory, Criticism, Pedagogy*. Carbondale: Southern Illinois UP, 1989.

Anderson, Sherwood. *Puzzled America*. 1935. Mamaroneck, NY Paul P. Appel, 1970.

Andrews, Alexander. *The History of British Journalism, from the Foundation of the Newspaper Press in England, to the Repeal of the Stamp Act in* 1855 *with Sketches of Press Celebrities*. 1859. Vol. 1. New York: Haskell House, 1968.

A [nger] Ja [ne]. *Jane Anger: Her Protection for Women*. 1589. Rpt. in *By a Woman Writt: Literature from Six Centuries by and about Women*. Ed. Joan Susan Goulianos. Indianapolis: Bobbs, 1973. 23 - 29.

Anson, Robert Sam. "The Rolling Stone Saga: Part 2." *New Times* 10 Dec. 1976: 22 - 37, 54 - 61.

Anthony Ted. "Author Depicts Town Life in New Book." *Cortland Standard* 26 June 1999: 16. Associated Press Report.

Applegate, Edd, ed. *Literary Journalism: A Biographical Dictionary of Writers and Editors*. Westport, CT: Greenwood, 1996.

Asch, Nathan. Review. *New Republic* 4 Sept. 1935: 108.

Bakhtin, M [ikhail]. M. *The Dialogic Imagination*. Ed. Michael Holquist. Trans. Caryl

Emerson and Michael Holquist. Austin: U of Texas P, 1981.

Ball John. Introduction. *Children of the Levee*. By Lafcadio Hearn. Ed. O. W Frost. N. p. : U of Kentucky P, 1957. 1 - 8.

Barrett, William. *Irrational Man*. Garden City, NY Anchor, 1962.

Baym, Nina, et al. , eds. *The Norton Anthology of American Literature*. 2d ed. 2 vols. New York: Norton, 1986.

Beals, Carleton. *Banana Gold*. Illustrations by Carlos Merida. Philadelphia: Lippincott, 1932.

——. *Brimstone and Chili: A Book of Personal Experiences in the Southwest and in Mexico*. New York: Knopf, 1927.

Beilin, Elaine V. *Redeeming Eve: Women Writers of the English Renaissance*. Princeton: Princeton UP, 1987.

Benjamin, Walter. "On Some Motifs in Baudelaire." *Illuminations*. Ed. Hannah Arendt. Trans. Harry Zohn. New York: Schocken, 1969. 155 - 200.

——. "The Storyteller: Reflections on the Works of Nikolai Leskov." *Illuminations*. Ed. Hannah Arendt. Trans. Harry Zohn. New York: Schocken, 1969. 83 - 110.

Bennett, H. S. *Chaucer and the Fifteenth Century*. Oxford: Clarendon, 1958.

Bennett J. A. W. *Middle English Literature*. Ed. and completed by Douglas Gray. Oxford: Clarendon, 1986.

Berger, Charles R. , and Steven H. Chaffee, eds. *Handbook of Communication Science*. Beverly Hills: Sage, 1987.

Berger John. "Another Way of Telling." *Journal of Social Reconstruction* 1. 1 (1980): 57 - 75.

——. "Stories." *Another Way of Telling*. New York: Pantheon, 1982. 277 - 89. Berger, Meyer. Acknowledgments. *The Eight Million*. NewYork: Simon, 1942. xi.

——. "Al Capone Snubs de Lawd." *The Eight Million*. New York: Simon, 1942. 180 - 85.

——. *Meyer Berger's New York*. New York: Random, 1960.

Bernays, Edward. *Propaganda*. New York: Horace Liveright, 1928.

Berner, R. Thomas. "Literary Newswriting: The Death of an Oxymoron." *Journalism Monographs* 99 (Oct. 1986).

——. "Literary Notions and Utilitarian Reality." *Style* 16: 452 - 57.

Berreby, David. "Unabsolute Truths: Clifford Geertz." *New York Times Magazine* 9 Apr. 1995: 44 - 47.

Bickerstaff, Isaac [Richard Steele]. Tatler 12 Apr. 1709: 1. Research Publications (n. d.): 265. Charles Burney Collection of Early English Newspapers from the British Library.

Bierce, Ambrose. *The Collected Works of Ambrose Bierce*. 1909. Vol. 1. New York: Gordian, 1966.

Blair, Hugh. *Lectures on Rhetoric and Belles Lettres*. 1783. Abridged in *The Rhetoric of Blair, Campbell, and Whately*. Ed. J. L. Golden and E. P. J. Corbett. New York: Holt, 1968. 30 - 137.

Bly, Nellie [Elizabeth Cochrane]. Nellie Bly's Book: Around the World in Seventy-Two Days. Ed. Ira Peck. Brookfield, CT: Twenty-First Century Books, 1998.

——. *Ten Days in a Mad-House: or, Nellie Bly's Experience on Blackwell's Island*. New York: N. L. Munro, 1887. Library of Congress Microfilm 24142.

Bond, R. Warwick, ed. The Complete Works of John Lyly. 1902. Vol. 1. Oxford: Clarendon, 1967.

Bordelon, Pamela, ed. Biographical essay. *Go Gator and Muddy the Water: Writing by Zora Neale Hurston from the Federal Writers' Project*. New York: Norton, 1999.

"The Borderland of Literature." *Spectator* 14 Oct. 1893: 513 - 14.

Borus, Daniel H. Writing Realism: Howells James, and Norris in the Mass Market. Chapel Hill: U of North Carolina P, 1989.

Boswell James. Boswell's London Journal: 1762 - 1763. Ed. Frederick A. Pottle. Yale Editions of the Private Papers of James Boswell. New Haven: Yale UP, 1950.

——. *The Journal of a Tour to the Hebrides with Samuel Johnson LL. D.* 1786. Rpt. as *The Journal of a Tour to the Hebrides and A Journey to the Western Islands of Scotland*. 1775. Samuel Johnson. New York: Penguin, 1984.

——. "Memoirs of James Boswell, Esq." *European Magazine and London Review* May 1791: 323 - 26. Rpt. in *The Literary Career of James Boswell, Esq.: Being the Bibliographical Materials for a Life of Boswell*. By Frederick Albert Poole. 1929. Oxford: Clarendon, 1965. xxxi - xliv.

Bowden, Mark. *Black Hawk Down: A Story of Modern War*. New York: Atlantic Monthly, 1999.

Boylan James. "Publicity for the Great Depression: Newspaper Default and Literary Reportage." *Mass Media between the Wars: Perceptions of Cultural Tension, 1917 - 1941*. Ed. Catherine Covert and John Stevens. Syracuse: Syracuse UP, 1984. 159 - 79.

Boynton, H. W. "The Literary Aspect of Journalism." Atlantic 93 (1904): 845 - 51.

Bradford, William. *Of Plymouth Plantation*, 1620 - 1647. New York: Knopf, 1952.

Bradley, Patricia. "Richard Harding Davis." *A Sourcebook of American Literary Journalism: Representative Writers in an Emerging Genre*. Ed. Thomas B. Connery New York: Greenwood, 1992. 21 - 52.

Braman, Sandra. "Joan Didion." *A Sourcebook of American Literary Journalism:*

Representative Writers in an Emerging Genre. Ed. Thomas B. Connery New York: Greenwood, 1992. 353 - 58.

Bromwich, David. "What Novels Are For." *New York Times Book Review* 30 Oct. 1994: 7.

Brown, Edith Baker. "A Plea for Literary Journalism." *Harper's Weekly* 46 (1902): 1558.

Bryan, C. D. B. *Friendly Fire*. NewYork: Putnam's, 1976.

Bunyan John. The Pilgrim's Progress from this World to That Which Is to Come. Ed. James Blanton Wharey 2d ed. Oxford: Oxford UP, 1960.

Bush, Douglas. *English Literature in the Earlier Seventeenth Century, 1600 - 1660*. 2d rev. ed. Oxford: Oxford Up, 1962.

Cahan, Abraham. "Can't Get Their Minds Ashore." Commercial Advertiser 11 Nov. 1898. Grandma Never Live in America: The New Journalism of Abraham Cahan. Ed. and intro. Moses Rischin. Bloomington: Indiana UP, 1985. 113 - 16.

——. "Pillelu, Pillelu!" *Commercial Advertiser* 1 Apr. 1899. *Grandma Never Live in America*: The New Journalism of Abraham Cahan. Ed. and intro. Moses Rischin. Bloomington: Indiana UP, 1985. 56 - 59.

Caldwell, Erskine. *Some American People*. New York: Robert M. McBride, 1935.

Cannon Jimmy *Nobody Asked Me*. New York: Dial, 1951.

Capote, Truman. In Cold Blood: *A True Account of Multiple Murder and Its Consequences*. Signet ed. New York: Random, 1965.

Carey James. "Culture and Communications." *Communication Research* 2 (1975) 173 - 91.

Carmer, Carl. *Stars Fell on Alabama*. New York: Literary Guild, 1934.

Casey, Robert J. *Torpedo Junction: With the Pacific Fleet from Pearl Harbor to Midway*. Indianapolis: Bobbs, 1942.

Chekhov, Anton. "Vanka." *The Portable Chekhov*. Ed. Avrahm Yarmolinsky. New York: Viking, 1968, 34 - 39.

Ghilders Joseph, and Gary Hentzi, gen. eds. *The Columbia Dictionary of Modern Literary and Cultural Criticism*. New York: Columbia UP, 1995.

"Chronicle and Comment." *Bookman* 14 (Oct. 1901): 110 - 11.

Churchill, Allen. *Park Row*. 1958. Westport, CT: Greenwood, 1973.

Clarendon, Edward [Hyde], Earl of. *The History of the Rebellion and Civil Wars in England Begun in the Year 1641*. 1702 - 4. Ed. W. Dunn Macray. 6 vols. Oxford: Clarendon, 1888/1958.

Colvert James B. Introduction. *Great Short Works of Stephen Crane*. New York: Harper, 1968.

The Compact Edition of the Oxford English Dictionary. Vol. 1. 1971 ed.

"The Confessions of 'a Literary Journalist.'" Bookman 26 (Dec. 1907): 370 - 76.

Connery Thomas B. "Discovering a Literary Form." A Sourcebook of American Literary Journalism: Representative Writers in an Emerging Genre. Ed. Thomas B. Connery. New York: Greenwood, 1992. 3 - 37.

——. "Hutchins Hapgood." *A Sourcebook of American Literary Journalism: Representative Writers in an Emerging Genre*. Ed. Thomas B. Connery. New York: Greenwood, 1992. 121 - 29.

——. Preface. *A Sourcebook of American Literary Journalism: Representative Writers in an Emerging Genre*. Ed. Thomas B. Connery. New York: Greenwood, 1992. xi - xv.

——. "Research Review: Magazines and Literary Journalism, an Embarrassment of Riches." *Electronic Journal of Communication/La Revue Electronique de Communication*. 4 (1994): 1 - 12.

——. "A Third Way to Tell the Story: American Literary Journalism at the Turn of the Century." *Literary Journalism in the Twentieth Century*. Ed. Norman

Sims. New York: Oxford UP, 1990. 3 - 20.

——, ed. *A Sourcebook of American Literary Journalism: Representative Writers in an Emerging Genre*. New York: Greenwood, 1992.

Connors, Robert. "The Rise and Fall of the Modes of Discourse." *The St. Martin's Guide to Teaching Writing*. Ed. Robert Connors and Cheryl Glenn. New York: St. Martin's, 1992. 362 - 75.

Cooper, R., W Potter, and M. Dupagne. "A Status Report on Methods Used in Mass Communication Research." *Journalism Educator* 48. 4 (1994): 54 - 61.

Corson, Hiram. The Aims of Literary Study. 1895. Excerpt in *The Origins of Literary Studies in America: A Documentary Anthology*. Ed. Gerald Graff and Michael Warner. NewYork: Routledge, 1989. 90 - 95.

Crane, Stephen. "An Experiment in Misery." New York Press 22 Apr. 1894. Rpt. in *The New York City Sketches of Stephen Crane and Related Pieces*. Ed. R W. Stallman and E. R, Hagemann. New York: New York UP, 1966. 33 - 43.

——. "In the Depths of a Coal Mine." *McClure's Magazine* (1894). Rpt. in Tales, Sketches, and Reports. Charlottesville: UP of Virginia, 1972. Vol. 8 of *The University of Virginia Edition of the Works of Stephen Crane*. Ed. Fredson Bowers. 590 - 607.

——. "A Lovely Jag in a Crowded Car." New York Press 6 Jan. 1895. Rpt. in *The New York City Sketches of Stephen Crane and Related Pieces*. Ed. R. W. Stallman and E. R. Hagemann. New York: New York UP, 1966. 125 - 28.

——. "The Men in the Storm." Arena Oct. 1894. Rpt. in *The New York City Sketches of Stephen Crane and Related Pieces*. Ed. R. W. Stallman and E. R Hagemann. New York: New York UP, 1966. 91 - 96.

——. The New York City Sketches of Stephen Crane and Related Pieces. Ed. R. W.

Stallman and E. R. Hagemann. New York: New York UP, 1966.

——. "The Open Boat." Scribner's Magazine June 1897. Rpt. in *Great Short Works of Stephen Crane*. Intro. James B. Colvert. New York: Harper, 1968. 277 - 302.

——. "Regulars Get No Glory." *New York World* 20 July 1898. Rpt. in *Reports of War: War Dispatches: Great Battles of the World. Charlottesville*: UP of Virginia, 1971. Vol. 9 of *The University of Virginia Edition of the Works of Stephen Crane*. Ed. Fredson Bowers. 170 - 73.

——. "Stephen Crane's Own Story." New York Press 7 Jan. 1897. Rpt. in *Reports of War: War Dispatches: Great Battles of the World. Charlottesville*: UP of Virginia, 1971. Vol. 9 of *The University of Virginia Edition of the Works of Stephen Crane*. Ed. Fredson Bowers. 85 - 94.

——. "To William H. Crane." 29 Nov. 1896. Letter 285 of *The Correspondence of Stephen Crane*. Ed. Stanley Wertheim and Paul Sorrentino. Vol. 1. New York: Columbia UP. 264 - 66.

——. "When Man Falls a Crowd Gathers." *New York Press* 9 Dec. 1894. Rpt. in *The New York City Sketches of Stephen Crane and Related Pieces*. Ed. R. W. Stallman and E. R. Hagemann. New York: New York UP, 1966. 102 - 11.

Creative Nonfiction. 1 (1993): ii.

——. 13 (1999): iv.

Crèvecoeur, Hector St. John de. *Letters from an American Farmer*. 1782. Intro. Warren Barton Blake. London: J. M. Dent and Sons, 1912, 1945.

Crook James A. "1940s: Decade of Adolescence for Professional Education." Journalism and Mass Communication Educator 50. 1 (1995): 4 - 15.

Cummings, E. E. *The Enormous Room*. 1922. New York: Modern Library, 1934.

Dana, Richard Henry Jr. "Cruelty to Seamen." *American Jurist and Law Magazine* 22 (Oct. 1839): 92 - 107.

——. *The Seaman's Friend*. 1841. 14th ed. (1879). Mineola, NY: Dover, 1997.

——. *Two Years before the Mast*. 1840. New York: Harper, 1936.

Davidson, Cathy N. "Ideology and Genre: The Rise of the Novel in America" *Proceedings of the American Antiquarian Society* 96 (1986): 295 - 321.

Davidson, Sara. *Real Property*. Garden City, NY: Doubleday 1980.

Davis, Lennard J. *Factual Fictions: The Origins of the English Novel*. Philadelphia:
U of Pennsylvania P, 1983.

Davis, Richard Harding. "The Death of Rodriguez." 1897. *Notes of a War Correspondent*. New York: Scribner's, 1911.

——. "The German Army Marches through Brussels, 21 August 1914." London News Chronicle 23 Aug. 1914. Rpt. in *Eyewitness to History*. Ed. John Caret'

New York: Avon, 1987. 445 - 48.

——. *With the Allies*. New York: Scribner's, 1915.

Day, Dorothy. *By Little and by Little*. Ed. Robert Ellsberg. New York: Knopf, 1983.

Defoe, Daniel. *A Journal of the Plague Year*. 1722. Oxford: Shakespeare Head Press, 1928.

——. *The Life and Strange Surprising Adventures of Robinson Crusoe*. 1719. Vol. 1. Oxford: Shakespeare Head Press, 1927.

——. *The Storm: Or, a Collection of the Most Remarkable Casualties and Disasters Which Happen'd in the Late Dreadful Tempest Both by Sea and Land*. London: 1704.

——. *The True and Genuine Account of the Life and Actions of the Late Jonathan Wild*. London: 1725. Photocopy of original in British Museum. London: University Microfilms, Remax House, [1966?].

Dekker, Thomas. *Lanthorn and Candlelight; or, the Belman's Second Nights-Walke*. 1609. *The Non Dramatic Works of Thomas Dekker*. 1884. Ed. Alexander B. Grossart. 5 vols. New York: Russell and Russell, 1963.

——. *The Wonderfull Yeare, 1603*. 1603. *The Non-Dramatic Works of Thomas Dekker*. 1884. Ed. Alexander B. Grossart. 5 vols. New York: Russell and Russell, 1963.

de Man, Pau. "Criticism and Crisis" *Blindness and Insight*. Minneapolis: U of Minnesota P, 1983. 3 - 19.

Didion Joan. *Salvador*. New York: Simon, 1983.

——. *Slouching towards Bethlehem*. New York: Noonday, 1990.

Dobrée, Bonamy. *English Literature in the Early Eighteenth Century, 1700 - 1740*.
New York: Oxford UP, 1959.

Dreiser, Theodore. "Curious Shifts of the Poor." *Demorest's* 36 (Nov. 1899): 22 - 26. Rpt. in *Selected Magazine Articles of Theodore Dreiser*. Ed. Yashinobu Hakutani. Rutherford, NJ: Fairleigh Dickinson UP, 1985. 170 - 80.

——. *Newspaper Days*. 1922. Ed. T D. Nostwich. University of Pennsylvania Dreiser Edition. Gen, ed. Thomas P. Riggio. Philadelphia: U of Pennsylvania P, 1991.

——. *Sister Carrie*. 1900. Ed. Donald Pizer. New York: Norton, 1970.

Dryden John. "Life of Plutarch." *The Works of John Dryden*. Ed. Samuel Holt Monk. Vol. 17. Berkeley: U of California P, 1971. 226 - 88.

Du Bois, W. E. B. *W. E. B. Du Bois: Writings*. Ed. Nathan Huggins. New York: Library of America, 1986.

Dunne, Finley Peter. *Mr. Dooley in Peace and in War*. Boston: Small, Maynard, 1899.

Durham, Frank. "History of a Curriculum: The Search for Salience." *Journalism Educator* 46. 4 (1992): 14 - 21.

Duyckinck, Evert A., and George L. Duyckinck. *Cyclopaedia of American Literature* 2 vols. New York: Scribner's, 1855.

Earle John. *Microcosmography: Or a Piece of the World Discovered in Essays and Characters*. 1628 - 29. Ed. Harold Osborne. London: University Tutorial, 1933.

Eason, David. "The New Journalism and the Image-World." *Literary journalism in the Twentieth Century*. Ed. Norman Sims. New York: Oxford UP, 1990.

Easterbrook, Gregg. "Toxic Business." *New York Times Book Review* 10 Sept. 1995: 13.

Easthope, Anthony "Can Literary Journalism. Be Serious?" *Times Literary Supplement* 20 May 1994: 17.

Edmundson, Mark. "Theory's Battle against the Poets." *Harper's Magazine* Aug. 1995: 28 - 31.

Eisenstein, Elizabeth L. *The Printing Press as an Agent of Change: Communications and Cultural Transformations in Early-Modern Europe*. 2 vols. Cambridge: Cambridge UP, 1979.

Eliot, T S. "Hamlet." *Selected Prose of T. S. Eliot*. Ed. Frank Kermode. New York: Harcourt; Farrar, 1975. 45 - 49.

——. "The Perfect Critic" *Selected Prose of T. S. Eliot*. Ed. Frank Kermode. New York: Harcourt; Farrar, 1975. 50 - 58.

Emerson, Ralph Waldo. "The American Scholar." 1837. Rpt. in *The Collected Works of Ralph Waldo Emerson*. Vol. 1. *Nature, Addresses, and Lectures*. Gen.. ed.

Alfred R. Ferguson. Cambridge, MA: Belknap P of Harvard UP, 1971. 52 - 70.

Emery Edwin, and Michael Emery. *The Press and America: An Interpretative History' of the Mass Media*. Englewood Cliffs, NJ: Prentice, 1978,

Evelyn John. *The Diary of John Evelyn*. Ed. William Bray Vol. 2. New York: M. Walter Dunne, 1901.

Evensen, Bruce J. "Abraham Cahan." *A Sourcebook of American Literary Journalism: Representative Writers in an Emerging Genre*. Ed. Thomas B. Connery New York: Greenwood, 1992. 91 - 100.

Fedler, Fred. *Reporting for the Print Media*. 5th ed. New York: Harcourt, 1993.

Fishkin, Shelley Fisher. "The Borderlands of Culture: Writing by W. E. B. Du Bois James Agee, Tillie Olsen, and Gloria Anzaldua." *Literary Journalism in the Twentieth Century*. Ed. Norman Sims. New York: Oxford UP, 1990. 133 - 82.

FitzStephen [, William]. "Prelude to FitzStephen's 'Life of Becket.'" [ca. 1180?]. *Documents Illustrating the History of Civilization in Medieval England* (1066 - 1500) . 1926. Ed. R. Trevor Davies. NewYork: Barnes, 1969. 115 - 22,

Folkerts Jean, and Dwight L. Teeter Jr. *Voices of a Nation: A History of Media in the United States*. New York: Macmillan, 1989.

Ford, Edwin H. "The Art and Craft of the Literary Journalist." *New Survey of*

Journalism. Ed. George Fox Mott. New York: Barnes, 1950. 304 – 13.

——. *A Bibliography of Literary Journalism in America*. Minneapolis: Burgess, 1937.

Foster, Mike. "Ancient Scroll Provides a Description of Heaven: —And a Secret Formula for Resurrecting the Dead!" *Weekly World News* 4 Jan. 2000: 6.

——. "Demon's Body Found in Holy Land" *Weekly World News* 4 Jan. 2000: 13.

Foxe John. *Acts and Monuments of Matters Most Special and Memorable Happening in the Church, Especially in the Realm of England*. 1596 – 97. 5th ed. *Foxe's Book of Martyrs*. Ed. and abr. G. Williamson. Boston: Little, 1965.

Francke, Warren T. "W. T. Stead: The First New Journalist?" *Journalism History* 1.2 (1974): 36, 63 – 66.

Frus, Phyllis. *The Politics and Poetics of Journalistic Narrative: The Timely and the Timeless*. New York: Cambridge UP, 1994.

——. "Two Tales 'Intended to Be after the Fact': 'Stephen Crane's Own Story' and 'The Open Boat.'" *Literary Nonfiction: Theory, Criticism, Pedagogy* Ed. Chris Anderson. Carbondale: Southern Illinois UP, 1989. 125 – 51.

Fuller, Thomas. *The Worthies of England*. 1662. Ed. Thomas Fuller. London: George Allen & Unwin, 1952.

Furtwangler, A. *The Authority of Publius: A Reading of the Federalist Papers*. Ithaca, NY Cornell UP, 1984.

Garland, Hamlin. *Crumbling Idols*. 1894. Cambridge, MA: Harvard UP, 1960.

Gobright, Lawrence A. Fifth dispatch. *New York Tribune* 15 Apr. 1865. Rpt. in *A Treasury of Great Reporting: "Literature under Pressure" from the Sixteenth Century to Our Own Time*. Ed. Louis L. Snyder and Richard B. Morris. Pref. Herbert Bayard Swope. 2d rev. ed. New York: Simon, 1962. 150 – 54.

Gold, Herbert. "On Epidemic First Personism." *The Reporter as Artist: A Look at the New Journalism Controversy*. Ed. Ronald Weber. NewYork: Hastings House, 1974 283 – 87.

Golden J. L., and E. P. J. Corbett, eds. *The Rhetoric of Blair, Campbell, and Whately*. New York: Holt, 1968.

Good, Howard. "Jacob A. Riis." *A Sourcebook of American Literary Journalism: Representative Writers in an Emerging Genre*. Ed. Thomas B. Connery. New York: Greenwood, 1992. 81 – 90.

Graff, Gerald. *Professing Literature: An Institutional History*. Chicago: U of Chicago P, 1987.

Gray James. "The Journalist as Literary Man." *American Non-Fiction, 1900 – 1950*. Ed. William Van O'Connor and Frederick J. Hoffman. 1952. Westport, CT: Greenwood, 1970. 95 – 147.

Griffin John Howard. Black like Me. 2d ed. Boston: Houghton, 1977.
Hakluyt, Richard. *Hakluyt's Voyages*. 1598 - 1600. 8 vols. [Ed. S. Douglas Jackson.] Intro. John Masefield. New York: Dutton, 1907.
——. *The Principall Navigations Voiages and Discoveries of the English Nation*. 1589. 2 vols. New York: Cambridge UP, 1965.
Hakutani, Yashinobu, ed. Introduction. *Selected Magazine Articles of Theodore Dreiser*. Rutherford, NJ: Fairleigh Dickinson UP, 1985. 15 - 38.
——. Preface. *Selected Magazine Articles of Theodore Dreiser*. Rutherford, NJ: Fair-leigh Dickinson UP, 1985. 15 - 38.
Hall, William Henry. *Hall's Encyclopaedia*. London: [ca. 1795?]
Hapgood, Hutchins. "A New Form of Literature." *Bookman*. 21 (1905): 424 - 47
——. *The Spirit of the Ghetto*. 1902. Ed. Moses Rischin. Cambridge: Belknap P of Harvard UP, 1967.
——. *A Victorian in the Modern World*. New York: Harcourt, 1939.
Hard, William. "Cannon: The Proving." *New Republic* 15 (1 June 1918): 136 - 38.
——. "In Judge Anderson's Courtroom." *New Republic* 20 (26 Nov 1919): 373 - 77.
Harding, Rebecca. "Life in the Iron-Mills." *Atlantic Monthly* 7 (Apr. 1816): 430 - 51.
——. "A Story of To-Day." Part 1. *Atlantic Monthly* (Oct, 1861): 471 - 86.
Hardy, Thomas. "The Convergence of the Twain." *Modern Poetry: American and British*. Ed. Kimon Friar and John Malcolm Brinnin. New York: Appleton, 1951.
Hart Jack. "Stories in the News." *Writer's Digest* Sept. 1995: 29 - 33.
Hart James D. , ed. *The Oxford Companion to American Literature*. 6th ed. Rev and additions Phillip W. Leininger. New York: Oxford UP, 1995.
Hartsock John C. " 'Literary Journalism' as an Epistemological Moving Object within a Larger 'Quantum' Narrative." *Journal of Communication Inquiry* 23 (Oct. 1999): 432 - 47.
Harvey, Chris. "Tom Wolfe's Revenge." *American Journalism Review* Oct. 1994: 40 - 45.
Hawking, Stephen. *A Brief History of Time: From the Big Bang to Black Holes*. Intro. Carl Sagan. New York: Bantam, 1988.
Hawthorne Julian. "Journalism the Destroyer of Literature." *The Critic* 48 (1906): 166 - 71.
Hearn, Lafcadio. "All in White." *New Orleans Item* 14 Sept. 1879. Rpt. in *Stray Leaves from Strange Literature and Fantastics and Other Fancies*. Boston: Houghton, 1914. Koizumi Edition. Vol. 2 of *The Writings of Lafcadio Hearn*. 217 - 19.
——. "At a Railway Station." *Kokoro*. 1896. Rpt. in *The Selected Writings of Lafcadio Hearn*. Ed. Henry Goodman. New York: Citadel, 1949. 347 - 50.
——. "A Child of the Levee." *Cincinnati Commercial* 27 June 1876. Rpt. in *Children of*

the Levee. Ed. O. W. Frost. N. p. : U of Kentucky P, 1957. 9 – 12.

——. "Dolly: An Idyl of the Levee." *Cincinnati Commercial* 27 Aug. 1876. Rpt. in *Children of the Levee*. Ed. O. W. Frost. N. p. : U of Kentucky P, 1957. 13 – 22.

——. "Jot: The Haunt of the Obi Man. "*Cincinnati Commercial* 22 Aug. 1875. Rpt. as "Jot" in *Children of the Levee*. Ed. O. W. Frost. N. p. : U of Kentucky P, 1957. 49 – 53.

——. "The Last of the Voudous." *Harper's Weekly* 7 Nov 1885. Rpt. in *The Selected Writings of Lafcadio Hearn*. Ed. Henry Goodman. New York: Citadel, 1949. 268 – 73.

——. "Levee Life: Haunts and Pastimes of the Roustabouts: Their Original Songs and Daces." *Cincinnati Commercial* 17 Mar. 1876. Rpt. as "Levee Life" in *Children of the Levee*. Ed. O. W. Frost. N. p. : U of Kentucky P, 1957. 61 – 83.

——. "The Rising of the Waters." *Cincinnati Commercial* 18 Jan. 1877. Rpt. in *Children of the Levee*. Ed. O. W. Frost. N. p. : U of Kentucky P, 1957. 99 – 103.

——. "The Stranger." *New Orleans Item* 17 Apr. 1880. Rpt. in *Stray Leaves from Strange Literature and Fantastics and Other Fancies*. Boston: Houghton, 1914.

Koizumi Edition. Vol. 2 of *The Writings of Lafcadio Hearn*. 237 – 38.

—— • "Ti Canotie." Martinique Sketches. 18go. Rpt. in The Selected Writings of Lafcadio Hearn. Ed. Henry Goodman. New York: Citadel, lg4g. 285 – 97}

——. "To H. E. Krehbiel." 1878. *Life and Letters of Lafcadio Hearn*. Ed. Elizabeth Bisland. Vol 1. Boston: Houghton, 1906. 191 – 97.

——. "To H. E. Krehbiel." 1880. *The Life and Letters of Lafcadio Hearn*. Ed. Elizabeth Bisland. Vol. 1. Boston: Houghton, 1906. 218 – 22.

——. "Voices of Dawn." 1881. Rpt. in *The Selected Writings of Lafcadio Hearn*. Ed. Henry Goodman. New York: Citadel, 1949. 266 – 68.

——. "Why Crabs Are Boiled Alive." *New Orleans Item* 5 Oct. 1879. Rpt. in *The Selected Writings of Lafcadio Hearn*. Ed. Henry Goodman. New York: Citadel, 1949. 266.

——. "Y Porque." *New Orleans Item* 17 Apr. 1880. Rpt. in *Stray Leaves from Strange Literature and Fantastic and Other Fancies*. Boston: Houghton, 1914. Koizumi Edition. Vol. 2 of The Writings of Lafcadio Hearn. 239 – 40.

Hecht, Ben. *A Child of the Century*. New York: Simon, 1954.

——. "The Dagger Venus." *A Thousand and One Afternoons in Chicago*. Chicago: Covici Friede, 1927. 189 – 92.

Heinz, W. C. *The Professional*. 1958. Intro. George Plimpton. New York: Arbor House, 1984.

Heisenberg, Werner. *Physics and Philosophy*: The Revolution in Modern Science. Ed. Ruth Nanda Anshen. Vol. 19 of *World Perspectives*. New York: Harper, 1958.

Hellmann John. *Fables of Fact: The New Journalism as Fables of Fact*. Urbana: U of Illinois P, 1981.

Hemingway, Ernest: "Italy, 1927." *New Republic* 18 May 1927: 350 - 53.

——. *A Moveable Feast*. New York: Scribner's, 1964.

——. "A Situation Report." *Look* 4 Sept. 1956. Rpt. in *By Line: Ernest Herring way*. Ed. William White. New York: Scribner's, 1967. 470 - 78.

Herr, Michael. *Dispatches*. New York: Vintage, 1991.

Hersey John. *Hiroshima*. 1946. New York: Bantam, 1986.

Hettinga, Donald R. "Ring Lardner." *A Sourcebook of American Literary Journalism: Representative Writers in an Emerging Genre*. Ed. Thomas B. Connery. New York: Greenwood, 1992. 161 - 67.

Heyne, Eric. "Toward a Theory of Literary Nonfiction." *Modern Fiction Studies* 23 (1989): 479 - 90.

Holinshed, Raphael, et al. *The First and Second Volumes of Chronicles....* 1586. Rpt. as Holinshed's Chronicles: England, Scotland, and Ireland. 1807. New York: AMS, 1965.

Hollowell John. *Fact and Fiction: The New Journalism and the Non-fiction Novel*. Chapel Hill: U of North Carolina P, 1977.

Hoover, Herbert. "The President's News Conference of November 29, 1929." Document 292 *of Public Papers of the Presidents of the United States: Herbert Hoover*. Washington, DC: GPO, 1974. 401 - 2.

Horwitz, Tony. *Confederates in the Attic: Dispatches from the Unfinished Civil War*. New York: Vintage, 1998.

Hough, George A. "How New?" *Journal of Popular Culture* 9 (1975): 114/16 - 121/23.

Howard June. *Form and History in American Literary Naturalism*. Chapel Hill: U of North Carolina P, 1985.

Howells, William Dean. *Criticism and Fiction*. 1891. Cambridge, MA: Walker-de Berry, 1962.

——. *A Hazard of New Fortunes*. 1890. New York: Meridian, 1994.

——. *A Modern Instance*. 1882. Boston: Houghton, 1957.

——. *Years of My Youth*. 1916. Rpt. as *Years of My Youth and Three Essays*. Ed. David J. Nordloh. Bloomington: Indiana UP, 1975. Vol. 29 of *A Selected Edition of W. D. Howells*. Gen. ed. Edwin H. Cady et al. 32 vols. 1968 - 83.

Hudson, Frederic. *Journalism in the United States, from 1690 to 1872*. New York: Harper, 1873.

Hudson, Robert V. "Literary Journalism: A Case Study from the 'Abyss.'" Paper presented at conference, "Historical Points in Time: Structure, Subject, Object."

Seventy ninth annual meeting of the Association for Education in Journalism and Mass Communication. 13 Aug. 1996.

Humphrey, Robert E. "John Reed." *A Sourcebook of American Literary Journalism: Representative Writers in an Emerging Genre*. Ed. Thomas B. Connery. New York: Greenwood, 1992. 151–60.

Hunt, Theodore. "The Place of English in the College Curriculum." 1884–85. Rpt. in *The Origins of Literary Studies in America: A Documentary Anthology*. Ed. Gerald Graff and Michael Warner. Routledge: NewYork, 1989. 38–49.

Hurston, Zora Neale. "Eatonville When You Look at It." *Go Gator and Muddy the Water: Writings by Zora Neale Hurston from the Federal Writers' Project*. Ed, and biographical essay Pamela Bordelon: New York: Norton, 1999. 124–25.

Hutson, Charles Woodward. "Fantastics and Other Fancies: Introduction." *Stray Leaves from Strange Literature and Fantastics and Other Fancies*. Boston: Houghton, 1914. Koizumi Edition. Vol. 2 of *The Writings of Lafcadio Hearn*. 197–214.

Jane John. "The Last Voyage of Thomas Cavendish... 6. John Jane." [1598–1600]. *Last Voyages: Cavendish, Hudson, Ralegh: The Original Narratives*. Ed Philip Edwards. Oxford: Clarendon, 1988. 98–120.

Jensen Jay. "The New Journalism in Historical Perspective." *Journalism History* 1. 2 (1974): 37, 66.

Johnson, Michael L. *The New Journalism: The Underground Press, the Artists of Nonfiction, and Changes in the Established Media*. Lawrence: UP of Kansas, 1971.

Johnson, Samuel. "*Abraham Cowley*" *from Lives of the Poets*. 1779. Rpt. in *Selected Writings. Samuel Johnson*. Ed. R. T. Davies. Evanston, IL: Northwestern UP, 1965. 323–24.

——. "Contemporary Novels." Rambler 4 (31 Mar. 1750). Rpt. in *Selected Writings*. Samuel Johnson. Ed. R. T. Davies. Evanston, IL: Northwestern UP, 1965. 76–80.

——. *A Journey to the Western Islands of Scotland*. 1775. James Boswell. *The Journal of a Tour to the Hebrides with SamuelJohnson LL. D.* 1786. Rpt. as *The Journal of a Tour to the Hebrides*. New York: Penguin, 1984.

——. *Letters of Samuel, Johnson, LL. D.* Comp. and ed. George Birkbeck Hill. Oxford: Clarendon, 1892.

Journalism Educator. "Call for Papers: Fiftieth Anniversary Year" 49. 4 (1995): verso front matter.

Kaplan, Amy. *The Social Construction of American Realism*. Chicago: U of Chicago P, 1988.

Kaul, Arthur J., ed. *American Literary Journalists, 1945–1995*. First Ser. Dictionary of Literary Biography 185. Detroit: Gale, 1997.

Kazin, Alfred. "Edmund Wilson on the Thirties." *Contemporaries: From the Nineteenth Century to the Present*. Rev. ed. New York: Horizon, 1982.

——. "The Imagination of Fact." *Bright Book of Life*. Boston: Little, 1973. 209 - 41.

——. *On Native Grounds: An Interpretation of Modern American Prose Literature*. New York: Reynal and Hitchcock, 1942.

Keats John. "Ode on a Grecian Urn." *The Complete Poetry and Selected Prose of John Keats*. Ed. Harold Edgar Briggs. New York: Modern Library, 1951. 294 - 95.

Kemp, William. *Nine Daies Wonder: Performed in a Daunce from London to Norwich*. 1600. Ed. G. B. Harrison. Elizabethan and Jacobean Quartos. Rpt. From Bodley Head Quartos. New York: Barnes, 1966

Keneally, Thomas. *Schindler's List*. New York: Touchstone, 1982.

Keener, Hugh. "The Politics of the Plain Style." *Literary Journalism in the Twentieth Century*. Ed. Norman Sims. New York: Oxford UP, 1990. 183 - 90.

Kerrane, Kevin, and Ben Yagoda, eds. *The Art of Fact: A Historical Anthology of Literary Journalism*. New York: Scribner's, 1997.

Kirkhorn, Michael J. "Journalism's Guilty Secret." *Nieman Reports* 46. 2 (summer 1992): 36 - 41.

Knight, Sarah Kemble. *The Journal of Madam Knight*. Ed. and intro. George Parker Winship. Boston: Small, Maynard, 1920. *The Private Journal of a Journey from Boston to New York*. 1825.

Kramer, Dale. *Ross and the New Yorker*. New York: Doubleday, 1951; Kroeger, Brooke. *Nellie Bly: Daredevil, Reporter, Feminist*. New York: Times Books, 1994.

Kydde, Thomas. *The trueth of the most wicked secret murthering of Iohn Brewen ... committed by his owne wife through the prouocation of one lohn Parker....* 1592.

Illustrations of Early English Popular Literature. 1863. Ed. J. Payne Collier. Vol. 1. NewYork: Benjamin Blom, 1966. iii - 15.

Lardner, Ring. *Some Champions*. Ed. Matthew J. Bruccoli and Richard Layman. NewYork: Scribner's, 1976.

Laurie, Annie [Winifred Black]. *Roses and Rain*. Annie Laurie Ser. San Francisco: A. Laurie, 1920.

Lawrence, T. E. *Revolt in the Desert*. New York: George H. Doran, 1927.

Lee, Alfred McClung. *The Daily Newspaper in America: The Evolution of a Social Instrument*. New York: Macmillan, 1947.

Lee, Gerald Stanley. "Journalism as a Basis for Literature." *Atlantic* Feb. 1900: 231 - 37.

Legge, M. Dominica. *Anglo-Norman Literature and Its Background*. Oxford: Clarendon, 1963.

Levi, Peter. Introduction. *A Journey to the Western Islands of Scotland*. 1775. Samuel

Johnson. *The Journal of a Tour to the Hebrides with Samuel Johnson, LL. D.* 1786. James Boswell. Rpt. as *The Journal of a Tour to the Hebrides*. New York: Penguin, 1984. 11 - 28.

Levin, Harry. "Novel." *Dictionary of World Literature*. Rev. ed. Paterson, NJ: Littlefield, Adams, 1962.

Lewis, C. S. *English Literature in the Sixteenth Century: Excluding Drama*. Oxford: Clarendon, 1954.

Lewis, Oscar. Introduction. *Frank Norris of "The Wave": Stories and Sketches from the San Francisco Weekly*, 1893 *to* 1897. San Francisco: Westgate, 1931. 1 - 15.

Library of Congress. *Subject Headings*. 22d edition. Vol. 4. Washington, D. C: Library of Congress, 1999.

Liebling, A. J. *Back Where I Came From*. 1938. Foreword by Philip Hamburger. San Francisco: North Point, 1990.

——. *The Earl of Louisiana*. Baton Rouge: Louisiana State UP, 1970.

——. *Mollie and Other War Pieces*. 1964. NewYork: Schocken, 1989.

——. *A Reporter at Large: Dateline—Pyramid Lake, Nevada*. 1955. Ed. Elmer R. Rusco. Reno: U of Nevada P, 1999.

Lippmann, Walter. *Liberty and the News*. New York: Harcourt, 1920.

——. *Public Opinion*. 1922. New York: Free, 1965.

——. "Two Revolutions in the American Press." *Yale Review* 20 (1931): 433 - 41

Lippmann, Walter, and Charles Merz. " 'A Test of the News': Some Criticisms." *New Republic* 8 Sept. 1920: 32 - 33.

London Jack. *The People of the Abyss*. 1903. New York: Library of America, 1982.

——. "To Anna Strunsky." 22 Aug. 1902. *The Letters of Jack London*. Ed. Earle Labor, Robert C. Leritz III, and I. Milo Shepard. Vol 1. Stanford, CA: Stanford UP, 1988. 308 - 9.

——. "To George and Caroline Sterling." 22 Aug. 1902. *The Letters of Jack London*. Ed. Earle Labor, Robert C. Leritz III, and I. Milo Shepard. Vol 1. Stanford, CA: Stanford UP, 1988. 306.

Longstreet, Augustus Baldwin. *Georgia Scenes, Characters, Incidents, c., in the First Half Century of the Republic*. 2d ed. New York: Harper, 1854.

Lounsberry Barbara. *The Art of Fact: Contemporary Artists of Nonfiction*. New York: Greenwood, 1990.

Lyly John: *Euphues: Tke Anatomy of Wyt*. 1578. *The Complete Works of John Lyly*. 1902. Ed. R. Warwick Bond. Vol. 1. Oxford: Clarendon, 1967.

Macdonald, Dwight. "Hersey's 'Hiroshima.'" *Politics* 3 (Oct. 1946): 308.

——. "Parajournalism, or Tom Wolfe and His Magic Writing Machine." *The Reporter as*

Artist: *A Look at the New journalism Controversy*. Ed. Ronald Weber. New York: Hastings House, 1974. 223 - 33.

Magnusson, A. Lynne. " 'His Pen with My Hande': Jane Anger's Revisionary Rhetoric. "English Studies in Canada 17 (1991): 269 - 81.

Mailer, Norman. *The Armies of the Night*: *History as Novel*: *The Novel as History*. New York: NAI, 1968.

——. *The Executioner's Song*. New York: Warner Books, 1979.

Manguel, Alberto. *A History of Reading*. New York: Viking, 1996.

Man in the Moon, *Discovering a World of Knavery under the Sunne*. 4July 1649. Research Publications (n. d): Microfilm 1191. Charles Burney Collection of Early English Newspapers from the British Library.

Mann, Nick. "Face of Satan Seen over U. S. Capitol." *Weekly World New* 4 Jan. 2000: 1, 46 - 47.

——. "National Air Alert Issued by NTSB: Passenger Jet Reports Near Miss with Winged Entities at 40000 Feet." *Weekly World New* "Jan. 2000: 40 - 41.

Mansell, Darrel. "Unsettling the Colonel's Hash: 'Fact' in Autobiography" Lit-erary journalism in the Twentieth Century. Ed. Norman Sims. New York: Oxford UP, lggo. 261 - 80.

Many Paul. "Toward a History of Literary Journalism." *Michigan Academician* 24 (1992) 359 - 69.

Market' Morris. Well Done! An Aircraft Carrier in Battle Action. Foreword by Ralph A. Ofstie. New York: Appleton, 1945.

Marmarelli, Ronald S. "William Hard." A *Sourcebook of American Literary Journalism*: *Representative Writers in an Emerging Genre*. Ed. Thomas B. Connery New York: Greenwood, 1992. 131 - 42.

Martin Jay. *Harvests of Change*: *American Literature*, 1865 - 1914. Englewood Cliffs, NJ: Prentice, 1967.

Martin John Bartlow. *My Life in Crime*. New York: Harper, 1952.

Matschat, Cecile Hulse. SuzuanneeRiver: StrangeGreenLand. Ed. Constance Lind-say Skinner. New York: Farrar, 1936.

McCarthy Mary. "Artists in Uniform." *Harper's Magazine* Mar. 1953. Rpt. in *Literary Journalism in the Twentieth Century*. Ed. Norman Sims. New York: Oxford UP, 1990. 231 - 46.

——. "Settling the Colonel's Hash." *Harper's Magazine* Feb. i gg4. Rpt. in *Literary Journalism in the Twentieth Century*. Ed. Norman Sims. New York: Oxford UP, 1990. 247 - 60.

McGill Jennifer, ed. *Journalism and Mass Communication Directory* 13 (1995 - 96)

140, 278.

McKillop, Alan D. Introduction. *Eighteenth-Century Poetry and Prose*. Ed. Louis I. Bredvold, Alan D. McKillop, and Lois Whitney. Prepared by John M. Bullitt. gd ed. New York: Ronald Press, 1979.

McNulty John. *The World of john McNulty*. Garden City, NY Doubleday; 1957.

McPhee John. *Basin and Range*. New York: Farrar, 1981.

——. Preface. *A Sense of Where You Are*. 1965. 2d ed. New York: Farrar, 1978.

Mencken, H. L. "The National Letters" *Prejudices: Second Series*. New York: Knopf, 1920.

Mills, Nicolaus. *The New Journalism: A Historical Anthology*. New York: McGraw, 1974.

Mitchell Joseph. Author's Note. *Up in the Old Hotel and Other Stories*. New York: Vintage, 1999. ix - xii.

——. "The Old House at Home." *Up in the Old Hotel and Other Stories*. New York: Vintage, 1993. 3 - 22.

Moley, Raymond. Letters. Today 2 Dec. 1933: 3.

Mott, Frank Luther. *American Journalism: A History of Newspapers in the United States through 260 Years,: 1690 to 1950*. New York: Macmillan, 1962.

Nelson Jack A. "Mark Twain." *A Sourcebook of Amerzcan Literary Journalism: Representative Writers in an Emerging Genre*. Ed. Thomas B. Connery. New York: Greenwood, 1992. 39 - 42.

Nietzsche, Friedrich. "On Truth and Falsity in Their Ultramoral Sense." 1873. *Early Greek Philosophy and Other Essays*. 1911. Trans. Maximilian Mugge. Vol. 2 of *The Complete Works of Friedrich Nietzsche*. New York: Russell and Russell, 1964. 171 - 92.

Nitze, William A. "Horizons." *PMLA* 44, supplement (1929): iii - xi.

Norris, Frank. "Brute." *Collected Writings*. Comp. Charles G. Norris. Vol. 10. Garden City, NY Doubleday, Doran, 1928. 80 - 81.

——. *Frank Norris of "The Wave": Stories and Sketches from the San Francisco Weekly*, 1893 *to* 1897. San Francisco: Westgate, 1931.

North Joseph. "Reportage." *American Writer's Congress*. Ed. Henry Hart. New York: International, 1935. 120 - 23.

O'Brien, Frank M. *The Story of the Sun: New York, 1833 - 1918*. NewYork: George H. Doran, 1918.

O'Connor, William Van, and Frederick J. Hoffman, eds. Preface. *American Nonfiction, 1900 - 1950. 1952*. Westport, CT: Greenwood, 1970. v - vii.

Orr, Linda. "The Revenge of Literature: A History of History." *New Literary History*

18. 1 (autumn 1986): 1 – 22.

Paterson Judith. "Literary Journalism's Twelve Best." *Washington Journalism Review* Oct. 1992: 61.

Pattee, Fred Lewis. *A History of American Literature since 1870*. New York: Century 1915.

——. *The New American Literature*, 1890 – 1930. NewYork: Appleton, 1937.

Pauly John J. "Damon Runyon." *A Sourcebook of American Literary Journalism: Representative Writers in an Emerging Genre*. Ed. Thomas B. Connery. New York: Greenwood, 1992. 169 – 78.

——. "George Ade." *A Sourcebook of American Literary Journalism: Representative Writers in an Emerging Genre*. Ed. Thomas B. Connery. New York: Greenwood, 1992. 111 – 20.

——. "The Politics of the New Journalism." *Literary Journalism in the Twentieth Century*. Ed. Norman Sims. New York: Oxford UP, 1990. 110 – 29.

Peacham, Henry. *Coach and Sedan*. 1636. London: Frederick Etchells and Hugh Macdonald, 1925.

Pegler, Westwood. *'T Ain't Right*. Garden City, NY Doubleday, Doran, 1936.

Penkower, Monty Noam. *The Federal Writers' Project: A Study in Government Patronage of the Arts*. Urbana: U of Illinois P, 1977.

Pepys, Samuel. *The Diary of Samuel Pepys*. Ed. Robert Latham and William Matthews. Vol. 7. Berkeley: University of California P, 1970.

Pinkney [Lt. Col.]. "Fete Champetre in a Village on a Hill at Montreuil." *Clyclopaedia of American Literature*. Ed. Evert A. Duyckinck and George L. Duyckinck. Vol. 1. New York: 5cribner's, 1855. 676.

Pizer, Donald. "Documentary Narrative as Art: William Manchester and Truman Capote." *The Reporter as Artist: A Look at the New Journalism Controversy*. Ed. Ronald Weber. New York: Hastings House, 1974. 207 – 19.

——. *Realism and Naturalism in Nineteenth-Century American Literature*. Carbondale: Southern Illinois UP, 1966.

Plato. "The Death of Socrates, 399 B. C." *Phaedo*. Trans. H. N. Fowler. Rpt. In *Eyewitness to History*. Ed. John Carey New York: Avon, 1987. 7 – 11.

Plimpton, George. "Capote's Long Ride." *New Yorker* 13 Oct. 1997: 62 – 70.

——. "The Story behind a Nonfiction Novel." *New York Times Book Review* 16 Jan. 1966: 2.

Pliny. *Natural History*. Trans. H. Rackham. Vol. 3. Cambridge, MA: Harvard UP, 1940.

Podhoretz, Norman. "The Article as Art." *Harper's Magazine* July 1958: 74 – 79.

"The Point of View: The Newspaper and Fiction." *Scribner's Magazine* 40 (1906): 122 - 24.

"Police Office" *Sun* 4 July 1834, morning ed. : n. pag. New York State Library microfilm 93 - 32024.

Pope, Walter. *The Memoires of Monsieur Du Vall*. London: i 670. University Microfilms International 819 (1977): 26.

Pottle, Frederick A. Introduction. *Boswell's London Journal, 1762 - 1763*. By James Boswell. Yale Editions of the Private Papers of James Boswell. New Haven: Yale UP, 1950. 1 - 37.

Powell, Hickman. *The Last Paradise: An American's "Discovery" of Bali in the* 1920*s*.

1930. New York: Oxford UP, 1986.

——. *Ninety Times Guilty: Lucky Luciano, His Amazing Trial and Wild Witnesses*. Intro. Charles Grutzner. 1939. Secaucus, NJ: Citadel, 1975.

Powers, Thomas. "Cry Wolfe." *Commonweal* 102 (1975): 497 - 99.

Raleigh, Walter. *The History of the World*. 1614. Ed. C. A. Patridas. Philadelphia: Temple UP, 1971.

Ralph Julian. *People We Pass: Stories of Life among the Masses of New York City*. New York: Harper, 1896.

Reed John. *Adventures of a Young Man: Short Stories from Life*. San Francisco: City of Lights Books, 1985.

——. *Ten Days that Shook the World*. 1919. New York: Modern Library, 1935.

Rhodes, Richard. *The Inland Ground: An Evocation of the American Middle West*. New York: Atheneum, 1970.

Riis, Jacob. *The Making of an American*. New York: Grosset and Dunlap, 1901.

Riley, Sam G. Email to the author. 6 Mar. 2000.

——, ed. *American Magazine Journalists, 1900 - 1960*. First ser. Detroit: Gale, 1990.

——. ed. *American Magazine Journalists, 1900 - 1960*. Second ser. Detroit: Gale, 1990.

Rischin, Moses. Introduction. *Grandma Newer Lived in America: The New Journalism of Abraham Cahan*. Ed. Moses Rischin. Bloomington: Indiana UP, 1985. xviii - xliv.

Roberts, Nancy. "Dorothy Day." *A Sourcebook of American Literary Journalism: Representative Writers in an Emerging Genre*. Ed. Thomas B. Connery. New York: Greenwood, 1992. 179 - 85.

Robertson, Michael. "Stephen Crane." *A Sourcebook of American Literary Journalism: Representative Writers in an Emerging Genre*. Ed. Thomas B. Connery New York: Greenwood Press, 1992. 69 - 80.

Rogers, Agnes. "The Gibson Girl." *American Heritage* Dec. 1957. Rpt. in *A Treasury of American Heritage*. New York: Simon, 1960. 320 - 37.

Rogers, Everett. *A History of Communication Study: A Biographical Approach*. New York: Free, 1997.

Rogers, Everett M., and Steven Chaffee. "Communication and Journalism from 'Daddy' Bleyer to Wilbur Schramm: A Palimpsest." Journalism Monographs 148 (Dec. 1994).

Ross, Lillian. Portrait of Hemingway. 1961. New York: Modern Library, 1999.

——. Reporting. 1964. New York: Dodd, 1981.

——. Vertical and Horizontal. New York: Simon, 1963.

Rowlandson, Mary. *A Narrative of the Captivity and Restauration of Mrs. Mary Rowlandson*. 1682. *Narratives of the Indian Wars*, 1675 - 1699. Ed. Charles H.

Lincoln. *Original Narratives of Early American History*. Gen. ed. J. Franklin Jameson. NewYork: Scribner's, 1913. 118 - 67.

Royko, Mike. *Slats Grobnik and Some Other Friends*. New York: Dutton, 1973.

Ruland, Richard, and Malcolm Bradbury. *From Puritanism to Postmodernism: A History of American Literature*. New York: Viking Penguin, 1991.

Runyon, Damon. *The Best of Damon Runyon*. New York: Hart, 1966.

——. *The Damon Runyon Omnibus*. Garden City, NY Sun Dial, 1944.

——. *A Treasury of Damon Runyon*. New York: Modern Library, 1958.

Ryan, Maureen. "Green Visors and Ivory Towers: Jean Stafford and the New Journalism." *Kenyon Review* 16.4 (1994): 102 - 19.

Rygiel, Dennis. "Style in Twentieth-Century Literary Nonfiction in English: An Annotated Bibliography of Criticism, 1980 - 1988." *Style* 23 (1989): 566 - 617.

——. "Stylistics and the Study of Twentieth-Century Literary Nonfiction." *Literary Nonfiction: Theory, Criticism, Pedagogy*. Ed. Chris Anderson. Carbondale: Southern Illinois UP, 1989. 3 - 28.

Sanford, George. "One in Four UFO Pilots Is Drunk!" *Weekly World News* 4 Jan. 2000: 13.

Sartre Jean Paul. *Nausea*. 1938. Trans. Lloyd Alexander. New York: New Directions, 1964.

Sauerberg, Lars Ole. *Fact into Fiction: Documentary Realism in the Contemporary Novel*. New York: St. Martin's, 1991.

Sayre, Robert F Notes. *Walden*. *Henry David Thoreau*. 1854. New York: Vintage-Library of America, 1991. 285 - 91.

Schlesinger, Arthur Meier. *Political and Social Growth of the United States, 1852 - 1933*. Rev. ed. New York: Macmillan, 1934.

——. *The Rise of the City, 1878 - 1898*. New York: Macmillan, 1933. Vol. 10 in *A History of American Life*. New York: Macmillan, 1933.

Schudson, Michael. *Discovering the News: A Social History of American Newspapers*.

New York: Basic, 1978.

Schuster, Charles I. "The Nonfictional Prose of Richard Selzer: An Aesthetic Analysis." *Literary Nonfiction: Theory, Criticism, Pedagogy.* Ed. Chris Anderson. Carbondale: Southern Illinois UP, 1989. 3 – 28.

Settle, Elkanah. *The Life and Death of Major Clancie, the Grandest Cheat of This Age.* London: 1680. *Early English Books, 1641 – 1700* 1158 (1981): 12.

Shaaber, M. A. *Some Forerunners of the Newspaper in England*, 1476 – 1622. New York: Octagon Books, 1966.

Sheehan, Neil. A Bright Shining Lie. New York: Random, 1988.

Sims, Norman. "Joseph Mitchell and the New Yorker Nonfiction Writers." *Literary Journalism in the Twentieth Century.* Ed. Norman Sims. New York: Oxford UP, 1990. 82 – 109.

——. "The Literary Journalists." *The Literary Journalists.* Ed. Norman Sims. New York: Ballantine, 1984. 3 – 25.

——, ed. *Literary Journalism in the Twentieth Century.* New York: Oxford UP, 1990.

——, ed. *The Literary Journalists.* New York: Ballantine, 1984.

Sims, Norman, and Mark Kramer, eds. *Literary Journalism.* New York: Ballantine, 1995.

Skinner, Constance Lindsay. "Rivers and American Folk." *Suwannee River: Strange Crreen Land.* ByCecile Hulse Matschat. Ed. Constance Lindsay Skinner. New York: Farrar, 1938. N. pag.

Sloan, William David, comp. *American Journalism History: An Annotated Bibliography Bibliographies and Indexes in Mass Media and Communications I.* New York: Greenwood, 1989.

Smith John. *The Generall Historie of Virginia, New England, and the Summer Isles....* 1624. Ed. Philip L. Barbour. Chapel Hill: U of North Carolina P, 1986. Vol. 2 of *The Complete Works of Captain John Smith.*

Smith, Kathy. "John McPhee Balances the Act." *Literary Journalism in the Twentieth Century.* Ed. Norman Sims. New York: Oxford UP, 1990. 206 – 27.

Smith's Currant Intelligence, or an Impartial Account of Transactions both Foreign and Domestick. 10 – 13 Apr. 1680: 1. Research Publications (n. d.): 1173. Charles

Burney Collection of Early English Newspapers from the British Library.

Snyder, Louis L., and Richard B. Morris, eds. "A Reporter for the London Spy Finds Bedlam 'an Almshouse for Madmen, a Showing Room for Whores, and a Sure Market for Lechers.'" *A Treasury of Great Reporting: "Literature under Pressure "from the Sixteenth Century to Our Own Time.* Pref. Herbert Bayard Swope. 2d rev. ed. New York: Simon, 1962. 5 – 6, 10.

Solotaroff, Theodore. "Introduction to Writers and Issues" *The Reporter as Artist: A Look at the New journalism Controversy*. Ed. Ronald Weber. New York: Hastings House, 1974. 161 - 66.

Stallman, R. W., and E. R. Hagemann, eds. *The New York City Sketches of Stephen Crane and Related Pieces*. New York: New York UP, 1966.

——. *The War Dispatches of Stephen Crane*. New York: New York UP, 1964.

Stark, Freya. *Baghdad Sketches*. New York: Dutton, 1938.

——. *A Winter in Arabia*. New York: Dutton, 1900.

Steffens, Lincoln. *The Autobiography of Lincoln Steffens*. New York: Harcourt, 1931.

——. "The Shame of Minneapolis: The Rescue and Redemption of a City That Was Sold Out." *McClure's Magazine* (1903). Rpt. in *The Shame of the Cities*. 1900. Intro. Louis Joughin. New York: Sagamore, 1957. 42 - 68.

Stephens, Mitchell. *A History of News: From the Drum to the Satellite*. New York: Viking, 1988.

Stevenson, Elizabeth. *Lafcadio Hearn*. New York: Macmillan, 1961.

Stott, William. *Documentary Expression and Thirties America*. New York: Oxford UP, 1973.

Sutherland James. *English Literature of the Late Seventeenth Century*. New York: Oxford UP, 1969.

Talese, Gay. *Fame and Obscurity*. New York: Ivy Books, 1993.

——. *The Kingdom and the Power*. New York: World, 1969.

Tarbell, Ida. "The History of the Standard Oil Company" *McClure's Magazine* (1902). Rpt. *The History of the Standard Oil Company*. New York: P. Smith, 1950.

Taylor John. *All the Workes: Being Sixty and Three in Number*. London: Printed by J. B. for J. Boler, 1630.

Tebbel, John William. *The Media in America*. New York: Thomas Y Crowell, 1974

Theroux, Paul. Introduction. *Cape Cod*. By Henry David Thoreau. New York: Penguin, 1987.

Thomas, Lowell. *With Lawrence In Arabia*. Garden City, NY Garden City 1924.

Thompson, Maurice. "The Prospect of Fiction." *Independent* 52 (1900): 1182 - 83.

Thoreau, Henry David. *Cape Cod*. 1865. New York: Penguin, 1987.

——. *Walden*. 1854. New York: Vintage-Library of America, 1991.

"Titanic Sinks Four Hours after Hitting Iceberg ... Col. Actor and Bride ... Aboard." *New York Times* 16 Apr. 1912: 1 - 2.

Trachtenberg, Alan. "Experiments in Another Country: Stephen Crane's City Sketches." *Southern Review* 10: 265 - 85.

——. *The Incorporation of America: Culture and Society in the Gilded Age*. New York:

Hill and Wang, 1982.

Troyer, Howard William. *Ned. Ward of Grubstreet: A Study of Sub-Literary London in the Eighteenth Century*. Cambridge, MA: Harvard UP, 1946.

Twain, Mark. *Life on the Mississippi*. 1883. New York: Bantam, 1945.

"2000 Reds Attack Police at City Hall." *New York Times* 20 Jan. 1931: 1.

"Violet." *Rodale's Illustrated Encyclopedia of Herbs*. Allentown, PA: Rodale, 1987.

Vitalis, Oderic. *The Ecclesiastical History of Oderic Vitalis*. Ed. and trans. Marjorie Chibnall. Vol. 4. Oxford: Clarendon, 1973.

Wakefield, Dan. "Harold Hayes and the New Journalism." *Nieman Reports* (summer 1992): 32 - 35.

——. "The Personal Voice and the Impersonal Eye." *The Reporter as Artist: A Look at the New Journalism Controversy*. Ed. Ronald Weber. New York: Hastings House, 1974. 39 - 48

Walker, Stanley. *City Editor*. New York: Frederick A. Stokes, 1934.

[Ward, Edward "Ned."] *London Spy* Apr. 16gg. 3d ed. *English Literary Periodical Series* (1954) 62E.

——London Spy. Apr. 1700. Vol. 2. *English Literary Periodical Series* (1954) 62E.

Warner, Langdon. "The Editor's Clearing-House: Need Journalism Destroy Literature?" *Critic* 48 (1906): 469 - 70.

"Washington Notes." *New Republic* 18 May 1927: 353 - 54.

Webb Joseph. "Historical Perspective on the New Journalism." *Journalism History* 1.2 (1974): 38 - 42, 60.

Weber, Ronald. "Hemingway's Permanent Records." *Literary Journalism in the Twentieth Century*. Ed. Norman Sims. New York: Oxford UP, 1990. 21 - 52.

——. *The Literature of Fact: Literary Nonfiction in American Writing*. Athens: Ohio UP, 1980.

——. "Some Sort of Artistic Excitement." *The Reporter as Artist: A Look at the New Journalism Controversy*. Ed. Ronald Weber. New York: Hastings House, 1974. 13 - 23.

Webster's New Collegiate Dictionary. 1967 ed.

Wells, Linton. "Mexico's Bid for Supremacy in Central America." *New Republic* 18 May 1927: 348 - 50.

Whibley, Charles. "Writers of Burlesque and Translators." *The Cambridge History of English Literature*. Ed. A. W. Ward and A. R. Walter. Vol. g. Cambridge: Cambridge UP, 1912. 255 - 78.

White, E. B. "Clear Days." *One Man's Meat*. New York: Harper, 1950. 18 - 22.

Wiles, R M. *Freshest Advices: Early Provincial Newspapers in England*. N. p.: Ohio

State UP, 1965.

Williamson, G. A. Introduction. *Foxes Book of Martyrs*. By John Foxe. 1596 - 97. 5th ed. Ed. and abr. G. A. Williamson. Boston: Little, 1965.

Wilson, Edmund. *Axel's Castle: A Study in the Imaginative Literature of 1871 - 1930*. New York: Scribner's, 1943.

——. "Communists and Cops." *New Republic* 11 Feb. 1991: 344 - 47.

Wilson, Harold S. *McClure's Magazine and the Muckrakers*. Princeton: Princeton UP, 1970.

Winterowd, W. Ross. *The Rhetoric of the "Other" Literature*. Carbondale: Southern Illinois UP, 1990.

Wolfe, Tom. *The Electric Kool-Aid Acid Test*. New York: Bantam, 1969.

——. *The Kandy-Kolored Tangerine-Flake Streamline Baby*. New York: Farrar, 1965.

——. "The Kandy-Kolored Tangerine-Flake Streamline Baby." *The Kandy-Kolored Tangerine-Flake Streamline Baby*. New York: Farrar, 1965. 76 - 107.

——. "The Last American Hero." *The Kandy-Kolored Tangerine-Flake Streamline Baby*. NewYork: Farrar, 1965. 126 - 72.

——. "The New Journalism." *The New Journalism: With an Anthology*. Ed. Tom Wolfe and E. W. Johnson. New York: Harper, 1979.

——. *The Right Stuff*. New York: Farrar, 1979.

Wycherley, William. Dedication. *The Plain Dealer*. 1676. *The Complete Works of William Wycherley*. Ed. Montague Summers. Vol. 2. New York: Russell&Russell, 1964. 97 - 102.

Yagoda, Ben. Preface. *The Art of Fact: A Historical Anthology of Literary Journalism*. Ed. Kevin Kerrane and Ben Yagoda. NewYork: Scribner's, 1997.

Zalinski, E. L. "Destruction of War Ship Maine Was the Work of an Enemy" *New York Journal and Advertiser* 17 Feb. 1898, greater New York ed. : 1.

Zavarzadeh, Mas'ud. *The Mythopoeic Reality: The Postwar American Nonfiction Novel*. Urbana: U of Illinois P, 1976.

Ziff, Larzar. *The American 1890s: Life and Times of a Lost Generation*. Lincoln: U of Nebraska P, 1966.

译后记

这本近30万字的译著终于在这个芳草犹未歇的夏末时节付梓。

从认定要做这件事到终于完成译著校订并准备付印，已历时七个春秋。实际上初稿早在两年前就完成，但由于甚为繁重的校订工作以及为了能尽量争取到出版支持耗时可观。其中，还在华南理工大学“引智项目”的支持下，专门邀请原作者，美国纽约州立大学科特兰分校传播学院的约翰·C. 哈索克教授来我院授课，同时就专著在汉译过程中遇到的学术问题做圆桌探讨，以确保译著的学术质量。而对于身处“夹心人”（上有老下有小）阶段的我来说，每天几乎都处在“家事国事天下事事事关心”的忙碌之中。去冬母亲住院手术，但我尚未结课而无法赶回老家照顾。等到考试等一堆期末工作安排妥当，就立即携子飞回。整个假期，一边照顾病中的老娘一边手里拿着书稿在校订，二校三校再校，直至达到自己认为“信、达、雅”。

此书终能付梓，我首先要感谢的是美国密苏里大学新闻学院哈德逊·伯克利（Hudson Berkeley）教授。正是在他的文学新闻课堂，让我看到了新闻研究领域还有这样一个虽边缘却精美、也和我的学术背景高度契合的研究领域，足以安放我在新闻研究中对学术价值的追求之心。

当然要感谢原作者约翰·C. 哈索克教授。跟想象中吧啦吧啦的美国教授不同，哈索克教授讷言质朴，无论是讲课还是研讨，很少从他那里听到类似新概念、创意、设想、假设、推论、未来如何如何等先知性的话语。他说他就是“笨鸟（slow bird）”。但他善于倾听，然后会一语中的地回答或指出问题的所在，和他的学术探讨最大的特点就是思路清晰并有效率。出于对中国新闻研究的极大兴趣，在整个翻译项目的推进过程中，哈索克教授在版权沟通等方面给予我有力支持。其执教所在的纽约州立大学科特兰分校传播学院亦对此项目予以高度重视，院长布鲁斯·马廷林先生还努力从大学的“科特兰学院基金”中为著作汉译的版权费用取得支持。使得一向在中西文化及学术沟通中甚为敏感的版权问题得以顺利、圆满地解决。

我还要感谢我的学生们。当我把这个和授课内容密切相关的译著项目在课堂宣布的时候，同学们表示出极大的参与兴趣。专业英语好的同学想检测自己，不是太好的同学想借此来提升自己。于是先后有 8 名同学参与了部分章节的初稿翻译，他们分别是高旭、若筠、雨秋、子舜、王峰、茵子及艾丽等。研究生彭艺欣则全面投入后期和我一起的修订工作。初稿当然有粗糙错漏之嫌，尤其是部分章节，修校工作甚至繁重过自己重新翻译。但每当我看到，我的同学提到自己大学时代曾参与过老师研究项目时的自豪之情，我也为自己能为学生提供一个可参与项目而略感欣慰。我由衷感谢复旦大学出版社章永宏老师对我这个译著选题的肯定。感谢编辑方尚芩女士对译稿的精心校订。没有复旦大学出版社的慧眼及鼎力帮助，译著也难以目前的高品质面世。

最后，也是最重要的，要诚意感谢华南理工大学的支持。没有“华南理工大学中央高校基本科研业务费（社会科学类）项目”的鼎力支持，译著也难以见之于世。

译者

2017 年 8 月中旬　广东·佛山

初稿于 2011 年 8 月　美国·密苏里·哥伦比亚

一校于 2015 年 7 月　广州大学城

二校于 2017 年 2 月　西安·曲江

三校于 2017 年 7 月　广东·佛山

终校于 2018 年 5 月　广东·佛山

图书在版编目(CIP)数据

美国文学新闻史:一种现代叙事形式的兴起/[美]约翰·C. 哈索克(John C. Hartsock)著;李梅译.
—上海:复旦大学出版社,2019.3
书名原文: A History of American Literary Journalism
ISBN 978-7-309-13956-3

Ⅰ.①美… Ⅱ.①约…②李… Ⅲ.①新闻写作-新闻事业史-研究-美国 Ⅳ.①G219.712.9②I712.075

中国版本图书馆 CIP 数据核字(2018)第220492号

John C. Hartsock
A History of American Literary Journalism: The Emergence of a Modern Narrative Form
University of Massachusetts Press

上海市版权局著作权合同登记图字: 09-2017-585

美国文学新闻史: 一种现代叙事形式的兴起
[美]约翰·C. 哈索克 著 李 梅 译
责任编辑/方尚芩

复旦大学出版社有限公司出版发行
上海市国权路579号 邮编:200433
网址:fupnet@fudanpress.com http://www.fudanpress.com
门市零售:86-21-65642857 团体订购:86-21-65118853
外埠邮购:86-21-65109143
常熟市华顺印刷有限公司

开本 787×960 1/16 印张 19 字数 249 千
2019年3月第1版第1次印刷

ISBN 978-7-309-13956-3/G·1900
定价: 68.00 元